本书受到国家重点研发计划"绿色宜居村镇技术创新"重点专项项目"村镇聚落空间重构数字化模拟及评价模型"（2018YFD1100300）支持。

村镇聚落空间重构规律与设计优化研究丛书

村镇聚落空间分析方法与应用研究

张文佳　谢森锴　赵　普　赵　毅　阴　劼等　著

科学出版社

北　京

内 容 简 介

面对制约村镇聚落可持续发展与乡村振兴战略的瓶颈问题，本书旨在梳理与构建适用于中国村镇聚落空间结构与重构的理论和分析方法体系，借鉴发展相对成熟的城市地理与城市规划理论及方法论，从村镇聚落个体（即内部空间）与聚落体系（即网络化的外部空间）两个视角出发，分别借助案例，分析村镇聚落内部与外部的空间结构、形成与演变轨迹、发展与重组过程，以及背后的影响因素、作用机理与多重动力机制。

本书可以为城乡规划、乡村地理、城市地理、区域治理、交通科学等研究领域的科研人员、硕士博士研究生以及对村镇聚落空间结构与重构分析研究感兴趣的读者提供理论、方法和实践参考，也可供相关专业的师生学习参考。

审图号：粤图审字（2022）第 897 号

图书在版编目（CIP）数据

村镇聚落空间分析方法与应用研究／张文佳等著 . —北京：科学出版社，2022.11
（村镇聚落空间重构规律与设计优化研究丛书）
ISBN 978-7-03-073866-0

Ⅰ. ①村…　Ⅱ. ①张…　Ⅲ. ①乡镇-聚落地理-空间规划-研究-中国
Ⅳ. ①K92②TU984.2

中国版本图书馆 CIP 数据核字（2022）第 219919 号

责任编辑：李晓娟　王勤勤／责任校对：邹慧卿
责任印制：吴兆东／封面设计：美光

科 学 出 版 社 出版
北京东黄城根北街 16 号
邮政编码：100717
http://www.sciencep.com
北京中科印刷有限公司 印刷
科学出版社发行　各地新华书店经销

*

2022 年 11 月第 一 版　开本：787×1092　1/16
2022 年 11 月第一次印刷　印张：14
字数：350 000
定价：188.00 元
（如有印装质量问题，我社负责调换）

总　　序

村镇聚落是兼具生产、生活、生态、文化等多重功能，由空间、经济、社会及自然要素相互作用的复杂系统。村镇聚落及乡村与城市空间互促共生，共同构成人类活动的空间系统。在工业化、信息化和快速城镇化的背景下，我国乡村地区普遍面临资源环境约束、区域发展不平衡、人口流失、地域文化衰微等突出问题，迫切需要科学转型与重构。由于特有的地理环境、资源条件与发展特点，我国乡村地区的发展不能简单套用国外的经验和模式，这就需要我们深入研究村镇聚落发展衍化的规律与机制，探索适应我国村镇聚落空间重构特征的本土化理论和方法。

国家"十三五"重点研发计划"绿色宜居村镇技术创新"重点专项项目"村镇聚落空间重构数字化模拟及评价模型"，聚焦研究中国特色村镇聚落空间转型重构机制与路径方法，突破村镇聚落空间发展全过程数字模拟与全息展示技术，以科学指导乡村地区的经济社会发展和空间规划建设，为乡村地区的政策制定、规划建设管理提供理论指导与技术支持，从而服务于国家乡村振兴战略。在项目负责人重庆大学李和平教授的带领和组织下，由19家全国重点高校、科研院所与设计机构科研人员组成的研发团队，经过四年努力，基于村镇聚落发展"过去、现在、未来重构"的时间逻辑，遵循"历时性规律总结—共时性类型特征—实时性评价监测—现时性规划干预"的研究思路，针对我国村镇聚落数量多且区域差异大的特点，建构"国家—区域—县域—镇村"尺度的多层级样本系统，选择剧烈重构的典型地文区的典型县域村镇聚落作为研究样本，按照理论建构、样本分析、总结提炼、案例实证、理论修正、示范展示的技术路线，探索建构了我国村镇聚落空间重构的分析理论与技术方法，并将部分理论与技术成果集结出版，形成了这套"村镇聚落空间重构规律与设计优化研究丛书"。

本丛书分别从村镇聚落衍化规律、谱系识别、评价检测、重构优化等角度，提出了适用于我国村镇聚落动力转型重构的可持续发展实践指导方法与技术指引，对完善我国村镇发展的理论体系具有重要学术价值。同时，对促进乡村地区经济社会发展，助力国家的乡村振兴战略实施具有重要的专业指导意义，也有助于提高国土空间规划工作的效率和相关政策实施的精准性。

当前，我国乡村振兴正迈向全面发展的新阶段，未来乡村地区的空间、社会、经济发展与治理将逐渐向智能化、信息化方向发展，积极运用大数据、人工智能等新技术新方法，深入研究乡村人居环境建设规律，揭示我国不同地区、不同类型乡村人居环境发展的地域差异性及其深层影响因素，以分区、分类指导乡村地区的科学发展具有十分重要的意义。本丛书在这方面进行了卓有成效的探索，希望宜居村镇技术创新领域不断推出新的成果。

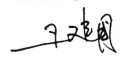

前　言

在中国快速城镇化阶段，中国村镇聚落受到了城镇化和工业化的影响，表现出空间破碎化、聚落空心化、人口老龄化和土地非农化等问题，制约了村镇聚落的高质量发展。面对这些制约村镇聚落可持续发展与乡村振兴战略的瓶颈问题，本书旨在梳理与构建适用于中国村镇聚落空间结构与重构的理论和分析方法体系，借鉴了发展相对成熟的城市地理与城市规划理论及方法论，从村镇聚落个体（即内部空间）与聚落体系（即网络化的外部空间）两个视角出发，分别借助案例，分析村镇聚落内部与外部的空间结构、形成与演变轨迹、发展与重组过程，以及背后的影响因素、作用机理与多重动力机制。

本书侧重在村镇聚落空间分析方法与应用研究上。当聚焦在村镇内部空间时，空间结构变化是透视村镇空间演变和重构的关键，现有研究多关注大尺度的土地利用等空间格局演变或城镇空间的演变，包括在国家尺度、省域尺度、都市圈尺度的研究。相对于大尺度与城市地区的空间结构与重构研究，聚焦于村镇聚落个体（或多个个体）的空间演变研究则较少。为数不多的村镇演变相关研究多聚焦于村镇或村落的个案分析，较少基于村镇聚落个体尺度来挖掘区域内的村镇聚落空间演变和重构模式，更少以村镇空间演变的轨迹作为分析单元追踪空间演变和重构。这说明现有文献对于村镇聚落的关注不够，缺乏对于村镇聚落长时序的空间演变模式的挖掘与追踪。此外，理解村镇空间演变规律需要明晰其背后的多重驱动力因素，当前研究较少针对演变模式的影响因素进行分析，更缺乏“动力-空间”之间的非线性等复杂系统分析建模。

在应用实践上，中国乡村振兴战略的顺利开展需要以村镇聚落空间作为物质载体，而目前村镇聚落中混乱无序、缺乏规划的土地利用空间需要重新调整与优化。随着国土空间规划编制的开展，村镇级的国土空间规划也列入其中，各地也开始重视城市规划、村镇规划的协调衔接，但是这些规划仍然缺乏足够的理论基础、实证研究支撑。通过挖掘村镇聚落内部空间演变与重构模式，并分析驱动力对于各种空间演变模式的作用机制，估算驱动力的有效作用范围，可为村镇国土空间规划的制定提供相关的规划准则基础，为中国乡村振兴提供发展思路和空间规划建议。

此外，当聚焦在村镇外部空间时，聚落空间的人口等要素流动所形成的聚落空间网络是理解村镇聚落在城乡网络中所扮演的角色与地位的关键所在，同时也是促进城乡融合、以村镇（或县城）为核心的均衡城镇化发展的关键。在新发展阶段下，我国正处于破除城乡二元结构、健全城乡融合发展关键时期。《中华人民共和国国民经济和社会发展第十四个五年规划和2035年远景目标纲要》中重点提出“健全城乡融合发展体制机制”，并强调“建立健全城乡要素平等交换、双向流动政策体系，促进要素更多向乡村流动，增强农业农村发展活力”。2020年12月习近平总书记在中央农村工作会议上的讲话中提到“今后15年是破除城乡二元结构、健全城乡融合发展体制机制的窗口期。要从规划编制、要素配置等方面提出更加明确的要求，强化统筹谋划和顶层设计"。实现城乡融合发展是实现高质量发展、回应发展不均衡不充分问题、全面建设社会主义现代化国家的内在要求。

城乡融合发展推进城乡在要素流动方向、产业形态、公服配置格局、空间布局等方面呈现出新形势。自改革开放以来，我国城乡要素的主要配置对象为土地、资本和劳动力三类，在要素流动方向上，则呈现出从乡到城的单向流动为主的特征。而随着城乡融合深入，现阶段城乡要素范围进一步扩大，增加了如技术、数据等新类型，而要素流动方向上也愈发呈现出双向流动的趋势。在产业形态上，也进一步呈现出从原有城乡工农产业分裂布局向城乡产业融合及交错化发展的新形态。在公服配置格局上，原有城乡基本公共产品分布差距巨大，城乡配置失衡，推动城乡基本公共服务如交通、教育、医疗、文化方面均等化已成为城乡融合发展的新推手。在空间布局上，伴随着城乡产业和公服的大规模融合，人口、资本等双向频繁流动的趋势，传统城乡空间结构所呈现出的清晰分割的空间边界逐步转化为空间交错融合的新布局。

推动县域内的新型城乡关系成为城乡融合发展与乡村振兴的重要切入点。2022年5月，中共中央办公厅和国务院办公厅出台《关于推进以县城为重要载体的城镇化建设的意见》，2022年3月，国家发展和改革委员会印发《2022年新型城镇化和城乡融合发展重点任务》，这些代表性政策文件中着重强调将"县域为基本单元推动城乡融合发展，推进城镇基础设施向乡村延伸、公共服务和社会事业向乡村覆盖"。"推进以县城为重要载体的城镇化建设"，对促进新型城镇化建设、构建新型工农城乡关系具有重要意义。深入识别县域内部的城乡要素间的流动和整体城乡空间布局对科学构建以工补农、以城带乡，加快形成工农互促、城乡互补、协调发展、共同繁荣的新型工农城乡关系和加快城乡融合发展有着重要价值。

城乡融合发展驱动城乡关系研究从以地方属性为代表的中心地模式转向为以"流空间"所塑造的网络化空间结构转变。城乡间日渐发达的交通、通信等基础设施网络以及以人口通勤为代表的各要素频繁流动。关注于地方属性的且相对静态孤立的传统地理"场域空间"理论更多地聚焦在城乡二元结构的异质性描述上，随着以通勤流为代表的个体行为数据的出现，区域空间结构的研究视角开始不再局限于地方界线，逐渐形成基于网络（流）视角下的外部空间结构研究。网络空间秩序和结构深刻影响着当下城乡聚落的物理空间和社会空间结构，使得当今城乡体系呈现出空间形态的网络化、空间尺度的层级性、空间要素流动的多向性等特征。

虽然现有研究开始关注城乡间的"联系"和"流"问题，但在系统数据支撑下的城乡要素流的实证研究严重不足。由于现实世界中城乡间要素流动数据获取难度等原因，现有研究更多聚焦于城市体系的空间结构研究，如针对要素联系的流视角下的网络空间格局研究，其在全球城市网络和区域内部空间组织上已有大量研究。较为缺少立足村镇聚落并从城乡一体化视角下对城乡体系空间进行分析，关于城乡相互作用机制的探究更多地停留在定性分析层面，对区域内城乡融合发展的影响量化研究则缺少进一步讨论。而现阶段，城乡要素流动更为频繁，针对乡到乡、乡到城、城到乡与城到城不同层级间的要素流动和跨区域要素流动等针对性的网络结构研究仍较为缺乏。在研究方法上，传统研究更多聚焦在针对地方属性的描述性分析、针对城乡"联系"和"流"的社会网络分析，而对于识别现实世界中的网络潜在结构仍缺少方法创新。

因此，本书由三部分、9 章构成。第 1 和第 2 章作为第一部分，围绕村镇聚落空间结构与重构分析的理论和方法研究进行梳理及铺垫。第二部分包括第 3 ~ 第 6 章，介绍村镇聚落内部空间结构分析与应用，包括村镇聚落空间演变模式的序列比对模型等数据挖掘方法、挖掘"动力−空间"非线性联系的梯度提升决策树等机器学习方法、针对多重动力下非线性空间重构预测的案例比对方法，以及乡村聚落个体空间演变与重构的实地调查和访谈等质性分析方法等。第三部分包括第 7 ~ 第 9 章，聚焦在村镇聚落外部空间结构分析与应用，包括基于复杂网络的村镇聚落空间的网络化结构测度方法与特征分析、基于交叉分类多层模型与地理加权回归等技术的空间网络形成要素和作用机理分析，以及基于社会网络分析的村镇聚落个体空间重构的多主体博弈研究等。

全书由张文佳负责总体策划、撰写章节与统稿，编撰者的具体信息和所撰写的章节如下：北京大学城市规划与设计学院研究员张文佳（第 1 ~ 第 9 章部分）、副教授阴劼（第 5、第 6 章部分）、博士后赵毅（第 1、第 2、第 8 章部分），以及两名硕士毕业生，即目前在荷兰埃因霍温理工大学的博士生谢森锴（第 1 ~ 第 4 章部分）、在上海发展和改革委员会工作的赵普（第 1、第 2、第 5、第 7、第 8 章部分）。此外，参与本书撰写的还包括德国慕尼黑工业大学博士生周琳与方晨宇（第 9 章部分）、北京大学博士毕业生赵旭（第 6 章部分）、北京大学硕士毕业生朱建成（第 1、第 9 章部分）、傅廉蔺与朱永（第 5 章部分）等。

此外，在书稿的撰写过程中，我们得到了很多机构与人员的帮助和关照，书稿的研究内容大多得到科学技术部国家重点研发计划项目（2018YFD1100300，"村镇聚落空间重构数字化模拟及评价模型"）的支持。部分章节也在 2019 年北京大学深圳研究生院承办的"第十五次空间行为与规划研究会"中进行发表。同时感谢一直以来给予我们学术指导与支持的许多同行学者，特别是北京大学城市规划与设计学院的李贵才教授与仝德副教授、北京大学城市与环境学院的冯长春教授、重庆大学建筑城规学院的李和平教授与肖竞副教授等。

最后，感谢科学出版社的大力支持，特别感谢李晓娟编辑的热情指导与各种帮助。

张文佳

2022 年夏于北大南燕

目　录

第一部分
村镇聚落空间结构与重构
理论和方法

第1章 村镇聚落空间结构与重构理论概述

村镇聚落是承载着乡村社会、经济、文化等发展要素的地域空间，也是村镇居民生活、生产活动的基础。20 世纪 80 年代以来，中国经历了快速的经济发展、社会转型、城镇化和工业化，加剧了城乡发展不平衡问题，村镇聚落在这一发展进程中也受到了影响，主要表现在空间破碎化、聚落空心化、土地城镇化、生产工业化、人口老龄化等现实问题上，导致村镇聚落发展陷入困境。

为了破解村镇聚落发展的现实难题，打造可持续的村镇聚落发展道路，我国在 21 世纪初先后出台相应的土地流转政策，在 2009 年发布了 18 亿亩①耕地红线以保护耕地，发展模式逐渐转向注重质量的新时期。在党的十九大报告中，针对乡村地域的现实难题提出了乡村振兴战略，并在 2018 年中共中央、国务院印发了《乡村振兴战略规划（2018—2022 年）》。此外，我国正在实施以县城为载体的城镇化建设等重要战略举措，力求三次产业融合以达到可持续发展，推动村镇聚落高质量发展，以期在不久的将来实现城乡平衡发展。

为了更好地指导乡村振兴背景下的国土空间规划和城镇化实践，需要科学、准确地应用相关的空间分析方法，建立科学分析框架，识别村镇聚落空间的内部结构与外部结构及其结构演变、空间重构等过程，理解空间结构变化过程中的多重动力因素，从而合理预测和优化村镇聚落的空间发展轨迹，推动村镇聚落的可持续发展。

1.1 空间结构与重构的理论视角

1.1.1 来自城市空间结构研究的启示：内部视角与外部视角

自中心地理论诞生以来，在很长一段时间内，对于城乡空间结构的认知体现出了"等级结构"的特点。城市间的关系往往被描述为"城市体系"，强调了城市及其腹地的等级关系的特征。城市空间结构的研究往往聚焦于城市内部结构的演变过程以及驱动因素，描述的是城市的属性数据，体现出了城市的发展过程。以中心地理论为代表的城乡研究，则表现出了城市及其乡村腹地的关系。然而，现代城市不仅依靠自身内部发展，也与外部城市息息相关。著名城市研究学者 Jane Jacobs 于 1969 年总结了城市与发展的理论，认为一个城市的发展不仅与其农村地区的贸易相关，也在与其他城市的贸易中发展。经济过程在

---

① 1 亩 ≈ 666.67m²。

城市内和城市间进行，是城市内的集聚效应与外部关系的结合。Jane Jacobs 以生态学的能量流通来举例说明城市的内外部复杂性。一个城市仅有内部联系时，就如同一个沙漠，无法存储外部的能量，太阳能等外部能量在白天进入了沙漠，在晚上又离开了沙漠，未经过任何能量利用与转化。在城乡领域中，就像在淘金热时出现的淘金小镇，在淘金热结束后这些小镇也都消失了。现代城市具备复杂的内部关系和外部网络，就像热带雨林一样，能够整合、利用内外部的能量，如太阳能进入热带雨林后，被不同的生物利用并转为自身的能量，从而将太阳能等外部能量保存于热带雨林中。此外，城市体系是一个复杂系统，反映了城市之间的交流、反馈的关系，却常常被简化为以城市人口为指标的城市等级结构，如位序规模法则等。虽然这类理论强调了城市的外部联系，却忽视了对于城市外部联系的测度。Pred 在 1978 年对于城市企业的地理格局的研究发现，城市外部关系是远比城市等级结果复杂得多的系统，需要重新构建城市关系的方法论。

城市外部联系的结构分析方法和理论逐渐成熟。Castells（1996）关于流空间的定义成为一个新的思路，他将城市定义为网络节点和枢纽，而城市外部联系被定义为网络中的流，通过一个网络来连接多个城市，为网络中测度城市之间的联系提供了新的思路。传统城市发展依靠城市内部动力发展，随着全球化进程加快，外部网络关系成为城市发展的主要动力。此外，Massey（1999）认为城市等级化的关系并不能准确描述当今世界的城市联系，城市本质上是一个开放的网络，如果不考虑一个城市与其他城市的关系，就无法完整地描述一个城市。城市外部力量的正面表现，一是与城市接近的地区接收城市经济外溢，二是城市之间的创新扩散。其中，城市间的互补性与交互性是网络的基本特征。由于城市流动的数据缺乏，以往的城市研究难以测量城市的外部网络关系，但随着通信技术的发展，越来越多的数据能够被获取并用于直接测度城市之间的关系，如人口出行数据、航空网络数据和其他基础设施网络数据。目前已有很多研究采用出行数据和航空等基础设施网络数据对城市联系进行了全面的测度与分析，但是这类研究忽视了城市形成过程，仅仅测度了城市联系的流动，理论上应该在城市发展的基础上来测量城市之间的关系，在关系测量中也注重城市发展过程。

从空间结构的角度而言，中心地理论强调城市及其腹地的内部关系，表示一种普遍的城市过程，即城市的内部空间。而网络空间能够描述现代城市的外部关系，有无数的城市在网络流动中不断地进行联系，即城市的外部空间。中心地理论体现了城市内部关系，而网络流动结构则表现出城市外部关系，所有城市与村镇聚落都显示出了内部与外部双重空间结构。从基于城市内部的研究扩展到城市外部网络的研究的过程中，也体现了城市内部空间和外部网络的联系，城市的空间结构表现了内部空间与外部网络的特征。因此，对于村镇聚落的空间重构研究，需要从其自身的发展过程和外部网络的联系来解析，才能准确、完整地描述村镇聚落空间重构过程及其驱动力因素。

1.1.2　村镇聚落空间重构的概念辨析

目前学术界尚未对聚落空间重构形成统一认识，在对村镇聚落空间重构讨论之前，需要对相关概念进行界定。已有研究从区域（包括城市群、经济带、省域等）、城市、村镇等多个角度研究了空间结构与重组、聚落空间重构等，在不同的尺度下，相应的概念内涵和外延有较大差异。一般地，研究空间重构所划定的空间范围即"区域"尺度包括城市群（钱慧和姚秀立，2007；汤放华等，2010）、大都市区（朱俊成，2009）、地理特征范围如流域（明立波和汪成刚，2009；沈惊宏，2013；张鹏等，2021）、省行政区（陈晓华，2009；许可双，2013；张润等，2013）等。本研究聚焦于村镇聚落的空间重构，从一般的空间结构与重构理论中汲取营养，依据空间范围从大到小的逻辑，分别论述从区域、城市再到村镇聚落尺度下的空间重构理论，辨析空间重构理论、城市空间重构与村镇聚落空间结构的内在关联，阐述这些已有的成熟理论对村镇聚落空间重构理论的启示。

村镇聚落是相对于城市聚落而言的特定生活空间，是中国农民世代生活、生产的场所，也是社会结构的基石。村镇聚落分类是指按一定的原则或标准划分村镇聚落类型。村镇聚落分类的目的是认识和掌握不同类型聚落的基本特点与分布规律，以便采取不同的村落整治措施和科学地制订村落规划，协调村落分布与环境的关系，为村镇聚落建设服务。广泛意义上的空间结构理论研究将空间视为一种网络，强调空间内部各要素之间的关系。一般说来，空间结构的组成要素包括空间节点、联系通道和各节点之间的填充部分，其网络就是各种交通运输线路与通信线路的地域分布体系。在地理学科中，空间节点通常是指各种聚落，小至村庄，大至城市，具有组织、集聚、辐射扩散等作用。空间节点之间的填充部分是各种聚落的腹地，包括广大的生产用地和自然地貌。由此看来，"村镇聚落空间"是统称，包括"村镇聚落群体空间（区域、县域、乡镇尺度）"及"村镇聚落个体空间（村庄尺度）"，二者构成要素、空间结构及形态特征、空间结构及形态类型（谱系）不同。具体可分为村镇聚落个体和村镇聚落体系。村镇聚落个体指单个的镇区或村庄居民点。聚落的形成源于人类的聚居，以第一产业为主的聚居形式。居住适宜分散，以利于就近耕作和防护农作物的安全（黄宏杰，2017）。村镇聚落体系指在一定地域范围内，由村镇聚落共同组成的一个有机联系的整体。乡村聚落的特点是分散，其经济活动是由土地资源决定的自然分散状态，本书研究这种自然分散状态下村镇的发展规律、聚落之间的相互关系，协调区域内人口、用地、基础服务设施等要素的配置与布局。类比于城镇体系，乡村聚落体系也具有整体性、联系性、层次性、集群性、动态性和开放性的属性，其主要内容涵盖乡村聚落职能结构、聚落等级规模结构和空间布局结构三大核心内容。从行政区划层次上，可以分为县域的城乡聚落体系、镇域的城乡聚落体系和村域的内部聚落体系。

"重构"一词来源于系统科学的方法论。一个系统在运行过程中，外力的冲击和内部各个构成因子的离析作用会使得系统的原有组织结构发生变化，导致系统整体难以正常运行（雷振东，2005）。在这种情况下，为了系统的持续健康发展，通过人为干预对系统结构关系进行重新架构，使系统各因子优化组合，实现系统的根本性转型。从这个意义上讲，"重构"是一种政策手段或战略手段。空间重构可被理解为空间各要素在特定条件下重新建构其相互关系的过程。区域空间结构是指区域要素的空间组合形式和空间布局状况（陈修颖，2003），区域空间结构随着经济和社会、交通等因素变化而变化，进而导致新的空间格局形成，这种区域空间结构变化被称为区域空间重构。而区域空间结构变化主要表现为区域空间的点、线、网络和域面的变化。

本书研究"聚落空间重构"，主要是研究聚落物质空间的重构规律和关系，涉及社会、经济、文化等因素对其影响。本书研究的空间要素主要是指聚落规模、分布密度、聚落形态、街巷格局、公共空间、居住建筑、边界形态等物质空间的构成要素。在这里，区域空间重构是指因区域条件发生改变，从大的尺度上对区域空间结构进行重构和优化，即从大的尺度对区域进行重新划分，进而形成新的区域空间格局。而其中包含多种要素或者集中在某一种要素的空间分布变化到新的均衡状态。因此，聚落空间重构可理解为：为适应乡村内部要素和外部调控的变化，行为主体通过优化配置和有效管理影响乡村发展的物质和非物质要素，重构乡村社会经济形态和优化地域空间格局，以实现乡村地域系统内部结构优化、功能提升以及城乡地域系统之间结构协调、功能互补的过程。

1.2 区域空间结构的理解与测度

村镇聚落空间重构首先需要明晰区域中的聚落空间结构特征，其中区域是个广泛的概念，包括城市群、都市区、城镇等。区域空间结构的理论与分析方法一直是人文地理学和城乡规划研究的重点及热点，已经有百余年的发展历史。从区域空间结构研究的内部视角和外部视角出发，不仅适用于传统城市为中心的空间结构分析，同样也是村镇聚落空间结构研究的理论与分析基础。

1.2.1 内部视角下区域空间结构研究

空间结构是区域发展状态的"显示器"（陆大道，1985），它反映了区域内部社会经济各组成部分和组合类型在空间上的相互关系、集聚格局和疏密关系。早期区域空间结构的研究多聚焦在地方属性的相似性与差异性，认为不同的地方是离散而独特的，强调地方的内部空间特征。根据人类行为的汇总属性可将空间单元划分为若干个"马赛克"（mosaics）（Hartshorne，1939），马赛克内部在某些属性上具有高度的相似性，马赛克之间则具有明显的属性差异。依据相关研究的发展脉络，具有马赛克隐喻的空间结构研究大致可归纳为两种。第一种是 20 世纪 50 年代流行的社会区（social area）分析和 80 年代出现的同质区分析，着重强调区域内空间单元在行为汇总和地方属性上的相似性与差异性及其形成的空间分布格局。第二种是 80 年代以来长足发展的空间邻域分析，除了强调空间单元在地方属性上的相关性之外，还考虑空间的相关性，即相邻地方属性之间的相互关系。

1. 社会区

社会区是指生活水平相近、生活方式和种族背景相同的人口集聚单元。1949 年，Shevky 和 Williams 在《洛杉矶的社会区》中正式提出了"社会区"的概念。1955 年，Shevky 和 Bell 利用旧金山的人口普查数据，提出了基于经济状况或社会地位、家庭状况或城镇化、种族状况或隔离三大基本要素的"社会区分析"。社会区类似概念可追溯到早期最具影响力的芝加哥学派及其三大古典模型，即同心圆模型（Burgess et al.，1925）、扇形模型（Hoyt，1939）和多核心模型（Harris and Ullman，1945），均强调某些地方属性在空间上的组织形式和分布格局。社会区的分析方法主要包括图示描述和因子生态分析。早期社会区分析通常把主要的地方属性落在地图上，通过制图分析，描述地方属性集聚的空间范围，从而划分具有相似行为或属性的社会区。

社会区视角下的空间结构研究存在明显的"马赛克"隐喻特征［图1-1（a）］，将区域空间划分为若干属性特征各异的马赛克式空间，是对人类居住区复杂地方属性进行表意简化的一种处理方式，是早期认识空间结构的重要视角，但也存在一定的局限性。首先，社会区分析强调地方属性的相似性与差异性，忽略相邻地方属性之间的相关性，更没有考虑与非相邻地方之间的联系。正如后来的洛杉矶学派对三大古典空间结构模型的批判一样，认为现代城市并非围绕城市核心而展开，许多核心功能已被转移至城市外围地区（Dear，2002）。他们认为城市具有"无差异的网络形态"，城市地块更接近所谓的"基诺游戏盘"的隐喻，是随机拼凑块状分布，没有常规的中心，形成了分割、独特离散、非关联集聚的城市空间格局。其次，社会区分析源于北美城市，而各城市社会、经济、文化和历史等因素的差异，使得 Shevky-Bell 的三大基本要素并不普遍适用于全球的城市（Lambert and Schalke，2001）。随着因子生态分析的普及，越来越多的地方属性指标开始介入，包括户籍类型、土地利用强度、行业结构、住房价格、人口流动性、学历构成、年龄结构、产业布局（Pons and Latapy，2006；Blondel et al.，2008）等。

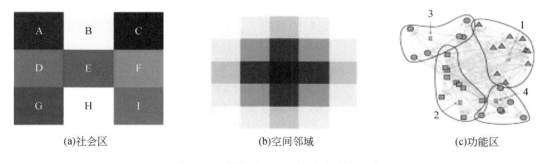

(a)社会区　　　　　　　　　(b)空间邻域　　　　　　　　　(c)功能区

图1-1　不同视角下的区域空间结构理解
1~4 对应 4 个功能区

与社会区类似，20 世纪 80 年代出现了同质区研究，更多关注由地方属性高度相似且空间上连续的基本单元所组成的区域（Girvan and Newman，2002）。同质区与社会区对区域空间结构的理解都是"马赛克"隐喻下的空间单元的组织与分布格局，不同之处在于同质区有各种空间约束条件。其中，最常见的约束条件是空间单元的空间邻近性与连续性（高鹏等，2019）。同质区的划分方法众多，最常用的是最大 P 区域问题（the max-p-regions problem）的区划方法（Duque et al.，2012），其通常考虑的约束条件包括同质区的形状约束、每个同质区内部行为汇总或属性值的同质性约束、同质区内部属性的阈值约束等。

2. 空间邻域

空间邻域的研究视角认为地方属性是自身社会经济活动与空间相邻单元相互作用的综合结果。这与美国地理学家 Tobler 提出的"地理学第一定律"密切相关，即任何地理事物在空间分布上存在相关关系，越是邻近，相关关系越强（Tobler，1970）。地理学第一定律成为定量地理空间分析的理论基础，而"空间邻近性"的概念对地理学家理解区域空间结构也产生了深刻的影响，形成了考虑空间邻域单元的区域空间结构。区别于社会区视角强调分析单元属性特征的相似性与差异性，空间邻域视角更多强调分析单元与相邻单元的空间相关性［图 1-1（b）］。

空间邻域视角下的空间结构分析的主要方法是探索性空间数据分析（exploratory spatial data analysis，ESDA），结合地理信息系统（geographic information system，GIS）的空间分析。ESDA 关注区域内空间单元之间的空间关联性，包括地方属性的邻域空间分布（如热点分析等）、空间自相关分析（如全局自相关 Moran 指数和局部自相关 LISA 指数等）、地理加权回归（geographic weighted regression，GWR）分析以及相应的空间可视化技术等，侧重揭示空间的依赖性和异质性。其中，热点分析是用统计显著性检验的办法识别冷热点，比较分析单元及其相邻单元的局部总和与所有单元的总和，统计获得一个具有显著统计学意义的 Z 得分，从而判断冷热点（Anselin and Getis，1992）。空间自相关是通过全局自相关和局部自相关的统计，计算分析单元与相邻单元某一属性的空间自相关性程度，从而刻画空间单元的集聚和分散情况（Anselin and Getis，1992；Anselin，1995）。在传统的回归模型中，回归系数估计值是研究区域的平均值，无法反映地理空间的异质性。为此，地理加权回归模型在总结局部回归的基础上，利用空间权重矩阵对回归系数进行局部平滑。

与社会区的研究视角相比，空间邻域视角有其优势，但也存在一些问题。社会区视角下的空间单元具有明显的"马赛克"界限［图 1-1（a）］，而空间邻域视角下的空间单元是具有渐变色彩的"像素"［图 1-1（b）］。除了关注分析单元本身的属性特征外，空间邻域还考虑邻域单元对分析单元的影响。例如，在识别区域结构中的核心时，社会区和同质区往往是通过阈值来判断，若分析单元的属性高于阈值则为核心，因此需要先验的判断来确定阈值。这种只考虑分析单元自身属性而不考虑相邻单元的研究视角下的核心，是一种绝对的核心（Giuliano and Small，1991）。而空间邻域则是通过空间权重矩阵来判断，若分析单元的属性在统计意义上高于邻域单元则是核心，因此无需先验的判断。这种不仅考虑自身属性特征，而且考虑相邻单元的研究视角下的核心，是一种相对的核心（McMillen，2001）。

1.2.2 外部视角下区域空间结构研究

地方属性视角下的空间结构更多地是揭示一个区域内部空间单元的分布格局和空间组织特征。从早期依据属性差异性划分的"马赛克式"的社会区，到考虑邻域单元影响下"像素式"的空间邻域区，研究视角已经呈现出从属性到联系的过渡趋势。随着个体行为数据的丰富，特别是移动行为数据的出现（如通勤流数据等），区域空间结构的分析视角开始打破给定地方界限的束缚，逐渐出现网络联系的研究视角。网络联系视角下的区域空间结构强调跨边界的要素流动与行为交互，分析单元不再是给定的空间单元，而是控制要素流动的节点（如行为个体、城市等），具有一定结构特征的空间单元的边界也因行为交互或流动而重塑，强调的是外部空间的联系。依据不同视角的发展脉络，相关分析视角大致分为三种：第一种是 20 世纪 70 年代出现的功能区（functional region）划分；第二种是受社会网络分析与复杂网络科学等领域影响下的水平网络视角下的社群（community）结构研究；第三种是垂直网络视角下的核心-边缘（core-periphery）等级结构研究。

1. 功能区

功能区并没有统一、固定的定义。Fischer（1980）认为功能区是空间上连续且在商品、服务、资本或劳动力等方面高度相互依赖的区域。Lambert 和 Schalke（2001）表示功能区通常被定义为整合了供需平衡的空间连续区域（Rombach et al.，2014）。Klapka 和 Halás（2016）则将功能区视为一种具有自我约束条件的组织结构，这种组织结构是基于任何相关的、水平的空间关系（如向量、相互作用、移动、流动等）的模式。最早关于功能区的讨论，源于通勤流、通勤区和本地劳动力市场（local labour markets）的划分（Brenner，1999；陆玉麒，2002a，2002b）。例如，随着通勤流动逐渐打破行政边界的限制，涌现了众多基于通勤流划分内部联系密切的本地劳动力市场的研究 ［图 1-1（c）］。后来，这种基于功能的区划方式，形成了功能区的概念。

根据自我约束条件分类，功能区划分方法主要有以下四种：第一种是阈值界定。阈值界定是早期研究的做法，主要是通过绝对的流动量（或相互作用总强度，如通勤流总量）的阈值来划分功能区（Smart，1974）。第二种是层次聚类法（Brown and Holmes，1971）。以马尔可夫链解析功能距离，以功能距离作为变量进行聚类，将通勤流量交互矩阵转换为平均首次经过时间（mean first passage time）矩阵来划分功能区。第三种是 CURDS（centre for urban and regional development studies）算法（Coombes et al.，1979）。这类方法的原理是通过将一系列的规则（如区域内流动至少拥有一半本地通勤流动，同时满足最小区域尺寸要求）在多个阶段进行迭代，从而获得最优的区划（regionalization）解决方案。第四种是引入目标函数。随着网络科学领域社群发现（community detection）（详见 2.1 节）算法的研究发展，功能区也开始结合这方面的研究。其中最常见的是模块度，通过最大化模块度 Q 来确定通勤网络最佳的区域划分，所以不需要先验地指定功能区的尺寸或数量，比较现有区划方法具有特定的优势。

当前功能区研究的应用主要有三方面（Klapka and Halás，2016）：一是本地劳动力市场（Goodman，1970）。本地劳动力市场是基于个体的特定移动（通勤流）和交互作用，将区域划分为若干个连续的就业密集地区。与功能城市区和日常城市体系（daily urban system）不同的是，本地劳动力市场不一定存在核心（即就业中心），大多数情况下都没有核心。二是功能城市区（functional urban region）（Berry and Rees，1969）。功能城市区是指区域内围绕多个城市核心，形成多个内部空间流动和交互密切的功能型区域。核心是在区域流动和交互作用中具有特殊功能的起点，为郊区提供商业和工作服务，郊区则为核心提供居住和娱乐服务。三是日常城市体系（Coombes et al.，1979）。日常城市体系类似于功能城市区，只是更强调居民活动行为的周期性（每日或每周），是将城市中心与居民日常城市生活活动相关联的区域作为有机整体，研究有机体周期性通勤流动的内在规律（Hall，1974），关注居民生活行为与空间相互关系，从而划分居民日常生活圈（陈伟等，

2017）。在日常城市体系中，存在一个或多个功能型区域，并辐射到周围地区形成联动的整体，不同功能型区域构成日常城市体系的空间结构。

虽然功能区分析的主要目的是划分具有相似功能的区域，并不是直接测度空间结构，但是其通过分析空间行为交互和分区功能的相似性与差异性，可以反映出区域的空间结构。然而，功能区的划分依赖于空间距离与连续性，难以打破地理空间距离的约束，无法适用于远距离的经济社会联系等。因此仅适用于讨论功能区的划分，难以普及到其他应用领域的空间结构挖掘。功能区与同质区的研究问题是相同的，归根结底都是空间连续的区域划分问题。两者的不同之处在于数据不同，同质区是基于社会经济属性的统计数据，功能区是基于个体通勤流动的联系数据。

2. 社群结构

社群是指由网络中彼此密切联系的节点所组成的网络子集。若区域内存在若干空间社群，则社群内部行为交互与要素流动频繁，不同社群间的流动较弱，同一社群里的节点往往在网络中具有相似的角色或地位，也可能说明社群对交互与流动具有较强的控制力（Wasserman and Faust，1994）。社群发现来自复杂网络科学领域，并根源于社会网络分析学科，强调通过网络联系特征（包括节点以及节点之间的联系）来划分与定义社群结构，其基本假设是同一社群内部的节点联系密度远大于社群之间的节点联系水平。近年来，随着社群发现方法的发展，越来越多的社群发现算法也被应用到区域空间结构分析中，从社群结构等网络视角出发来理解空间结构成为新的研究视角。而且在区域治理和规划中，将社会经济联系密切的城市或更细的空间单元划分为同一组团，具有重要的政策意义和实践意义。比较而言，功能区划分本质上是地理学家基于社群视角的早期探索：功能区分析专注于通勤流等空间行为网络的区划，而社群发现则关注更为广泛"流"与"网络"联系，可考虑空间单元之间的各种交互网络数据，且得到的组团结构可以不受空间关联的限制。

社群发现方法本质上是对区域网络中的节点（如城市节点或更细的空间分析单元）进行聚类和分组。应用于区域空间结构分析的社群发现算法大体上可以分为三种（Guo et al.，2018）。第一种是没有考虑空间关系的社群发现算法。这类型算法专注于网络节点的社会经济行为等非空间联系，没有任何空间约束条件，常用方法包括 Louvain 算法（Blondel et al.，2008）、Walktrap 算法、Girvan-Newman 算法（Girvan and Newman，2002）等。第二种是在第一种方法的基础上加入了距离衰减的约束条件，这样得到的社群结构不仅仅反映出社群内部节点具有相似的交互强度与联系特征，同时还需要它们在空间上具有一定的邻近性，使得社群结构更接近地理意义上的社区（neighborhood）结构。第三种则是在网络分析中考虑空间连续性约束。这比第二种的距离衰减约束具有更强的空间约束，因为得到的社群结构需要保证社群内部的每个节点（如区域中的城市）在空间上是相邻的，具备完整的区划特征。

社群结构分析已经在城市网络研究中得到关注与应用，城市之间的联系包括通勤流、公路客流、航空客流、铁路客流等行为交互联系以及企业总部-分部形成的城市联系等（陈伟等，2017；高鹏等，2019）。社群发现算法也开始应用于区域空间结构的探索，如柯文前等（2019）利用江苏省 2004～2012 年高速公路流数据，运用 Walktrap 算法挖掘江苏省的社群结构特征及其演变历程。陈娱和许珺（2013）提出一种考虑地理距离的社群发现算法，并以国内航空数据为实证研究，发现国内航空网络存在 10 个联系密切且空间上具有一定地域性特征的社群。

社群视角下的区域空间结构研究正在发挥越来越重要的角色，但也存在一些问题。第一，社群发现过程中应该考虑多大程度的空间约束条件仍不清晰，一方面这与研究问题密切相关；另一方面这与分析方法所设定的参数相关，不同参数可能得到差异较大的社群结构。虽然已有不少统计指标（如模块度等）可以用来判断社群结构的合理性，在理论与应用需求上如何判断社群结构是合理的仍需更多实证研究。第二，网络化的区域空间结构往往是由多种行为交互与要素联系所塑造的，如何在多层网络中挖掘社群结构仍是挑战。

3. 核心-边缘结构

核心-边缘及其描述的等级结构在传统区域空间结构与城镇体系研究中已经得到广泛关注，如从早期的中心地理论到 Paul Krugman 的核心-边缘模型（Krugman，1991），均描述了区域内城市的社会经济交通在属性角色上存在一定的等级体系。核心-边缘视角所理解的区域空间结构呈现金字塔式的层级结构，核心城市处于金字塔顶端，控制着区域资源要素的流动，对区域发展具有重要的主导作用，边缘城市处于金字塔底端，拥有核心城市所需要的资源要素（如自然资源、人力资源等），与核心城市进行要素流动和资源转换。虽然区域的核心-边缘结构在定义时考虑了区域内城市之间的要素流动与行为交互，其测度方法则多依赖于比较地方属性的等级差异，如通过对人口、GDP、收入等城市属性的排序和分布规则进行分析，又如经典的位序-规模法则等，以发现是否区域内的资源要素集中在少数中心城市里。

而随着网络科学的发展与流数据的丰富，如何通过交互与网络（而非属性）来定义核心-边缘结构成为社会网络分析的热点。区别于社群结构，区域城市网络内的核心-边缘结构一般认为区域内存在核心城市节点，核心城市对整个区域的行为交互与要素流动具有强大的控制力和影响力。这反映在核心城市间的要素流动很频繁，边缘城市依赖于核心城市的发展，与核心城市存在较强的交互，而边缘城市之间的交互与流动则较弱。核心-边缘结构挖掘的网络分析方法通常有三种。第一种是对网络中的空间节点进行排序，而排序的依据不是节点的属性，而是节点在网络中的微观结构（microscale structure）特征（Zhang and Thill，2019），如节点的度（degree）等中心性（centrality）指标。例如，Taylor 等利用高级生产性服务业办公网络分布数据，依据城市在网络中的联系度（global network connectivity，GNC）指标，将世界城市划分为 Alpha、Beta、Gamma 三个层级，以评定世界城市等级体系（Taylor et al.，2001）。第二种则是通过描绘节点微观结构特征的分布情况（如是否符合幂律分布等），类似于传统的位序-规模法则。例如，汪德根（2013）利用高铁客运流数据分析湖北省的区域旅游空间结构，发现湖北省符合位序-规模的旅游空间分布，其中武汉具有明显的资源、交通和区位等优势。第三种则是社会网络分析中的块模型（block model），首先通过城市间的联系强度来划分核心块（one-block）与边缘块（zero-block）（White et al.，1976），再依据城市节点所归属的块的角色和地位来辨析城市的等级。例如，Alderson 和 Beckfield（2004）利用世界 500 强企业的总部-分部的分布数据，运用块模型对全球 3692 座城市划分 34 个块的等级体系。总体而言，当前基于核心-边缘网络视角的区域空间结构研究仍值得继续研究，需要更深入的复杂网络算法应用以及更多的实证研究支撑。

1.3 城乡聚落空间重构研究

1.3.1 城乡空间结构演变：从城乡分割到城乡联系

和区域空间结构研究相似，城乡关系大体经历了从城乡分割到城乡融合两个时期并在城乡空间结构得到映射。城乡空间结构从传统城乡二元结构体制下呈现的"中心-外围"结构逐步演化为强调城乡联系的交融互错的网络结构。

早期关于经济地理及区域规划的理论往往都强调城市和乡村的结合，如杜能在其农业区位论中，基于运费探究城乡产业的空间分布；而霍华德在其"田园城市"理论中更是表现出建立围绕核心城市的城乡融合体（田园城市）。但这些理论往往缺少针对城乡关系的指导（叶超和陈明星，2008；程明等，2021）。但随着工业化的发展，城乡关系愈发呈现出二元分割结构。而经济学家 Lewis 在其《劳动力无限供给下的经济发展》中对城乡二元经济模式进行了总结，即由于劳动效益的差异，工业等现代部门（城市）对于农业等传统部门（乡村）有着强烈的"吸附效应"（Lewis，1954）。而这一时期乡村往往被默认为城市的附属，并体现在城乡空间结构中。Myrdal（1957）在《经济理论和不发达地区》一书中提出"地理二元结构"，认为城乡发展会逐步增大并出现"马太效应"，从而使得城乡空间结构呈现出明显的"中心-外围"结构。例如，段禄峰和张鸿（2011）认为，城乡一体化空间结构是均质化空间、极核化空间、点轴化空间和一体化空间逐渐演变的过程。

而城乡二元结构也带来了一系列的矛盾，具体表现在城乡土地权利不平等、城乡劳动力要素流动不平等以及城乡公共资源配置失衡等（叶兴庆和徐小青，2014）。针对上述问题，基于城乡一体化视角的城乡联系研究越发得到重视。正如 Mumford（1961）所指出的"城与乡，不能截然分开；城与乡，同等重要；城与乡，应当有机结合在一起"。2016 年联合国住房和城市可持续发展会议通过《新城市议程》，强调加强城乡联系，"城市和农村地区之间的相互依赖关系，其流动性和作用体现于地方和国家经济动态、社会文化联系以及跨越人类居住区的环境协同效应"。自十八大以来，城乡融合发展制度及政策改革进一步加快建立，中共中央、国务院印发的《国家新型城镇化规划（2014—2020 年）》强调通过构建城乡统一要素市场和城乡规划及公服一体化建设推动城乡发展一体化。中共中央、国务院印发的《乡村振兴战略规划（2018—2022 年）》中进一步明确完善城乡融合发展具体举措，2019 年中共中央、国务院印发《中共中央 国务院关于建立健全城乡融合发展体制机制和政策体系的意见》，明确提出要加快形成新型工农城乡关系。《中华人民共和国国民经济和社会发展第十四个五年规划和 2035 年远景目标纲要》中重点提出"健全城乡融合发展体制机制"，并强调"建立健全城乡要素平等交换、双向流动政策体系，促进要素更多向乡村流动，增强农业农村发展活力"。

而城乡联系的加强使得城乡空间结构呈现出网络化、多层级性、多向性等特征。城乡内部日渐发达的交通、通信等基础设施网络，使得网络空间秩序和结构深刻影响着城乡聚落的物理与社会空间结构，水平方向的网络联系成为城市群空间组织的重要特征。区域内部城乡结构的多中心、高密度、强流动和网络化的特征决定了城乡一体化空间形态的网络化、空间尺度的层级性、空间要素流动的多向性等特征（贺艳华等，2017a，2017b）。城乡聚落地理空间尺度与行政空间尺度的多级、多类型叠置，使得其城乡相互作用关系在垂直方向呈现出多层级性。城乡要素的流动更为频繁、迅速，并且乡到城、城到乡与城到城的要素流动并存，行政区边界对要素流动的阻碍作用相对弱化，多向性与跨区域性流动特征明显，与外部区域的相互作用也在不断加强。

1.3.2　联系视角下的城乡网络空间结构测度

受限于城乡二元结构的认识，传统城乡空间结构常常被划分为城市体系空间结构研究和村镇体系空间结构研究两个体系，且受要素流数据可获取性的限制，城市网络结构的研究在不同尺度和不同数据中类型均有更加深入的研究，而村镇网络则在近些年才有更加直接的量化分析。而结合城市及村镇来进一步探究城乡网络结构的研究仍较为欠缺。

在城市网络研究中，研究尺度包括全球范围内的世界城市网络研究、全国或区域层面的城市网络研究、城市内部的空间网络结构研究。而对于研究中的要素流类型，则包括人流、物流和信息流等多维度数据。基于网络分析的研究方法也成为城市网络研究的主流。

针对全球范围，世界城市网络通过不同类型要素流展开相关研究。全球化与世界城市研究小组（GaWC）开创了基于跨国公司配置要素的世界城市网络研究（Taylor and Derudder，2015），在此基础上也进一步延伸出基于航行通勤数据，从非经济角度对城市网络的研究发现，Matthiessen 等（2010）利用文献计量数据分析了世界城市间的科学联系网络，发现东南亚和南欧城市逐渐成为研究中心。Niederhafner（2013）通过跨国政治组织网络发现了欧洲和亚洲城市在跨国组织中定位的异同。Zhang 等（2021）则通过谷歌网页搜索数据识别出不同语言下的世界城市网络结构的异同。

针对全国或区域层面的城市网络研究更多关注于城市节点所构成的要素流（人流、物流）等网络结构，识别不同等级城市在空间中的分布情况。例如，有学者针对高速、公路通勤的系列交通流数据来识别区域内部城市网络结构（冯长春等，2014；Xu et al.，2019）。有学者基于手机信令数据，通过加权随机块模型（weighted stochastic block model，WSBM）识别出大湾区地区内部呈现出社群结构与核心-边缘结构相混合的中观结构特征（Zhang et al.，2021）。

针对城市内部的空间网络结构研究则更多从不同类型的个体行为数据来对城市功能区及出行结构进行分析。例如，有学者通过对网络大数据和社会调研数据的融合，采用社会网络和空间统计分析方法探究洛阳市旅游流空间网络结构特征（闫闪闪和靳诚，2019）。有学者基于社群发现算法对大规模出租车数据进行实证研究，发现上海两级层次的多中心城市结构（Liu L et al.，2015）。

受制于村镇流数据可获取性，传统研究更多基于引力模型间接推导村镇网络。受传统统计年鉴和要素流数据精细程度的限制，国内已有研究多基于属性数据采用场强模型、空间相互作用模型、断裂点公式等引力模型及其变形进行研究，研究中的空间联系是基于引力模型的推导而不是现实世界中实测的村镇网络联系（赵渺希和徐颖，2019）。例如，邓子健和李旭（2021）通过构建引力模型来测度重庆永川区内村镇网络结构并确定村镇等级体系。魏伟和叶寅（2013）通过引入成本加权距离和城乡聚落体系指数改进场强模型，并对石羊河流域城乡空间上的结构、联系和组合特征进行了研究。宿瑞等（2018）通过构建包含经济、人口、交通距离和介质系数等要素组成的引力强度模型，刻画重庆沙坪坝区内相互联系。

随着要素流动频繁，以手机信令为代表的联系数据使得对于村镇网络的直接测度成为新的研究方向。例如，钮心毅和岳雨峰（2020）通过手机信令数据识别通勤出行和全目的出行，并构建桐庐县村级单元之间的通勤矩阵，采用社会网络分析法等对村镇网络结构进行分析。赵渺希和徐颖（2019）通过手机信令数据测算村镇聚落的多层级网络联系，并结合网络拓扑结构（自容性、群集性等）分析村镇网络特征。

城乡二元结构所导致的城市中心论通常将村镇视为城市附属，城乡空间结构更多是对其等级体系及空间分布的研究，缺少联系视角下的城乡网络结构分析。例如，有学者基于土地利用数据对城乡聚落规模体系空间分布进行分析和研究（李智等，2019；马晨等，2022）。在规划实践领域，有学者通过实地调研、图方法等识别城镇体系空间组织结构，并依据发展现状和发展潜力进行城镇等级体系空间优化（邓子健和李旭，2021）。而从联系视角对城乡网络结构进行的研究相对欠缺。

1.3.3　城市空间重构

城市既可以独立成为区域的一种集中表现形态，也可以是区域的组成部分。城市空间结构是区域空间结构的一种，侧重于城市聚落的空间组织，同时由于社会文化、经济活动的悬殊，与村镇聚落空间结构在表现形态、驱动力等方面有显著差异。本节将从城市空间的种类、形态功能出发，归纳总结城市空间重构的类型，鉴于不同类别的产业在城市空间塑造中的重要作用，从产业空间角度对城市空间结构进行进一步分析，主要有服务业、制造业、旅游业等。最后从内生动力与外生动力、社会与经济等方面分析驱动因素。

1. 城市空间重构的类型

从空间功能上来看，城市空间主要分为物质空间、社会空间、经济空间、生态空间等，相应地，城市空间的重构主要表现在以下三个方面：第一，表现在城市物质空间的"破坏"与"建设"上，西方国家城镇化的发展历程表明，经济社会发展、科技进步无疑也带来了城市物质空间的"建设性破坏"，甚至城市生态环境的恶化，对城市生态环境建设的重视与加强，是对当前城市开发与空间重构的基础性"修补"。第二，表现在城市规划的思维演化上，以物质规划和城市设计为重心的城市规划实践难以对我国未来城市高速发展提供理论上的支撑与指导，使得城市规划不能发挥其应有的前瞻性、战略性和指导性功能。正是当前这种围绕着物质规划的城市规划理论与实践，我国城市产业空间发展更追求自然物质空间形态的美化，而不是经济、社会和生态等功能与效率的最大化。一系列矛盾与问题造成城市建设的非理性和空间形态的失序与破坏。第三，表现在对城市优位空间的选择上。优位经济是优越的地理位置所带来的额外的经济效益，体现为经济地理多要素、多尺度时空和多路径的空间建构，它分析了城市效益的根源，确定了城市的分布状态和分布形式。城市总是在区位、环境和经济基础较好的地区产生与发展，并不断吸引人口与资本向交通、资源等更好的位置聚集，从而产生明显的效益差异。同时，城市的急功近利会使得"特优区位"或"关键区位"实现超速建设，"重大事件"也会推动优位区域的跳跃式发展和（准）中心的加速形成。

经济空间作为城市空间最重要的组成部分，在城市中不仅规模庞大，也对城市其他空间乃至整体空间具有重要影响，下面以制造业、服务业和旅游空间为代表具体探讨城市空间的类型。服务业在空间地域范围内的集聚集群也促使城市内部空间格局及配套设施的完善，城市内部集聚的中央商务区、文化创意产业园、金融商务区、科技软件园及创业创新园等生产性服务业集群功能区在城市中的定位和发展很大程度上促使传统行业的外移与搬迁，导致其他产业在原有地理格局方位的移动和变迁，而相关的人力资本、资金技术、交通运输等生产要素也随之变化，产业之间融通和实体的位移会促使城市交通运输系统及城市交通基础设施方位的变更和调整，增强城市基础设施空间配套的进一步完善和合理布局。同时生产性服务业集聚也会促使城市内部的居住空间和就业环境产生变化，生产性服务业强大的地租支付能力及在城市核心区位和城市边缘集聚的现实特征也会导致原有濒临的居住空间产生迁移效应，生产性服务业强大的利润生产能力会促使更多的人力资本和知识资本集群，改变固有的市场化就业结构，促使就业人群合理流动。生产性服务在集聚过程中实现生产要素优化配置及科学化流动的前提下，会强化集聚区域与城市持续发展的互通衔接，促使城市硬件环境体系和信息网络化系统集约发展，形成生产性服务业体系与城市建设机制的有机结合。旅游地空间结构的演化是目的地系统各组成要素之间相互作用和相互关系发生变化的空间表现形式（尹贻梅等，2004），主要表现为旅游系统的整体功能增强或减弱，等级提高或降低，结构有序度增大或减小。相应地，目的地系统的空间范围也会出现扩张与收缩的不同表现形式。旅游系统是在与环境不断进行物质、能量和信息的交换过程中发展变化的复杂适应系统（杨新军和马晓龙，2004）。旅游系统空间结构的演化主要表现为系统整体功能的增强、等级的提高、结构有序度的增大，在地域上则表现为一定范围内的扩张或收缩。在不同的发展阶段，一定区域可根据本阶段的发展特点，通过最佳的组织形式形成最佳的空间结构，从而达到最佳的发展状态（李琛等，2007）。

2. 城市空间重构的动力

一般而言，城市空间重构的动力因素可分为传统因素（自然因素、交通因素、行政因素、军事因素、经济因素）和现代因素（信息因素、技术因素及制度因素）。为优化空间结构，促使区域经济发展，一些学者开始了这方面的研究。已有研究中，有不少涉及中国城市空间结构和郊区化的发展机制问题（宁越敏，1995；顾朝林和克斯特洛德，1997；周一星和孟延春，1998；吴启焰，2001）。由于研究时段、研究视角和侧重点的不同，研究结果存在较大差异。尽管如此，市场体制下的各种制度变革对城市内部空间结构的冲击，引起了学术界的广泛关注。唐子来（1997）指出，城市内部空间结构应包括发生在不同范畴（资本、政府和社群）中和作用在不同层面（城市、国家和世界）上的各种社会过程。张庭伟（2001）则进一步指出，城市空间结构演化机制的完整理论框架应包括政府、市场和社会三方面的分析，在几乎没有使用中国城市实证材料的情况下，他试图用西方理论来解释中国城市的空间结构演化。章春华和王克林（1997）阐述了城市空间结构的影响因素，并提出了城市体系建设的设想。王心源等（2001）分析了自然地理因素中水文、地形两个要素对城镇体系空间结构形成的影响及在其影响下发育的不同城镇体系空间结构样式。冯健和周一星（2003）注重综合政府、经济、社会三个层次上的动力，提出综合机制模式来阐述城市空间结构的演化动力。陈修颖（2005）提出了由外部动力、内部动力和耦合动力三种动力组成的区域空间结构重组的动力系统。喻定权等（2008）将交通建设和人们的新消费理念纳入城市空间形态扩展演化的驱动机制。李强和杨开忠（2007）引入规制变量构建北京城市蔓延的城市经济学模型，进而解释转型时期北京"摊大饼"蔓延的原因，成为这一时期城市空间经济理论应用于中国城市具体实践分析的有效范例。王新涛（2009）认为，城市空间结构是经济、社会、公共政策和自然生态基础等内外力产生合力的大小与方向综合作用的结果。韩增林和刘天宝（2010）认为，大连城市空间在环境、政治、经济等因素的共同作用下不断圈层式扩展，而后形成组团发展模式。

在新城市时代背景下，城市空间结构要素及其运动都发生了巨大的改变，这使原有理论赖以存在的基础发生了变化。同时，城市或区域的空间经济发展也出现了一些新的特征，而这些并不一定能从原有的理论中得到解释。因此，也有不少的学者关注新态势下的理论发展：随着信息技术影响的加深，赛博空间——新的数字空间逻辑出现并加速改变着传统的空间概念，Graham（1998）、Benodikt（1991）、Batty（1993）、Traxler（1997）、Shiode（2000）等都对赛博空间进行了探讨。国内的张捷和周寅康（1997）较早地研究了信息时代地理空间及其连通性，李小建（1999）、顾朝林和克斯特洛德（1997）、路紫等（2008）也进行了此方面的研究。Daniels（1995）、Coffey和Cromwell（1995）、顾朝林（1999）、闫小培（1999）等对信息时代的空间区位进行了研究，此外还有一系列的空间相互作用、均衡与非均衡等理论被相继补充和完善。近年来，有很多学者关注城市空间结构的新发展。江曼琦（2001）认为，知识经济与信息革命必将带来城市聚集效应，使城市空间结构的用地比例、影响区位选址的要素与要素组合关系出现新的特征，城市空间结构将向着大分散、小集中的模式发展；冯健和周一星（2003）从经济、人口、社会等不同方面论述了转型期中国城市空间重构；陈修颖（2005）从理论和实证两方面对区域空间结构重组进行了研究；冒亚龙（2006）提出，知识经济和信息技术必将带来城市聚集效应总量、内容和分布的变化，以及产业结构的重整，使得城市空间结构朝着"大分散、小集中的环形树状网络结构"模式嬗变；郭力君（2008）将新城市时代典型的经济形态——知识经济与空间结构问题紧密结合起来并进行了深入研究，认为知识经济时代的城市空间结构不仅是非平衡作用的产物，而且是一种最为典型的耗散结构，并试图以非平衡系统理论为基础，构建知识经济时代的城市空间结构理论；袁鹰（2008）从全球化视角研究了城市空间结构。

1.3.4　村镇聚落空间重构

村镇聚落作为我国乡村地域的一种生产、生活空间，是乡村生活、乡村社会的基础，是不同于城市聚落的生活场所（彭一刚，1994）。传统意义上来说，村镇聚落需要具备完整的村镇聚落空间要素和格局，在空间格局中体现出农业社会和乡村聚落的特征，具有乡村生产、生活空间特征的延续性，表现出长期以来社会进程、经济发展、文化进步和物质空间优化的变化过程。村镇聚落空间演变是指村镇聚落的社会、经济、文化和环境构成要素在空间上的变化，而村镇聚落空间重构属于村镇聚落空间演变的一种。在村镇聚落空间演变和重构中，只有理清村镇聚落的类型，才能因地制宜地制定村镇国土空间规划和优化村镇空间要素。因此，村镇聚落划分类型这一概念也需要界定。村镇聚落分类是按照村镇聚落的空间特征、社会经济特点、演变规律等指标，依据划分类别的目的或者标准对村镇聚落进行类型划定。

村镇聚落空间结构属于区域空间结构研究范畴。区域空间结构是社会经济客体在空间中相互作用及所形成的空间集聚程度和集聚形态，是一个具有多种尺度、多重内涵的复杂系统，其所涵盖的内容相当广。近年来，人们对区域空间结构的研究主要集中在区域层面（崔功豪，2006；李小建和乔家君，2002；唐子来，1997；王凯，2006；刘立平和穆桂松，2011；田文祝和周一星，1991），但对村镇空间结构直接论述的并不多。本节在明晰村镇聚落空间结构的内涵基础上，从村镇聚落空间重构的类型和影响因素两方面揭示村镇聚落空间重构的规律。

1. 村镇聚落空间重构的类型

村镇聚落的特征正在发生转变，体现在非农业经济的发展、城镇聚落空间的扩张、转向聚集的空间形态转型，以及农民分化和村镇社会文化构成转型，意味着村镇聚落逐渐分化重组形成了新的格局，即村镇聚落重构正在发生（龙花楼，2013；王介勇等，2013）。村镇聚落空间重构属于村镇聚落空间演变的一种类型，表现为村镇聚落空间构成要素的彻底演变。村镇聚落的重构表现在政治要素、经济要素和社会要素的空间形式与结构的重构，也有在其他社会经济要素中体现（Kiss，2000）。村镇聚落空间按功能的不同，可分为物质空间和精神空间，物质空间包含了生产、生活等，而精神空间可分为社会、文化和政治空间等。村镇聚落的空间重构主要发生于物质空间的载体中，具体表现在物质空间的居住、生产、公共空间中。从传统意义上来说，城市是人类社会发展的重心，体现在资本、人口、技术、信息等要素的集聚上，而村镇聚落往往被认为是边缘地区。随着全球化进程的发展、外部资本的引入、信息化网络的出现以及交通技术的不断进步，村镇聚落和城市聚落的时空距离、发展差距正在逐渐缩短，从而形成了以农村工业化、农村电商等为载体的跨地域、跨等级的网络（刘传喜和唐代剑，2016）。此外，生态旅游型村镇也体现了村镇流动空间的兴起，旅游可以集聚资本、人口、技术和信息等流动要素，促进了村镇聚落社会、经济、文化等方面的重构，形成了全方位的发展（陶玉霞，2014）。在村镇聚落中，除了传统的城镇化、工业化动力下的村镇聚落空间演变和重构，以信息网络、旅游服务业和外向型生产为代表的第三产业也表现出对村镇聚落空间重构的驱动作用，进而表现出现代农业和服务业的空间结构特征。此外，在目前的村镇聚落空间重构研究中，除了以聚落特征、空间结构特征变化为案例的研究，也有部分研究将生活空间、生产空间和公共空间作为研究对象，研究生产空间、生活空间重构的整合与优化。

村镇聚落是集聚村民生产、生活的空间载体，从地域空间视角出发，生产空间和生活空间是最能体现村民日常生活特征且最具有地方认同感的物质空间。聚焦于村镇聚落空间的研究，往往期望在研究中探讨村镇聚落空间重构的变化特征以及分析动力因素的变化。从村镇聚落的物质空间上可以详细划分村镇聚落空间的类型和特征，从而能在更小尺度上表现出村镇聚落空间演变和重构的特征。对于村镇空间的研究目的，希望探究空间重构与社会资本变化的关系，以及研究空间变化的特征。而流动空间对于在外部资源的投入、区域信息网络和现代交通等设施的建设与完善背景下村镇信息、技术、人才、资本等要素流动和聚集的村庄具有强大的解释力。结合 Castells（2007）对于流动空间和地方空间的描述发现，流动空间所注重的就是村镇网络，特别是外部网络与经济、信息及管理活动之间的关系，地方空间所关注的是村民日常生活的、具有身份认同感的空间形式。而这两类空间特征，在社会资本变化影响下的村镇空间重构中都表现得非常明显（表1-1）。

表 1-1　功能视角下村镇聚落空间的分类与特征

物质空间	居住空间	公共空间	生产空间
特征反映	住房、宅院等供农户家庭进行日常生活的空间	村民的公共活动中心以及"场所精神"的主要载体空间，如村委会、寺庙、戏台、祠堂、晒谷场等	进行生产和再生产而存在的空间，如农田、山林及其他劳动场所
社会空间	联通型空间	交流型空间	精英组织空间
特征反映	为流动空间提供物质、技术支持的电子交换回路及高速运输网络空间	使得网络中的元素顺利互动，作为网络的交流节点，扮演着交流中心的角色，以网络为基础连接特定空间	形成自己的社会、生活方式的占支配地位的管理精英（而非阶级）的空间

资料来源：熊浩（2017）。

从空间演变过程来看，村镇聚落具有多种演变模式。邢谷锐等（2007）依据城镇化中乡村聚落的发展特征，将乡村聚落的空间演变类型分为三类，分别是主动型演变、被动型演变和消极型演变。李君（2009）分别从村镇聚落的空间结构演变特征和居住空间演变对农村居住空间类型进行分类，从农村居民点的空间格局特征上而言，可以分为重建型、缩减型、平衡型和增长型。而以时空演变特征为标准时，总结为三种类型，分别为快速有序、缓慢有序、缓慢随机。许家伟（2013）从长时段视角出发，归纳了古代到现代的村镇聚落空间演变，认为村镇聚落空间演变的扩展是从块状转向带状，再从带状转为分散扩展。海贝贝（2014）以郑州为案例，研究城市边缘区乡村聚落的空间演变过程，发现这些聚落往往经历了由传统乡村聚落转向城郊村，进而转为城中村，并最终转变为城市社区的历程。李传武等（2015）以安徽省芜湖市为例，从主体功能区视角出发，将村镇聚落归纳为五种类型，分别为限制重构区、引导重构区、适度重构区、鼓励重构区和优先重构区。闵婕等（2016）基于乡村聚落的变化过程，归纳了三峡库区的空间演变模式，分别为自然型、加剧型、剧烈型和工程扰动型。关小克等（2016）基于农村居民点空间格局和人口的耦合关系,将门头沟区的农村居民点演变分为五种类型。陈永林和谢炳庚(2016)总结了赣南地区的乡村聚落空间演变和重构模式,归纳总结了过渡式、渐进式、聚核式、汇流式、渗透式、飞地式六种模式。席建超等(2014)以野三坡旅游区三个旅游村落为案例,分析了旅游动力引导下的空间要素变化模式,发现土地利用空间上除了核心区和边缘区的差异,在空间格局上也存在传统村镇转向城镇的变化特征,表现在空间演变模式上,则可以归纳为原地利用型、就地重建型和飞地开发型。

从多重动力因素角度来看,村镇聚落空间演变呈现多种多样的演变路径。韩非和蔡建明(2011)总结了半城镇化地区的村镇聚落的演变途径,包括保留发展、迁移重建和城镇化重构,而在动力上则表现为集体安置下的农民新村、专业生产下的专业农村和旅游导向的旅游农村。吴昕晖等(2015)认为村民在全球化和互联网浪潮中能够借助全球信息网络推动村镇聚落空间重构的进程,除了传统的农业发展和城镇化动力,第三产业支持下的"淘宝村"、生态旅游村和文化产业村形成了中国村镇空间重构的新模式。杨庆媛等(2015)总结了快速城镇化地区的村镇聚落空间重构路径和模式,空间重构模式可划分为政府决策动力下的移民型、城镇化和工业化动力下的城镇化型及经济发展动力下的改造型和整合型。

2. 村镇聚落空间重构的影响因素

村镇聚落空间结构是县域社会、经济和生态活动的"容器",合理的村镇空间结构是县域社会经济发展的"助推器"和"调节器"。如果说镇村空间结构是区域社会经济发展的"函数",则就可以通过村镇空间结构的优化来调整区域发展的状态(王合生和李昌峰,2000)。村镇聚落空间重构就是人们为了实现特定区域自然生态、经济和社会的可持续发展的目标而有意识地对村镇空间结构的演变进行人为干预和引导的过程。村镇聚落是一个持续变化的动态单元,其空间演变的影响因素十分复杂,在不同区域或同一区域的不同发展阶段,各类因素间的相互耦合关系与主导因素也不尽相同,乡村聚落空间演变的影响机制也呈现出不同的特征(朱晓翔等,2016),当前对乡村聚落空间演变的影响因素及驱动机制研究逐渐趋于全面与综合。

村镇聚落经济结构中农业经济地位下降,村镇旅游等农村服务业正在兴起,城乡之间的人口、资本等要素加剧流动等导致村镇社会经济结构得到重塑。李红波和张小林(2012)指出村镇重构是在城乡统筹发展过程中,受政策、村落自身发展的影响而产生的部分村落的搬迁、衰退乃至消失的现象,这是一种相对狭义的角度界定的村镇重构。龙花楼(2013)也认为村镇重构主要是农村地区社会经济形态和地域空间格局的重构,强调快速工业化和城镇化的影响带来城乡人口的流动、经济社会的重组和参与者的变化。冯健(2012)认为村镇地区在某阶段由各种发展动力所推动的以经济和空间等要素为主导的一种演化过程,以及相应的政策调控过程即是村镇空间重构。关于村镇空间重构的论述,陈永林和谢炳庚(2016)认为村镇聚落空间重构是指聚落空间结构的重新布局与调整,其基本思路是初期重建景观要素,中期重组聚落结构,后期最终重塑聚落功能。龙花楼(2012)认为村镇空间重构是村镇生活空间、生产空间和生态空间的优化乃至变革,包括产业集聚、农民居住集中和资源利用集约等内涵。陈晓华(2009)认为村镇空间重构是在经济形态、空间格局与社会形态等方面转变的村镇转型发展基础上实现的，并认为其是新农村建设和解决"三农问题"的正确路径选择，城乡统筹是村镇空间重构的出发点和立足点，勾勒城镇发展的重点空间和预留空间是村镇空间重构的关键，生产空间与生活空间整合优化是重点，创新农业生产经营方式是村镇空间重构的重要内容。由此可知，村镇空间重构并不仅仅包括物质空间的内容，还包括生产、生活等体现历史性和社会性的空间重构，而且其是在村镇经济、社会、文化等各方面转型的基础上实现的。

李红波等（2015）研究认为村镇聚落空间重构受到村镇系统内外综合因素共同作用，且城镇化、工业化、政府调控、村镇自身的更新改造和空间生产等因素的作用程度不同，在不同重构阶段村镇聚落空间形态和作用机制也存在差异。陈永林和谢炳庚（2016）提出了不同发展阶段村镇聚落空间重构的基本思路，即初期进行景观要素的重建，中期进行聚落结构上的重组，后期最终实现聚落功能上的重塑。王勇和李广斌（2011）认为改革开放以来，苏南村镇聚落功能先后经历了三次转型，即从"工业生产+农业生产+生活居住"三位一体，到"工业生产"与"农业生产+生活居住"相互分离，再到"工业生产"、"农业生产"和"生活居住"三者分离。

陈培培和张敏（2015）运用行动者网络理论，对南京市江宁区"世凹桃源"大世凹美丽村镇的重构过程与机制进行分析。杜相佐（2016）利用引力模型测算农村居民点之间的相互吸引力，识别核心居民点节点及其空间辐射范围，引导农村居民点空间重构，实现从空间力学视角辨析农村居民点及其辐射力，进而实现重构。谢作轮等（2014）应用加权Voronoi图和"居住场势"测算，得出黄土丘陵沟壑区榆中县农村居民点的空间重构方案。

1.4 村镇聚落空间重构的动力机制

1.4.1 村镇聚落空间重构的动力因素识别

在村镇聚落空间重构研究中，对于空间重构动力因素的识别是重要的研究问题，表现在土地利用变化中，也需要增强对土地利用变化驱动因素的潜在决定因素的认识，因为驱动因素可以解释土地利用变化的内生条件与外在因素，从而可以提高我们对地区发展的理解（Luo and Wei，2009），为土地利用规划提供依据和参考，最终实现土地利用效率最大化。目前，对于土地利用变化背后的驱动因素，已有多区域、多尺度、多重方法展开的大量研究。目前，大部分的研究集中在国家、区域、城市尺度（Liu et al.，2010；Liu Y H et al.，2015；Ning et al.，2018；Xu and Zhang，2021；Long et al.，2007a，2007b），这些研究发现，推动土地利用变化发展的动力因素较为丰富，包括社会经济属性与自然地理条件，如经济发展、人口密度、区位因素、政府决策、气候水文和地形因素等。大尺度土地利用变化的驱动因素与驱动机制研究，有助于在宏观层面理清相关社会经济属性与自然地理条件对土地利用影响的整体趋势，也有助于判别各种驱动力对于土地利用变化的作用程度。而小尺度研究成果能为相关规划战略制定提供参考，也能为乡村地区发展提供决策辅助，同时也能够成为乡村规划的抓手。

在驱动力识别的方法上，许多研究采用定性描述来分析村镇聚落空间重构中土地利用演化过程的驱动力（Liu et al.，2010），也有许多学者采用量化方法识别驱动因素，如多元回归分析、Logistics 回归分析、GWR 模型、GTWR 模型等方法，也有的研究开始使用机器学习方法研究驱动力，如 BP 神经网络、随机森林等。目前相关的研究主要采用多年的土地利用变化数据结合线性回归的方法来探索驱动因素与土地利用变化的关系。

不同尺度、不同区域、不同方法所识别出的驱动力大部分虽然丰富，但种类较为一致，包含人口聚集、经济发展、气候变化、地形因素等。例如，在全球尺度的土地利用变化研究中，学者们多从不同区域角度分析各区域土地利用变化特征，如 Song 等（2018）探索了 1982～2016 年全球的土地利用变化状况，发现热带地区发生大量的森林砍伐、农业用地扩张，而温带地区则造林活动、耕地集约化和城镇化盛行，并指出土地利用变化背后最大的驱动因素是人类活动。刘纪远等（2014）在对中国全国尺度的土地利用变化研究中，认为 20 世纪 80 年代以来的全国土地利用变化主要受到政策调控和经济发展的驱动，同时气候变化也对北方地区的耕地变化产生影响。此外，在城市尺度的研究中，韩会然等（2015）采用土地利用动态度的方法刻画 1985～2010 年北京市土地利用变化特征，结合多元线性回归模型探索其背后的驱动力与驱动机制，研究发现，人口聚集、经济发展和政府政策等作为主要动力共同驱动了北京市土地利用空间格局的不断演化。而聚焦于小尺度的镇域或乡村时，常常关注单一乡镇或乡村土地利用的演变史，如杨俊等（2014）在休旅介入型村镇的土地利用空间格局演变中，以金石滩国家旅游度假区内的乡镇为例，分析了 1992～2009 年的空间格局演变，发现政府措施、企业发展和居民利益共同推动了土地利用空间格局的演变。综上所述，根据不同尺度、不同地区和不同研究方法所得到的土地利用演变驱动力，将其总结为两大类，即自然地理条件和社会经济因素。

1. 自然地理条件

自然地理条件是一个特定区域内的土壤、地形、地貌、气候和水文等自然条件的总和，表示的是一个区域的自然地理环境状况。自然地理条件是人类利用土地资源的基础，既可能是人类活动塑造土地利用的有利条件，也可能限制人类对土地的使用状况，也会影响村镇聚落空间重构的过程与状态。自然地理条件对于村镇聚落空间重构和土地利用变化的影响主要包括两方面：一是气候条件。气候是一个特定地区多年的气象要素的概括状况，包含降水、气温、湿度、风和光照等指标。在无人类活动状况下，气候条件是地球表面各类岩石、土壤活动的主导要素之一，而在人类主导土地利用时，不同的气候也会影响人类对土地的使用，如不同气候区的耕作物、建设用地选择等。二是地形地貌。其是地球表面局部地区的空间实体状态，如高山、丘陵、高原、盆地等，包含海拔、坡度、切割密度、切割深度等指标。地形地貌能制约耕地、城市建设用地、农村居住用地等人类活动对土地资源的改造，从而影响各种村镇聚落空间的格局。

大量实证研究发现，气候条件的改变对于土地利用变化影响显著，因而也会影响村镇聚落空间演变和重构过程。例如，龙花楼和李秀彬（2001）采用典型相关分析方法对长江沿线样带土地利用格局及其影响因子进行了分析研究，发现长江沿线样带的草地与林地和气温密切相关，草地面积与最暖月的气温负相关，而林地面积则与最暖月的气温正相关，说明气温对于草地和林地的发展扩张具有促进或者限制的作用，从而产生对土地利用格局变化的影响。刘金巍等（2014）对新疆玛纳斯河流域2000~2010年的土地利用/覆被变化进行了研究，发现近十年来该流域的土地利用变化明显，人工绿地、耕地和城乡工矿居民用地增加较多，未利用地和林地面积逐渐减少，而驱动流域土地利用变化的主要因素是气候变化和人类活动，气候变化带来的气温上升导致冰川积雪覆盖的面积减少。总体而言，气候条件对不同地区的影响不尽相同，对于干旱区而言，气候变化是土地利用变化的制约因素，对农业耕作选择、植被生存等都有不良影响，使得干旱地区发展受到制约，而在湿润地区，气温上升促进了当地植被生长、土壤肥力增加，一定程度上而言气候变化具有促进作用。

地形地貌因素是另一个对村镇聚落空间重构影响较大的自然地理条件要素，通过限制土地利用变化而发生作用，也是人类对土地资源改造使用的基础。许多研究已经证实了这一观点，如冯仕超等（2012）以西宁市为例，采用土地利用动态度、转移矩阵和城市扩展强度指数等方法，探索1977~2007年西宁市的土地利用变化过程及其背后的驱动机制，发现30年间西宁市的耕地、草地和建设用地面积变化显著，而地形地貌是其中的关键因素，因西宁市是典型的河谷地形，限制了城市建成区的扩展方向，从而决定了城市的土地利用变化空间格局。Luan和Li（2021）研究了2000~2017年14个泛三级城市的土地利用动态，并使用二元Logistic回归模型探索潜在的驱动因素，发现海拔是其中的重要因素。大多数的土地利用变化和驱动力的研究案例地集中于城市，而城市大多为平原地形，因此很多研究忽视了地形地貌对土地利用变化的驱动或者限制作用，而在生态脆弱地区和地形起伏较大的区域，地形地貌是人类影响土地利用的主导因素之一。

2. 社会经济因素

社会经济因素是人类塑造不同土地利用类型的重要因素，是短期内让土地利用产生变化的原因，体现出人类活动对于土地资源的开发、利用。因此，推动村镇聚落空间演变与重构的重要因素也是社会经济因素，通过影响村镇聚落的生产空间、生活空间和生态空间来促进村镇聚落空间重构。自然地理条件在短时间范围内相对稳定，对村镇聚落空间重构和土地利用变化的驱动效果不明显，而人类活动引起的社会经济因素波动较大，容易在短时间内对村镇聚落空间重构和土地利用状况造成剧烈影响（Turner，1999）。相关实证研究也证明，社会经济因素是推动土地利用变化的主导驱动力，如Zhao等（2013）对新疆塔里木河流域1973~2005年土地利用变化进行了研究，结果发现该区域内大量草地转为耕地，而许多耕地被改造为建设用地，还有部分草地、林地和湿地也被人类活动影响，成为未利用地，研究结果认为，海拔、坡度、土壤类型等自然因素对土地利用的影响有限，而促使当地土地利用发生变化的主要因素是人口增长、经济发展和产业政策等。综合相关研究，我们认为社会经济因素对村镇聚落空间演变、重构和土地利用变化的影响主要体现在以下几个方面：①人口规模。人口数量、密度是影响特定区域内土地利用强度的关键要素，城市人口规模增大，对于城市建设用地的需求也更高，推动了建设用地的扩张，造成其他土地利用类型缩减。②经济发展状况。经济发展要素体现在GDP、人均GDP、第二和第三产业产值等方面，经济要素对于土地利用的驱动作用主要在于推动城镇建设用地的扩张。③城镇化与工业化。城镇化水平的主要影响包括人口城镇化、土地城镇化和产业城镇化,这些因素都是耕地、林地等用地转为建设用地的原因。④政策调控。政策因素对于社会经济活动具有引导作用,进而推动政策影响区域的土地利用变化趋势(黄端等,2017)。⑤交通因素。交通区位条件对土地利用变化具有重要影响,优秀的交通条件会提升经济发展水平、汇聚人口,从而促进土地利用变化,而交通区位主要依靠交通设施和交通干线影响社会、经济活动。

人口因素是影响村镇聚落空间重构的主要因素,现有的实证研究已经证明人口因素对土地利用变化的驱动作用,如章波等(2005)对长江三角洲城市地区土地利用变化和驱动机制进行了研究,分析了 1990~2000 年长江三角洲城市地区内各种土地利用类型的变化态势,发现建设用地和耕地的比例呈现此消彼长的趋势,耕地大量转换为建设用地,同时采用相关分析和主成分分析法探寻了促进土地利用变化的主导因子,发现最主要的驱动因素是人口规模的增加和人口城镇化,人口因素驱动耕地不断转换为建设用地,加快城市建成区扩张。肖思思等(2012)对太湖地区的研究得到了类似的结论,他们采用多元线性回归定量地分析了 1980~2005 年环太湖地区土地利用变化和驱动因素的关系,人口规模增加、城镇化和工业化等带来的经济增长与土地管理政策变动等人类活动是土地利用变化的主要驱动力。同样地,在其他国家的研究中也发现了人口增加是土地利用变化的主要驱动力,如 Berihun 等(2019)对埃塞俄比亚上青尼罗河流域土地利用变化进行了研究,结果显示人口规模的增加是促进耕地和林地转换的重要驱动力。人口因素对于土地利用的影响是由人类活动对于用地的需要引起的,人口规模增加或人口城镇化都对建设用地、粮食有更大的需求,从而促使农业用地、草地、林地等转换为建设用地,同时许多草地、林地被人类用于耕作,影响了村镇聚落的生活空间、生产空间。

另一个重要的驱动力是经济因素,经济要素的流动对于村镇聚落空间重构有重要的驱动作用。许多学者在归纳土地利用变化的驱动机制和机理分析时,都将经济发展要素放在了首要的位置,认为是经济活动推动了土地利用空间的演化。例如,杨桂山(2002)对长江三角洲地区耕地变化的研究中发现,城市建成区的扩展和土地利用变化最重要的驱动力是经济快速发展。张有全等(2007)的研究结果也认为,经济发展是城市土地利用变化的根本驱动力,同时他们结合土地利用数据、气象水文数据以及其他空间属性数据,全面地分析了 1990~2000 年的土地利用空间变化和驱动力特征,结果显示北京地区耕地减少了 93 749hm^2,而居住用地等建设用地大幅增加,林地、园地也增加较多,造成这一土地利用变化状况的根本原因是经济发展,经济发展不仅能直接作用于土地利用类型的转换,也能通过产业发展刺激人口集聚和优化人居环境,从而间接地影响城市建设用地的扩张。史利江等(2012)采用定性与定量相结合的方法更细致地分析了 1994~2006 年上海市土地利用空间状况的变动和驱动力要素,发现这 12 年是上海市土地利用快速转变的时期,其中耕地发生了最大变化,面积减少了 23.3%,而减少的部分大多用于城镇建设用地,因此建设用地的扩张和耕地的骤降成为这一时期上海市土地利用变化的两大特征,驱动力的分析结果表明,经济发展、人口城镇化和人民生活水平提高是主要驱动力。经济发展对于空间重构和土地利用的作用主要体现在两方面,一是通过工业化和城镇化,将农村人口吸引至城市或进行乡村工业化,实现了人口和产业的城镇化,使得建设用地规模不断扩大,对农业粮食生产的需求量也不断增大；二是对于老旧城区、工业园区的改造，虽然都属于建设用地，但是城市更新后土地利用强度上升，对于周边环境、居民的影响也有所提升，进而对工业化、城镇化产生作用。

许多实证研究中已经发现，城镇化和工业化的共同效用是促进村镇聚落空间演变及土地利用发生转变的重要动力因子，同时城镇化、工业化也与人口规模、经济发展密切相关。例如，周青等（2004）以无锡市原锡山市为研究区域，探索了快速城镇化农村地区的土地利用变化和驱动机制，分析了1985～2000年原锡山市的土地利用变化和城镇化发展水平，发现推动土地利用变化的因素包括经济、人口和城镇化水平，他们认为是区域城镇化的发展带来了人口城镇化、经济发展、农业集约化三方面的联动效应。这三个效应都在土地利用上得到表现，人口城镇化、经济增长造成城镇范围扩大，而农业集约化优化了农业内部的产业结构和土地利用结构，导致农用地的减少和建设用地的增加。同时，Long等（2007b）对1987～2000年昆山市土地利用变化的社会经济驱动力研究中发现，昆山市土地利用变化最显著的特征是水田被人工池塘、城乡居住用地和建设用地大幅取代，而双变量分析结果显示，工业化、城镇化、人口增长和经济政策改革是推动土地利用变化的四大核心驱动力。昆山市城镇化体现了中国城镇化的两种典型形式：城市经济发展和人口集聚而出现的城市城镇化，乡村自身发展引起的农村城镇化。而昆山市最典型的城镇化模式是城市建成区扩展，将农业用地转化为城市居民用地，开发区的建设也扩充并加快了昆山市中心城区的城镇化进程。快速城镇化期间，城市工业化和乡村工业化猛烈提升，民营企业和外来经济的共同发展促使昆山市产业格局发生了翻天覆地的变化，城市企业和乡镇企业对于生产用地的需求不断提高，同时收入增长又促进了农村住宅扩张。城镇化和工业化的快速发展向来被视为土地利用变化的主要原因，两者的组合效应与土地利用密不可分，土地利用现状是城镇化和工业化的发展基础，而城镇化和工业化也反作用于土地，促进土地利用空间格局开始演化。土地利用空间格局的变化也会体现在村镇聚落空间重构之中。

政策因素是村镇聚落空间重构的重要推动力，大量的实证研究也分析了政策因素对于土地利用的作用机制，如史培军等（2000）对深圳市改革开放后的土地利用变化机制进行了研究，得到了1980～1994年深圳市土地利用变化的转移矩阵，剖析了这15年间土地利用变化在空间上的演化过程，同时采用多元线性回归探索了土地利用变化背后的外在动力和内生驱动因素，结果表明深圳市大量的耕地、园地被建设用地蚕食，而产生这一变化的根本原因是深圳经济特区颁布的开放政策。研究发现，深圳市土地利用变化的驱动力表现为人口增长、外来投资和第三产业快速发展，而这三大驱动力背后的产生条件是深圳市在税收、土地管理、企业雇佣等方面的特殊政策，如1982年发布的《深圳经济特区土地管理暂行规定》和1987年颁布的《深圳经济特区商品房产管理规定》都为深圳大规模的土地利用类型转换奠定了基本条件。Wang等（2012）在全国尺度研究中也认为政策驱动力对于土地利用变化具有显著影响，研究剖析了1996～2008年中国的土地利用变化状况，发现土地利用总体变化不显著，农业用地和未利用地略有减少，主要问题是高质量耕地被破坏、开发土地增加较多，对于粮食供应和土地供需问题造成威胁。而在政策驱动力分析中，该研究认为土地利用变化是国家产业政策、区域发展政策、城镇化政策和土地保护政策共同作用的结果，因此土地利用空间格局的演化与不同阶段的土地政策趋势密切相关，而中国的土地管制和保护耕地的法律法规的实施对土地利用变化，特别是耕地和已开发土地的变化有显著影响。此外，杜国明等（2015）对巴西 1980~2005 年土地利用变化和驱动力进行了分析，认为政策调控是其中重要的动力因子，巴西土地利用时空格局的特点是大量森林被砍伐、开垦转换为耕地，造成此结果的重要原因是巴西 1985 年后进行新的土地改革，鼓励人民发展农业相关产品，导致巴西大范围的林地遭受破坏，同时耕地面积大幅上升。综上所述，政策在土地利用变化中主要起到引导作用，政策因素对于经济活动、人口迁移等具有决定性作用，进而影响村镇聚落空间重构的进程。

交通因素已被许多研究证明是土地利用类型发生转变或延伸扩展的影响因素，也是村镇聚落空间发生演变和重构的影响因素。王雪微等（2015）全面地剖析了交通因素对于土地利用变化的驱动作用，以长春市为例，结合土地利用变化状况和道路网络，通过对比两者的空间联系来理解交通因素对于用地演化的动力影响。在土地利用变化上，长春市的建设用地面积、占比提升较多，而农业用地和未利用地则不断被建设用地和林地蚕食。与交通道路干线结合分析发现，与道路干线距离越接近，建设用地的扩张速度越快，呈现出廊道效应，这也导致道路两侧的耕地被盲目扩张的建设用地所占据，破坏了农业发展状况。而刘康等（2015）采用 Probit 回归模型定量探究了南京市 1996~2010 年土地利用变化背后的驱动力，该研究主要分析了耕地和林地变化的驱动因素，结果表明耕地、林地被其他用地类型替换的主要原因是交通区位因素，距离农村居民点和道路较接近的耕地、林地被改造为建设用地的可能性更大，因为这些用地交通区位更好，开发利用时更加便利。在一定区域的发展过程中，交通要素对于空间重构起步阶段影响重大，因较好的交通区位是选择开发用地的优势条件，有助于聚集经济因素和人口因素，从而能帮助地区通过起步阶段，进入快速上升期。

综合上述社会经济因素的相关分析和研究，推动村镇聚落空间重构和空间形态中土地利用变化的社会经济因素主要包含人口规模、经济发展、城镇化和工业化、政策调控和交通区位等多个方面，但并非每个社会经济因素都在每个地区起到主导作用，因各个地区都具有自身特色的社会经济、文化背景，需要结合当地特征，采用定性或定量方法选取适当的社会经济因素来研究村镇聚落空间重构中的土地利用空间变化背后的多重驱动力，以更好地探寻主要驱动力，为后续土地资源调控和社会经济规划发展打下基础。

1.4.2 村镇聚落空间重构多尺度多重动力的作用机制

对于村镇聚落空间重构驱动力的分析往往需要重点研究其动力因素的作用机制，仅仅识别出驱动力无法为区域发展、政策调控、土地利用空间格局优化提供参考依据。而研究村镇聚落空间重构驱动力作用机制，需要从土地利用变化中提取其空间形态的驱动机制。探索村镇聚落空间重构背后的土地利用变化驱动机制具有实践意义，动力机制不仅能够为土地管理、政策、经济发展提供科学依据，还能够通过现有多重动力作用机制来预测未来的土地利用空间格局。因此对于土地利用变化背后的动力因素作用机制的研究是十分重要的，村镇聚落的空间格局一直处于演化状态之中，必然会受到多重动力的驱动影响，如何理解并优化驱动机制就成为一个关键问题。

目前许多学者已经对土地利用变化的驱动力机制有了详尽的研究，研究尺度包含了全国范围的大尺度、区域尺度、城市尺度到村镇、乡村的小尺度，也采用了丰富的研究方法识别各种驱动力机制，囊括了定性分析、多元线性回归、Logistic 回归等方法与模型。而在变量选取上，相关研究普遍结合自然地理驱动力和社会经济驱动力来选取指标（表1-2），同时根据研究区的特点来选定指标进行驱动机制分析，研究常常通过测度指标变量的重要程度来表征驱动机制。村镇聚落空间形态重构也可以借鉴其中的驱动力机制研究，分析重构过程中土地利用空间格局的变化及其动力机制。

表 1-2　土地利用变化驱动机制研究中的变量指标

变量	类别	指标
因变量	土地利用变化	各种土地利用类型的变化状况
自变量	自然地理条件	高程
		坡度
		气候水文
	经济发展	GDP
		社会消费品零售总额
		农业生产总值
		居民可支配收入
	人口规模	人口数量（密度）
		城镇人口/农村人口
		就业人口数量（密度）
	城镇化与工业化	城镇化水平
		第二产业产值占 GDP 的比例
		第二、第三产业生产总值
	政策调控	地方财政收入（支出）
		固定资产投资
	交通要素	距市中心距离
		距最近火车站距离
		距最近道路（国道、省道、高速）距离

研究村镇聚落空间重构的空间形态转变和土地利用转型，需要借鉴土地利用变化的相关研究，从土地利用多尺度多重动力的作用机制中探讨可能对村镇聚落空间重构产生影响的动力及其作用机制。国内外学者对土地利用变化的研究历来已久，无论是全球尺度的土地利用变化还是乡村尺度的土地利用空间格局演化都进行了许多研究。在宏观尺度的研究中，学者更多关注土地利用变化引起的生态后果，因此对驱动机制的研究更加强调人为因素对生态环境的影响，如 Meyer 和 Turner（1992）探究了人口对于全球土地利用变化的作用机理，对于土地利用变化的影响也聚焦于生态效应、气候变化和生态系统服务等方面。而在微观尺度上，目前的研究大多重视土地利用变化和社会经济因素之间相互作用的过程

与效应，如杨俊等（2014）对大连市金石滩国家旅游度假区的沿海小镇的土地利用空间格局演变和驱动机制研究，将案例地 1992~2009 年土地利用空间的变化过程与政府、企业和居民三个主体结合起来，分析三个主体对用地转变的协同作用，为制定旅游度假区小镇的土地利用规划提供了参考案例。此外，目前国内外的研究更多关注全国及以下尺度的区域，通过对多尺度、多地区的多重动力机制的分析与比较，有助于厘清多重动力作用下的土地利用变化状况，也能为预测土地利用空间格局和发布相关管理措施提供参考依据。

目前，许多学者已经阐述了在全国尺度的土地利用变化中，多重动力如何共同推动各土地利用类型的演化。一般而言，全国尺度的土地利用变化及其驱动机制的研究大多采用定性分析的方法来解释土地利用变化的驱动机制。例如，Liu 等（2014）分析了 20 世纪80 年代到 2010 年中国的土地利用变化的时空特征、格局和影响因素，研究发现中国总的耕地面积基本保持不变，但南方的耕地面积减少，而北方的耕地面积增加，同时垦区也由东北向西北转移，建设用地迅速扩张，主要是东部地区扩张，并逐渐在中西部地区加速，林地面积经历了先减少后增加的过程，但草地面积持续减少，在对土地利用变化驱动机制定性分析的过程中，认为政策调控和经济发展的共同作用是中国土地利用变化主要驱动力，而气候变化也影响了中国南北的耕地变化。现在也有许多学者采用定量的方法研究全国尺度的土地利用变化及其驱动机制，如 Zhou 等（2020）应用地理探测器模型和二元空间自相关分析来探索 1995~2015 年中国农村的土地利用变化时空模式和驱动因素，结果表明中国农村在这 20 年间土地利用类型和结构发生了显著的变化，但驱动机制随着时间、空间和土地利用类型的差别而有所不同，总体而言，社会经济的发展一直是建设用地扩大的主要动力，人口规模增加对农村建设用地的驱动作用由东向西逐渐减弱，而生态保护政策是退耕还林还草的主要动力，地形、坡度等地理环境的差异影响了退耕还林还草的进程，同时气候变暖是东北、西北地区荒地和未利用地转为耕地的主要驱动力。全面的土地利用变化研究，考虑到了所有土地利用类型的变化，可以粗略把握全域的空间格局演化过程，但缺少对土地利用变化的精准描述。而落到单一土地利用类型时，研究一种土地利用类型的演化可以更准确地了解其变化的完整过程与动力的作用机理。部分国内的学者对于中国耕地流转已经进行了丰富的研究，如葛全胜等（2000）、封志明等（2005）认为不同时期、不同地区的政策调控对于中国整个耕地资源影响重大，而李秀彬（1999）、孙燕等（2006）在对数十年耕地的变化趋势和驱动机制的研究中得到了经济发展是其中的主要驱动力的结论。土地利用研究的尺度越大、时间跨度越长，则驱动机制就越复杂，因此全国尺度的驱动机制、动力机制的分析均只能在复杂的驱动因素之中找出主要动力，阐明该动力在土地利用变化之中的正向或负向作用及其重要程度，而缩小研究尺度能更好聚焦于区域特色，对于驱动机制的探究也能更加准确。

随着城市群、都市区、都市圈等概念逐渐成熟、热门，政府机构和民众对于区域协同发展的理念也更加熟悉，因此在城市群、大都市区等层面的土地利用相关话题的讨论也成为人们话题，相关的研究起步很早，如章波等（2005）分析了处于成长期的长江三角洲的土地利用变化趋势和驱动机制，该研究在土地利用变化特征的基础上构建驱动力演变模型，采用相关分析和主成分分析法，成功识别出主要的驱动力和驱动机制，结果表明长江三角洲城市地区在 1990~2000 年的土地利用变化特征是建设用地增长和耕地、水域面积锐减，而其中的主要驱动因素是人口规模和城镇化、经济规模，而其驱动机制随着时间的变化而变化，人口城镇化的驱动作用在整个演变过程中不断加强，经济规模虽然对土地利用变化的推动作用显著，但其重要性在减弱，同时第三产业的发展使其对于土地利用变化的动力作用越来越显著。此外，区域尺度的另一个话题来源于生态脆弱区，生态脆弱区的土地利用变化及其驱动力研究对于生态环境保护、自然资源管理等方面意义重大，目前已有大量研究关注生态脆弱区域的土地利用变化。例如，张成扬和赵智杰（2015）对陕北地区农牧交错带土地利用变化和驱动机制进行了分析，研究发现陕北农牧交错带1986~2003年的土地利用演化经历了林地和建设用地大幅增加的过程，这一变化过程受到自然、人文和社会经济因素的共同作用，主成分分析和回归分析结果表明，气候变化是土地利用变化的基础，而人口数量增长、经济投资增加和工业、农业的发展是改变土地利用空间格局的直接驱动因素。对于区域土地利用变化动力机制的研究，一方面可为区域协调发展、融合发展在土地资源层面进行调整优化，也有助于未来的科学规划与指导；另一方面对于区域的生态环境保护也作用显著，过度的建设用地开发必然会危害自然环境，而对驱动机制的解析能够将自然因素与人为因素结合，帮助特定地区改善生态环境。

另一个土地利用相关研究关注的热点尺度是城市尺度，城市是土地利用变化最剧烈的地方，因而向来是土地利用相关研究聚焦的重点。发达地区的城市经历了快速城镇化过程，其土地利用空间格局与结构产生了剧变，因此现在已有大量的以发达城市为例的相关研究，如You和Yang（2017）分析了中国30个特大城市的城市用地扩张过程背后的驱动因素，选取了经济、人口、社会和自然四大类共33个变量，研究了1993~2012年的城市扩张过程的决定因素，并采用了随机森林算法进行回归分析，研究发现经济状况的贡献最大，其次是社会因素，自然和人口因素也具有一定的重要性，同时经济、社会和人口因素对城市用地扩张的影响力越来越大，自然因素则随时间推移而影响力下降。同时还根据驱动力的影响程度将这30个特大城市划分为四个集群，分别由经济、社会、人口和自然因素主导这四个集群的用地变化，这一结果对于未来指定相关规划也有参考意义，该研究规划措施的制定应当考虑地域性和有效性。单一城市的空间格局发展历程的探究对于当地进行规划制定、政策调控和环境优化等更有实际意义，因此大量的研究也将一个城市作为案例地来开展研究，如Liu Y等（2015）探讨了武汉市1996~2009年城乡建设用地的时空变化及其人为驱动因素，结果表明城乡建设用地大幅增加，城乡用地分布呈现区域差异和城乡差异特征，城市建设用地扩张总体上表现出明显的向外扩散，城市外围农村建设用地呈分散式增长。研究从人口变化、GDP增长情况、人均收入状况、环境保护和土地利用政策五个方面选取变量，运用多元回归分析对武汉市内、外城区的驱动力进行对比分析，发现人口从农村向城市转移是影响城乡建设用地变化的主导因素，而工业化和城市化导致的农业衰退显著影响了农村建设用地的变化，同时城乡居民收入水平的提高是城乡建设用地变化的重要驱动力，此外，环境保护、耕地保护、城乡建设用地增减平衡、土地整理等政策的实施对土地利用变化具有驱动作用。城市尺度的土地利用变化和驱动机制研究的意义在于对未来土地资源的优化与配置提供参考依据，中国的城乡发展差异问题向来是城市市域范围内的难题，如何平衡城乡发展、提高城乡土地利用效率需要更多学者以土地利用相关研究结果为基础进行深入探讨。

对于城市尺度的研究往往关注于城市中心区域，而忽视了郊区、县城的土地利用状况，因此也有许多学者从区县层面解析土地利用变化的驱动机理，特别是一些具有特点或当地特色的地区。Li 等（2020）研究了广西典型边陲贫困县龙州县的建设用地变化时空格局和驱动机理，结果显示 2011～2016 年龙州县建设用地增加了 10.08%，其中城市建成区（37.74%）和农村居住用地（25.48%）增加最多，城镇化、农村居民点建设、工业园区建设和交通设施建设是推动建设用地增长的主导因素，同时精准扶贫战略的实施和近年来边境贸易活动的增加也是促进建设用地扩张的重要力量，城镇化水平提高、工业园区建设、交通设施建设和农村居民点建设都体现在经济发展中，城市经济发展吸引了农民进入城市，增加了对建设用地和工业园区用地的用地需求，交通设施建设也是为了解决西南贫困农村经济发展的重要措施，而农村经济的增长推动了农村住宅用地的扩张。精准扶贫战略对于贫困地区的带动作用也很明显，帮助贫困县获得更多建设用地配额，为加速贫困县转型发挥了关键作用。目前对于区县尺度的研究还不够丰富，但区县层面的土地利用管理是打破中国区域发展不平衡状况的关键，村镇、乡村的发展需要依托区县的土地资源调配，因此在关注农村土地利用空间格局时，对于农村所处区县的背景研究也很重要（图 1-2）。

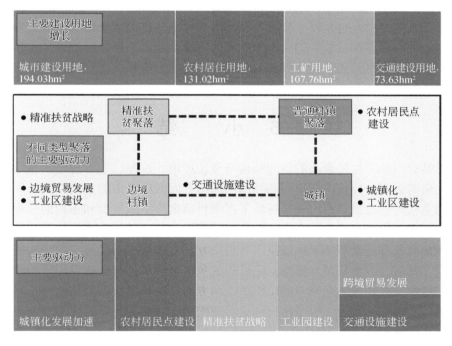

图 1-2　龙州县不同类型聚落建设用地增长的主要影响因素
资料来源：Li 等（2020）

相比之下，村镇尺度的土地利用变化、过程和驱动机制的研究较为缺乏，对于村镇聚落空间演化的研究需要更丰富的研究来填补这一空白。长期以来，城乡发展不平衡问题是中国急需解决的一大难题，村镇的土地利用相关研究对于合理配置土地资源以发展乡村至关重要。目前对于村镇尺度的土地利用变化研究集中于测度单个镇域单元或乡村单元的土地利用演变过程，周青等（2004）以无锡市东亭镇、安镇镇和羊尖镇为例分析农业土地利用变化的驱动机理，分别研究了东亭镇、安镇镇和羊尖镇土地利用变化的动力机制，采用主成分分析法验证经济因素、农业集约化因素和城镇化因素的 10 个变量，并在多元回归分析中探索农业用地变化驱动模型的运行机理，发现作为城镇化典型区域代表的东亭镇对经济因素的响应程度更加灵敏，而作为半城镇化地区的安镇镇和农村研究区的羊尖镇则响应程度依次递减，证明农业用地在高速发展阶段受到了经济发展的强烈驱动。此外，在单一村镇的研究中，学者们发现政府的决策和引导作用是农村土地利用的主导因素，政府承担着土地利用的规划者和决策者的角色，如 Xi 等（2014）以河北保定苟各庄村为例，研究苟各庄村 1986～2010 年的土地利用空间动态演化路径，结果表明在过去的 25 年里，苟各庄村在水平和垂直维度上都经历了扩张，土地密度不断增加。这种扩张伴随着旅游化的过程，土地功能从满足村民的生活需求转变为满足游客的旅游需求。苟各庄村的土地利用空间传统乡村向现代城镇的转变，是在地方政府、村民等利益相关者互动的驱动下，在地理条件的约束下，在大规模旅游需求的推动下发生的，因此整个村庄的土地利用驱动机制是在利益相关者互动、地理条件约束和旅游需求共同作用下形成的。总而言之，在村镇尺度的土地利用研究中，更能准确地发现推动土地利用变化的主导因素和驱动机理，Liu 等（2014）、Yin 等（2020）也发现了政策、制度因素对于乡村地区土地利用的主导作用，正是不健全的土地利用管理、缺失的土地资源和落后的土地所有权制度造成了乡村地区土地利用的不均衡、不可持续的演化，因此对于村镇尺度的土地利用变化及其驱动机制研究还尚需更多学者参与，从而发掘一条城乡均衡发展的路线。

1.5　小　　结

本章总结和归纳了村镇聚落的空间结构与重构理论。首先，本章总结了城市空间结构研究，相关研究表明，应从内部空间和外部网络两方面测度城市的空间结构。而在理解村镇聚落空间重构时，也需要在内外部视角下探索村镇聚落空间演变和重构的过程，才能全面、准确地把握村镇空间重构的方向。其次，本章梳理了区域空间结构的理解与测度，分别从内部视角和外部视角归纳了区域空间结构研究，并作为村镇聚落空间结构研究的理论与分析基础。最后，本章从城乡聚落空间重构的角度整理了村镇聚落空间重构理论，分别从城乡空间结构演变和城乡网络空间结构测度两方面归纳城乡空间重构的理论基础，并以城市空间重构的类型和动力，引申出村镇聚落空间重构。此外，村镇聚落空间重构的动力机制也是本章的重点之一，理解动力因素的作用机理对于村镇聚落空间重构规划至关重要，只有厘清动力因素的作用程度和协同效果才能为村镇聚落空间重构提供理论与实践指导。本章总结了自然地理条件和社会经济因素对村镇聚落空间重构的潜在驱动的理论与实证研究，并梳理了多尺度多重动力的村镇聚落空间重构动力机制研究。

第 2 章　　村镇聚落空间分析方法

空间结构作为贯穿地理学及城市规划等相关学科研究的重中之重，其研究方向随着区域空间结构的日益复杂化和多样化而不断创新完善。约翰斯顿在其《人文地理学词典》中将空间结构相关定义解释为用来组织空间并涉及社会和（或）自然过程运行与结果的模式。区域和城乡间正是通过人类经济、商业、文化、社会等进行活动并表现为交通、物流等物质载体及通信等信息载体之间的要素流，才进一步将空间上彼此分离的城乡和区域有机组合成具有一定功能和结构的空间体系，因此科学测度和理解区域空间结构对区域规划和治理有着重要意义。而区域空间理论范式经历了由静态到动态、由地理空间到经济空间，再到多维空间的转变过程（周佳宁等，2020），如第 1 章所述，研究视角也经历了从关注行为汇总与地方属性到关注"关系转向"与"网络转向"的转变（张文佳等，2022）。

本章聚焦在与聚落空间技术相关的分析方法，从内部空间结构及外部联系两方面展开，结合村镇聚落体系空间重构动力与机制分析，主要包含两类技术：一是关于村镇内部空间结构测度、演变分析与重构类型学的分析方法；二是关于外部联系的村镇聚落空间重构的动力机制分析的技术（表 2-1）。

表 2-1　村镇聚落空间分析技术

研究领域	研究技术主题	研究技术	技术概述
内部空间结构测度	村镇聚落空间结构测度方法	定性归纳研究	侧重于对区域及城市内部空间结构规律性的总结
		定量研究	基于数理统计的空间计量方法、计算机模拟方法及模型应用
	社会网络分析下村镇土地利益相关者研究方法	结构洞理论	通过社会网络分析对利益相关者进行识别和对参与有效性进行评估，促进政策制定者规范行为，降低决策风险，强化利益相关者之间的协同合作
		中间人理论	
外部空间结构测度	多尺度复杂网络下的村镇聚落网络空间研究方法	微观尺度	测度村镇节点与联系对的具体信息，如村镇节点的各中心性指标：度中心性、特征向量中心性、接近中心性与中介中心性等
		中观尺度	从网络特征的角度解读村镇聚落空间结构：社群探测算法（the Louvain method）、凝聚子群分析、加权随机块模型
		宏观尺度	对村镇聚落空间网络全局特征进行统计分析，研究村镇聚落空间网络的等级规模、空间分布特征及总体连接水平：网络的全局特征测度、PageRank 算法

研究领域	研究技术主题	研究技术	技术概述
内部空间驱动研究	村镇聚落空间演变的模式挖掘技术	双序列比对算法	从土地利用空间结构的角度出发引入动态规划类算法，倒推村镇聚落的空间演化模式，进而为村镇聚落空间重构提供理论依据
		多序列比对算法	
	村镇聚落空间重构的动力机制方法	参与式农村评估（participatory rural appraisal，PRA）方法	一种快速获取农村发展运作模式和农村第一手资料的社会调查方法体系，包含实地调查、半结构访谈等一系列研究工具
		梯度推进决策树（gradient boosting decision tree，GB-DT）	GBDT 内部集成多个单个决策树，能很好地识别多重动力因素和空间演变模式的非线性关系
		LightGBM（light gradient boosting machine）	该算法在不降低特征维数和数据量的情况下保持了较高的精度和效率，使用"多对多"的分类方法来实现类别特征的最佳分割
外部空间驱动研究	村镇聚落网络空间的影响因素分析	基于流的 GWR 模型	将空间异质性和流的相互影响考虑在内，允许响应（因果）变量与解释变量在不同空间尺度上的变化之间存在条件关系

2.1 聚落空间结构测度与重构监测的基础分析技术

2.1.1 地方属性视角下的空间结构分析技术

传统区域空间结构更加关注物理空间、经济空间和社会空间为代表的地方属性的相似性和差异性（唐子来，1997；刘继生和陈彦光，2000；徐昀等，2009a，2009b；李国平等，2012）。

基于分形理论和空间形态学等视角对区域空间结构进行分析归纳（刘继生和陈彦光，2000；刘艳军等，2006）。例如，有学者通过对国内外城市区域空间结构模式的整合分析，发现区域空间结构常常呈现出单核极化模式、双核整合模式、多核网络模式的空间渐进演化过程（刘艳军等，2006）。而针对城市物理空间结构则更加强调基于城市外在的物质形态，研究包括城镇平面分析、形态发生学、拓扑学研究等方向（张蕾，2010）。同样地，在乡村层面，有学者通过空间韵律测度等模型定量分析江苏省的乡村聚落形态的空间分异特征（马晓冬等，2012）。有学者分别从县、镇、村 3 个不同尺度对区域聚落的空间集聚分形特征进行研究。而在分形理论方法层面，归纳出一套城市体系空间结构和等级结构的分形维数及其测算方法，如构建点–轴系统分形模型，探究点–轴系统的空间结构规律、探索土地利用空间分形结构等（刘建国等，2019）。

针对经济活动主体所关注的企业、产业及空间行为的规律性阐述产生了区域空间结构的经典区位论（郭腾云等，2009）。经典区位论聚焦在区域层面相关经济主体（企业、产业等）的实体组织在空间分布的结构规律阐述，先后发展出农业区位论、工业区位论和市场区位论等，奠定了区域经济空间结构研究的理论基础。而德国地理学者克里斯泰勒通过对区域内不同等级城市的蜂窝状空间分布进行研究，创建了中心地理论，将区位论从经济活动进一步扩展到城市空间结构。以主成分分析法等为代表的计量模型在产业结构演化、区域经济空间演化特征等研究方面被广泛采纳。

而对于社会属性的空间结构研究则形成了以社会区和空间邻域分析为代表的社会空间结构分析。对于城市空间的社会属性研究最早可以追溯到城市土地结构三大经典模型（同心圆模型、扇形模型和多核心模型），其空间结构的本质便是基于相同属性的社会人群在空间的分布的研究（唐子来，1997；张文佳等，2022）。而在此基础上进一步提出的"社会区"概念，进一步明晰对生活水平、种族等社会属性相近的人口集聚单元的研究，随着定量手段的提升和数据获取便利性，主成分分析、因子生态分析等定量手段被广泛应用于城市社会空间结构的识别（冯健和张琦楠，2021）。社会区分析背后明显体现出社会学"马赛克"的隐喻特征，即将空间结构视为离散分布而非关联聚集的空间格局，而这与现实世界中空间邻域的相关性明显不符，对此蕴含"地理学第一定律"的针对空间邻域分析得到进一步发展（张文佳等，2022）。而该视角下的分析方法则包括热点分析、空间自相关、地理加权回归及关于邻域分析的空间可视化技术等，如有学者利用中国各省份相关经济社会数据，采用空间中心统计和探索性空间数据分析（exploratory spatial data analysis，ESDA）方法对中国区域社会经济发展差异问题进行了实证研究，发现中国社会经济发展存在着强烈的空间自相关（孟斌等，2005）。刘大均等（2014）通过空间自相关分析发现，全国传统村落空间分布具有显著空间自相关性，且冷热点呈现明显的自南向北的梯度分布格局。

2.1.2 网络视角下的空间结构分析技术

随着区域内部各要素流动频率的加快，内部联系进一步加强并伴随着以通勤流为代表的要素流数据的出现，针对区域空间结构的分析视角开始突破传统地方属性的研究，进一步形成基于要素流的网络联系研究视角，并根据所关注的要素流类型不同进一步延伸出行为（社会）网络空间结构研究和经济（企业）网络空间结构研究。

基于个体行为数据的行为网络更加强调个体行为的主体性，既强调个体行为所构成的网络空间特征，也关注个体行为和区域空间之间的交互过程。个体的微观活动与流动塑造了区域空间结构，而空间结构又影响着个体行为，居住迁移、跨市通勤、区域旅游等现象均是个体与区域尺度相互耦合的重要体现（张文佳等，2022）。梳理行为网络结构的研究主要包括三种类型，分别为功能区划分、社群发现、核心-边缘结构研究。

功能区划分的主要目的是用来识别具有相似功能和作用的区域，而其与社会区划分的差别主要在于所依据数据的不同，社会区基于地方属性的异同来划定空间结构，功能区则进一步引入个体通勤流动的数据来进行划分（张慧杰等，2018；陈泽东等，2019）。现有功能区划分方法主要包括以下三类：①通过对于活动量变化来确定不同城市功能区，如有学者基于手机用户密度空间分布进行空间聚类和分级，并识别确定城市就业、游憩、居住等功能区（钮心毅等，2014）；②针对地区内部居民出行时序特征聚类分析来识别功能区，如韩昊英等（2016）基于公交刷卡数据所获得的居民日常出行特征结合北京兴趣点（point of interest，POI）数据对北京城市功能区进行识别；③通过构建基于规则的约束函数来获取最优功能区划方案，如 Halás（2015）通过构建具体区划划分规则（如地区大小、通勤占比等），将日常通勤方式流量数据作为参数输入到区域化约束算法中来迭代计算最优区划结果。

社群发现相较于功能区直接基于流数据来识别网络中联系密切节点所构成的网络子集，在区域空间网络结构中，识别经济社会等联系密切的城市组团对于区域规划有着实践价值。社群发现算法目前主要分为以下四种：①忽略空间距离关系，直接采用传统的社区发现方法，如 Louvain 算法等对网络节点进行社区挖掘；②考虑空间邻近约束条件，获得区域内部空间相邻的社区结果；③在传统发现方法中考虑空间距离衰减效应，重构空间社区结构；④改进网络模块度计算的概率模型，挖掘出剔除距离影响之后仍然有密切联系的社群（万幼和刘耀林，2019）。而社群发现算法也被广泛应用于识别区域空间结构的研究中，如在世界城市网络研究中引入了在复杂网络环境中开发的社区检测算法，来识别城市网络中的社群结构（Rozenblat et al.，2017；Martinus and Sigler，2018）。有学者基于社群发现算法对大规模出租车数据进行了实证研究，发现上海两级层次的多中心城市结构（Liu L et al.，2015）。

核心-边缘结构在传统描述区域空间等级和城镇体系中已有类似研究，如区域增长极理论、城市中心地理论等，该类理论更多基于地区地方属性（人口规模、经济水平等）来进行核心和边缘的识别；而基于网络联系下核心与边缘的识别更多依靠于节点在网络中的掌控力和影响力大小，而延伸到区域空间结构中，核心城市表明其对于区域要素流动有着强大的主导作用。核心-边缘结构在网络分析中主要包括以下四种方法：①基于节点中心度等进行排序来判断节点的地位；②基于特征向量中心性算法如 PageRank 算法判断节点的重要程度；③基于节点幂律分布来判断节点重要程度；④基于块模型来进一步探究网络结构。喻冰洁等（2021）使用手机信令数据构建出行网络矩阵，并运用 PageRank 算法发现成都在空间交互网络中形成了不均衡的"一超多强"的多中心结构。有学者通过计算长江中游城市群内部运输成本并构建城市关联网络进行块模型分析，识别出四个经济联系功能板块（王圣云等，2020）。

2.1.3 网络空间结构的中观尺度结构分析

为了更好与传统区域网络研究中关注的微观结构（节点或节点对属性）和宏观结构（网络密度等）相区分，Zhang 和 Thill（2019）将复杂网络中的中观结构这一概念引入到城市网络空间结构研究中。在区域空间结构中，中观结构分析是指通过判断城市等空间单元之间要素流动的特征和模式，基于各类聚类算法来识别空间单元的角色和地位（张文佳等，2022）。

在真实的区域空间网络结构中可能存在着多种类型的网络集群，应充分认识到现实世界中网络中观结构具有多样性。在网络科学中，中观结构被归纳为多种类型：体现等级的核心-边缘结构、体现区域主义的社群结构、体现随机联系的随机（扁平）结构以及多种类型混杂的混合结构（Zhang and Thill，2019）。

现有测度网络中观结构的方法大多存在"方法决定论"（methodological determination）的限制（Zhang and Thill，2019）。传统识别中观结构的聚类方法（如社群发现算法及块模型等）本身便预设了所计算数据的呈现结构，采用不同方法计算可能会对同一区域空间结构有着完全不同的识别结果。例如，社群发现算法只能识别城市网络中的社区，而排除其他潜在的中尺度结构，即使城市网络具有核心-外围结构。为了避免由预设结构而导致的算法误差，Zhang 和 Thill（2019）通过引入复杂网络分析中的 WSBM 来识别真实世界中的潜在网络中观结构。相较于传统随机块模型，WSBM 无需先验假设任何中观结构，通过将边的权重作为协变量扩展为加权随机网络模型来识别拟合度最高的中观结构和空间结构特征，从而可以识别出真实世界中混合网络结构。例如，有学者运用 WSBM 发现大湾区地区内部呈现出社群结构与核心-边缘结构相混合的中观结构特征（Zhang et al.，2021）。而在关于世界城市网络的相关研究中，有学者发现不同语言下世界城市网络呈现出不同的混合中观网络结构（Zhang and Thill，2019；Zhang et al.，2021）。

2.2 基于社会网络分析的村镇聚落空间重构中的利益相关者研究方法

社会网络分析已被认为是对利益相关者识别和参与的有效工具（Prell et al.，2009；Vance-Borland and Holley，2011），它确定了政策实施的机遇和限制因素（Knight et al.，2010），有助于确保多种行动尺度的联系或协调（Guerrero et al.，2013），剖析了社会网络的关系模式和结构特征，对于促进（或阻碍）有效的治理过程、影响信息和知识转移至关重要（Bodin et al.，2006；Weiss et al.，2012）。

社会网络可以跨越时间和空间将组织和个人联系起来，并确定保护行动的规模，理解保护规划的社会网络将有助于在所需规模上判断实施保护行动的潜力，网络分析的结果可用于评估、规划、实施和监测保护项目（Guerrero et al.，2013）。使用社会网络分析也有利于制定对外联络和信息传播的管理策略，并与联系密切的参与者进行交流，可以推动采用保护区规划和管理的实践（Farr et al.，2018）。因此，运用社会网络分析的视角可以通过剖析利益相关者的关系，从而影响自然资源管理和保护行动，如通过判断联系密切的利益相关者群体促进更有效的土地保护项目的实施（Bodin et al.，2006；Vance-Borland and Holley，2011）；利用社会网络分析进行系统的保护规划活动（Mills et al.，2014）；判断规划师参与方式的差异如何影响当地减轻自然灾害风险计划中的土地使用方法（Lyles，2015）；用网络密度、传递性等指标来衡量私人土地保护区管理人员以及私人和法定保护区的管理人员之间的社会经济互动网络的保护相关性（Maciejewski et al.，2016）。

社会网络分析既可以描述个人在社交网络中扮演的角色，又可以描述整个网络结构。

网络的结构可以影响各种社会过程的潜力，如集体行动、共同认知或问题解决（Bodin et al.，2006）。

2.2.1 结构洞

Burt 在 1992 年提出结构洞理论，认为"非冗余的联系人被结构洞所连接，一个结构洞是两个行动者之间的非冗余的联系"，也就是说，如果与利益相关者 A 相连接的两个人 B 和 C 之间不存在直接的联系，则利益相关者 A 所处的位置是结构洞。处于结构洞位置的利益相关者具有信息优势和控制优势，它可以在两个不同群体之间建立关系，因此结构洞的这种经纪行为（brokerage）会成为社会资本。处于结构洞的利益相关者的优势在于可以从更多渠道获取有效信息并利用这种社会资本向其他成员传递资讯，带动整个社会网络的有效运行和整个群体的参与度，提高群体对事务的认知度；弱点在于处于结构洞位置的个人或团体由于受到自身的偏好、利益等因素的影响，在利用这种优势的过程中传递更多利己的消息和看法，影响其他成员对事物的自我认知和独立判断，不利于将有价值、有意义的事物传播并推广，从而保持现有结构洞的存在，导致更多机会成本的产生。

结构洞的计算分为两类指标，即伯特的结构洞指数和中间中心度指数。前者包含四个指标：①有效规模（effective size）；②效率（efficiency）；③限制度（constraint）；④等级度（hierarchy）。伯特所给出的结构洞指数是个体在网络中的受限制度，他所依据的网络是个体网，类似的思路也可以在整体网中实现，即计算整体网中的限制度指数等结构洞指标，需要考虑到距离"核心点"长度超过 2 的途径，因此伯特的结构洞指数可用于分析个体网数据，也可用于分析整体网数据。后者的适用范围更广一些，可适用于 2-模网、多值网、分次有向网、多元网等，对于两者之间的关系，管理学中的经典实验——霍桑实验曾对友谊关系数据（RDPOS）分别进行过结构洞指数和中间中心度指数分析，并得到两者的相关系数矩阵，得出中间中心度与限制度和等级度都存在负相关。虽然使用哪种指标没有具体的规定，但由于伯特给出的指标具有四方面内容，比中间中心度在表达上更为丰富（刘军，2014），本书采用伯特的结构洞指数来进行网络的结构洞分析，其四方面的计算公式如下。

1）有效规模即某行动者所在个体网的总规模去掉其中的冗余度，就等于某行动者的有效规模。所以，有效规模等于非冗余度。计算公式为

$$\sum_j \left(1 - \sum_q p_{iq} m_{jq}\right) \quad q \neq i,j \tag{2-1}$$

式中，j 表示与自我点 i 相连的所有的点；q 表示除了 i 或 j 以外的每个第三者；$p_{iq} m_{jq}$ 表示在自我点 i 和特定点 j 之间的冗余度。p_{iq} 表示行动者 i 投入到 q 的关系所占的比例，m_{jq} 表示 j 到 p 的关系的边际强度，等于 j 到 q 的关系取值除以 j 到其他点关系中的最大值。对于二值网路，最强的为 1，所以 m_{jq} 是 1 或者是 0。乘积 $p_{iq} m_{jq}$ 的总和，测量的是 i 与 j 的关系相对于 i 与其他人的关系的比例。

2）效率即某点的有效连接节点数与实际节点总数之比。计算公式为

$$E_i = \frac{N_i}{C_i} \tag{2-2}$$

式中，E_i 为节点 i 的效率值；N_i 为节点 i 的效能大小；C_i 为节点 i 的个体网规模。

3）限制度即某人在个体网络中拥有运用此结构洞的能力，限制度越小，占据的优势越明显。其中 P_{ij} 表示在行动者 i 的全部网络关系中，投入给 q 的关系占所有关系的比例。计算公式为

$$C_{ij} = (p_{iq} + \sum_q p_{iq} p_{qj})^2 \tag{2-3}$$

间接关系总量 $\sum_q p_{iq} p_{qj}$，反映了伯特建构指数的逻辑。首先，由式（2-3）得，我们关注的是 i 和 j 通过一个中间人 q 建立的传递关系及控制力。若同时还关注 i 和 j 通过多个中间人建立的传递关系或控制力，则并没有多大的意义。其次，$p_{iq}p_{qj}$ 反映的是 p_{iq} 和 p_{qj} 之间的相乘关系，这里的潜在前提性建设为：关系的投入强度随着关系链的增长而表现出非线性的降低趋势，所以用 $p_{iq}p_{qj}$ 之积表示。限制度指数 C_{ij} 的最小值是 p_{iq} 的平方，最大值是 1。在限制度的计算公式中，联络人 j 的所有取值之和测量的是行动者 i 在整个网络中受到的总限制性。

4）等级度：伯特认为，等级度指限制性在多大的程度上集中在某一个行动者的身上。

计算公式为
$$H = \frac{\sum_j \left(\frac{C_{ij}}{C/N}\right) \ln\left(\frac{C_{ij}}{C/N}\right)}{N \ln(N)} \tag{2-4}$$

式中，N 是 i 点的个体网规模；C/N 是各个点限制度的均值，式（2-4）中的分母表示的是最大可能的总和值。当某一个行动者的每个联络人有一样的限制度时，则该测度为最小值 0。反之，当所有的限制度都集中在一个行动者身上时，则该测度为最大值 1。换言之，一个点的等级度越高，则该点的限制度越大，越受限制。反之亦然。

2.2.2 中间人分析

伯特对中间人的定义为：向一个位置发送资源但从另一个位置得到资源的行动者，由于学者对中间人的定义及其目的进行了不同的解释和分析（Gould and Fernandez, 1989），本书简单地把中间人界定为居于中间位置的人，无论其是否能得到直接回报，也就是说，如果行动者 a 与 b 可以取得直接联系，b 与 c 可以取得联系，但 a 与 c 未能直接联系，那么 b 即该网络的中间人。中间人 b 在社会网络中扮演的角色有五类：协调人（coordinator）、守门人（gatekeeper）、代理人（representative）、顾问（consultant）、联络人（liaison）。如果以 $a \rightarrow b \rightarrow c$ 的传导方向，即 a 为信息传递者、b 为中间人、c 为信息接受者为基本条件后，这五类角色之间的联系和区别见表 2-2。这些中间人的角色关系如图 2-1 所示。

表 2-2 五类中间人的群体分类和作用

中间人	群体分类	中间人的作用
协调人	a、b、c 处于同一群体	中介作用、出面调停

中间人	群体分类	中间人的作用
守门人	b、c处于同一群体，a处于另外一个群体	可进入下一传播渠道信息的选择权
代理人	a、b处于同一群体，c处于另外一个群体	根据被代理人的授权、以被代理人的名义在授权范围内，代其办理相关事务
顾问	a、c处于同一群体，b处于另外一个群体	提供独立、中立的意见
联络人	a、b、c分别处于不同的群体	负责不同个体或群体之间信息互通、关系来往或问题协调

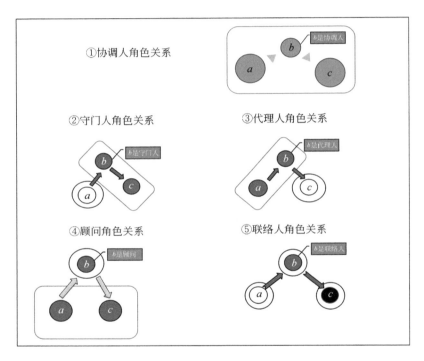

图2-1　五类中间人的角色关系

2.3　多尺度复杂网络下的村镇聚落网络空间研究方法

从地理学视角看，网络是指空间节点和线路之间的集合体，是理解区域复杂空间结构，研究各个空间实体内在联系和整体变化趋势的有效方式。相较于传统空间结构研究方法更多关注空间个体的地方属性，网络通过对于区域内外联系数据的引入，为研究复杂空间系统提供了一种新的研究思路。

复杂网络是网络科学领域的研究方法，主要用于分析具有高度复杂性的网络。这种复杂性表现为节点数量巨大、网络结构特征丰富、节点间连接权重存在差异、联系存在方向性、联系的类型存在多样性、联系存在时间维度的演变性。复杂网络的研究内容主要包括网络的几何特性（如密度、整合度等）、网络演变的统计规律、网络结构的挖掘等。村镇聚落空间结构与演变分析中，区域内的乡镇、城市可被视为复杂网络中的节点，因此可将复杂网络引入村镇聚落空间结构研究中。微观、宏观和中观尺度的分析构成了基于复杂网络的方法体系，三个尺度各有侧重，仅从单一尺度来分析村镇聚落空间网络格局，无法全面真实地反映其空间结构。微观尺度侧重于具体节点及城市对的特征描述，但难以真实准确地描绘村镇聚落空间网络的整体特征。宏观尺度统计结果一定程度上可以反映宏观上村镇聚落空间网络的等级规模、空间分布特征及总体连接水平，但却忽略了网络内部所隐含的大量信息。中观尺度则侧重于网络的结构特征和村镇聚落在区域结构中的定位与功能。

2.3.1 微观尺度

以村镇聚落网络中每个村镇作为节点和村镇间的联系作为联系对，来测度村镇节点与联系对的具体信息。一类是测度村镇节点的各中心性指标，如度中心性、特征向量中心性、接近中心性与中介中心性等。不同的中心性指标代表了村镇在网络中所反映出来的不一样的重要性与权力。本书主要聚焦于度中心性的讨论。度中心性是社会网络分析中刻画节点中心性最常见、最直接的度量指标。在无向图中，度中心性表示村镇聚落网络中一个村镇节点与所有其他村镇相联系的个数。在加权无向网络中，村镇 i 的度中心性 $C_D(v_i)$是与村镇 i 相连的权重之和：

$$C_D(v_i) = \sum_j w_{ij} = \sum_i w_{ji}(i \neq j) \tag{2-5}$$

式中，$i \neq j$，表示不考虑村镇 i 与自身的联系，即不考虑村镇 i 的内部联系。度中心性越高，则意味着该节点在村镇聚落空间网络中越重要，对资源要素流动的控制力越强。

社会网络中同时通过接近中心性和中介中心性来分别分析群体集中化趋势、行动者不受他人控制的程度、对资源的控制能力，剖析网络中的关键行动者及其权力结构。每种中心性都用点的中心性和图的中心势两个指数来衡量。接近中心性测量的是个体行动者不受他人控制的程度，即接近中心性越小，说明该点与其他点的距离和越小，当该点与其他点的距离越近时，信息传递越不需要依赖他人，该点越不容易受到其他点的控制，因此处于核心地位，网络信息传递具有更高的独立性和有效性。中介中心性用来测量行动者对资源的控制程度（Freeman，1979）。如果一个点处于更多其他两点之间的最短路径上，则该点具有控制两者之间维持交往的能力，起着重要的"中介"作用，因此对信息的控制能力较强，即具有更高的中介中心性，处于网络中的核心地位，拥有更多的结构洞。

社会网络中心度的过高和过低都不利于整个网络信息的流通和共享。如果某个行动者的中心度过高，该行动者的信息传递的压力和工作量会增大，同时整个网络也会因为核心行动者的离开而分裂成多个小群体，也会更大程度地受到核心行动者主观意志的影响而对信息的正误缺乏客观性的判断。如果某个行动者的中心度过低，则会导致整个社会网络处于松散的状态，缺乏具有较大权力的核心行动者的带动和推动，同样不利于信息的有效传播。同时，群体的边缘行动者的识别也有利于增强对网络中边缘群体的重视。

点的中心度和图的中心势的表达方式见表 2-3。

表 2-3 点的中心度和图的中心势表达

名称	含义	点的中心度	标准化中心度	图的中心势
度中心性	行动者处于核心位置的程度	$C_D=p\ (v)$	$C'_D=\frac{C_D}{n-1}$	$\frac{\sum[C'_{D_{\max}}-C'_D(v_i)]}{n-2}$
中介中心性	个体行动者不受他人控制的程度	$C_C^{-1}=\sum d(v,\ x)$	$C'_C=\frac{n-1}{c_C^{-1}}$	$\frac{\sum[C'_{C_{\max}}-C'_C(v_i)]}{(n-2)(n-1)}(2n-3)$
接近中心性	行动者对资源的控制程度	$C_B=\sum\frac{g_{ij}(v)}{g_{ij}}$	$C'_B=\frac{2C_B}{(n-2)\ (n-1)}$	$\frac{\sum[C'_{B_{\max}}-C'_B(v_i)]}{n-1}$

注：g_{ij} = 连接点 i 和 j 的测地线的数目；$g_{ij}\ (v)$ = 连接点 i 和 j 的测地线中通过点 v 的线的数目。

另一类是测度城市对的强度、密度与连接度，这些指标可以反映一对村镇之间的同质性、互惠性、关系桥等特性。本书主要聚焦联系对强度的测度。联系对的强度S_{i-j}是村镇 i 与村镇 j 间联系的总和：

$$S_{i-j}=\sum w_{ij}(i\neq j) \tag{2-6}$$

2.3.2 宏观尺度

宏观尺度是针对村镇聚落空间网络全局特征进行统计分析，研究村镇聚落空间网络的等级规模、空间分布特征及总体连接水平。第一类是节点或联系对微观特征的空间分布与等级规模分布分析。例如，描述分析村镇节点的度中心性和联系对联系强度的地理空间分布特征，村镇节点的度中心性和联系对强度的排序分析。第二类是网络的全局特征测度，包括微观特性的汇总统计、网络规模、密度、集中度、网络整合度、网络流通效率、隔离程度、聚类系数（Watts and Strogatz，1998）等。第三类是村镇节点或联系对微观特征的位序规模分析，如洛伦兹曲线和幂律分布分析（Barabasi and Albert，1999）。通过洛伦兹曲线的弯曲程度，可以直观地看到村镇联系集中的状况。曲线弯曲程度越大，村镇联系越集中。

特征向量中心性算法认为节点的重要性既取决于相邻节点的数量（即节点的度），也取决于相邻节点的重要性。PageRank 算法便是基于特征向量中心性的理念（Barnett et al.，2005），通过网页的链结构给网页重要性进行排序，它认为网页的重要性既取决于指向它的页面的数量也取决于指向它的页面的质量，如果一个网页被很多高质量网页指向，则该页面的重要性也将提升。具体计算方法为，在初始阶段，赋予每个网页（节点）相同的 PR（PageRank）值，进行迭代运算，每一次迭代运算将每个节点当前的 PR 值平均分给它所联系指向的所有节点，每个节点的新 PR 值则为它所获得的 PR 值之和，于是得到节点 v_i 在 t 次运算后的 PR 值，其为

$$\mathrm{PR}_i(t)=\sum_{j=1}^{n}a_{ji}\frac{\mathrm{PR}_j(t-1)}{k_j^{\mathrm{out}}} \tag{2-7}$$

2.3.3 中观尺度

中观尺度结构是从网络特征的角度解读区域空间结构，侧重于资源要素在网络中的地位与角色。中观尺度结构是网络科学领域的专业术语（Rombach et al.，2014），Zhang 和 Thill（2019）首次把中观尺度引入城市网络与空间结构研究。主要根据行为个体或乡镇间的联系特征，对城市进行分组，揭示城市在网络中的地位与角色（Wasserman and Faust，1994），从而科学地判断海量数据中隐藏的区域空间结构。在社会网络分析术语里，组与组之间的外部联系反映城市在网络中的"角色"，村镇分组则意味着这些村镇在网络中具有相似的"地位"，而不是村镇地方属性相似。中观尺度结构涵盖的内容丰富，包括社群结构、核心-边缘结构、扁平结构、多中心结构、双核结构、混合结构等。

社群探测算法是一种用于识别大型网络中的社区的简单、高效且易于实现的方法（Vincent et al.，2008）。Louvain 是一种无监督算法（执行前不需要输入社区数量或社区大小），该算法以连接概率为基础，计算模块度，并且迭代使社区的模块度 Q 达到最大值，当 Q 达到最大值时，各类社区中的节点仅与社区内部有紧密联系、有一定的相似性，而社区与社区之间的差异较大，因而得到的结果是分散的。该方法包括两个阶段。首先，它通过以本地方式优化模块化来寻找"小型"社区。其次，它聚合同一社区的节点，并建立一个以社区为节点的新网络。迭代地重复这些步骤，直到获得最大的模块化。

凝聚子群分析是揭示网络成员内部的社会结构的描述性研究，社会结构是在社会行动者之间实际存在或者潜在的关系模式（Woodard，1982；Wellman and Berkowitz，2003），因此，社会结构的其中一个重要内容是分析网络中存在的子结构（sub-structure）。凝聚子群的研究是为了找到群体网络中关系较为密切、较有凝聚力的一些子结构（小群体）。小群体一般指的是人数不多（3~20 人）、相对稳定、有共同目的、相互接触较多的联合体；小群体内部包含了子群体，规模一般在 2~7 人。从小群体的角度出发，研究某小群体在社会网络中的地位，以及小群体内部成员之间的关系、各个小群体之间的关系、小群体与整个社会网络的关系，从而对复杂的社会网络关系进行梳理和剖析。

凝聚子群的含义中要求，凝聚子群中的行动者之间必须有紧密的联系。选择凝聚子群进行分析，是由于各个子群内部的利益相关者拥有比较紧密的联系，几乎不存在孤立的利益相关者。在入市的整个过程，每个利益相关者都处在信息传递的某个位置，并且各个利益相关者之间几乎都有直接或者间接的交流。凝聚子群的研究是为了找到群体网络中可以分为多少个关系较为密切、较有凝聚力的小群体。

相类似地，块模型中的"块"，是一个网络图中一些相对独立的子图，块模型是一种研究位置层次的方法，所以，块模型的研究是凝聚子群研究中的一种方法，并且可以对入市网络进行分群体研究。怀特等学者的块模型思想是将整个社会生活群体看作一个相互之间有关系的角色系统，并认为每一个角色在角色系统中都是互相关联的，这就称为社会结构。由此可见，块模型的分析是基于社会网络的总体结构，是对社会网络结构的描述性代数分析，这不同于从个体角度出发的个体网分析，即块模型研究的是社会网络整体的特点，而非网络中各行动者之间的关系。根据入市网络调研数据所构建的矩阵的特点，我们将块模型定义为块是邻接矩阵的一个部分，是一个整体中的一个子群体。块模型的价值在于可以揭示多种社会网络的整体结构和关系模式。块模型的分析结果有个体层次、位置层次、整体层次三种解释。个体层次是利用个体的描述性资料来分析块模型的有效性。网络中起枢纽作用的利益相关者，使整个社会结构功能活跃稳定。位置层次是对社会网络中的各个位置进行描述性分析，由此可得出各个位置是如何发送与接收入市消息的。整体层次则是利用像矩阵来描述总体的块，即入市网络图中的子图。

研究中观尺度的网络聚类方法很多已应用于城市网络研究，包括基于城市节点属性的主成分和层次聚类分析（Taylor et al., 2001；Derudder and Taylor, 2020）、社区检测方法（Rozenblat et al., 2017；Martinus and Sigler, 2018）和块模型（Neal, 2014；Rozenblat et al., 2017；Martinus and Sigler, 2018）。但都存在"方法决定论"的不足，无法准确识别现实世界中存在的混合网络结构，对此，Zhang 和 Thill（2019）通过引入 WSBM 来实现对于现实城市网络结构的分析。Aicher 等（2015）将边的权重作为协变量扩展为加权随机网络模型，但权重仍需满足随机块模型的随机等价性，即同一组的节点与其他组节点的连接概率是相等的，随机更替同一组内两个节点的位置，而网络的连接概率整体固定不变。根据随机等价性原则，从权重的分布中进行采样，成为反映组间关系的权重参数。假设权重分布服从正态分布，则可获得相应的参数，如均值和方差。WSBM 将问题转化为通过似然值最大化来寻找最佳的分组数和随机块矩阵，若直接最大化似然值，在加权网络中容易产生退化解的问题，因此利用贝叶斯算法来计算似然值。在贝叶斯原理中，给定先验分布、归一化因子和后验分布便可以计算似然值。先验分布为假设的正态分布，归一化因子为数据输入后更新的证据，而后验分布在高维空间里难以准确计算获得。因此借用期望最大化（expectation maximum，EM）算法来近似地获得后验分布。

2.4 村镇聚落空间演变的模式挖掘技术

村镇聚落空间重构强调的是生产空间、生活空间和生态空间的集聚与高效利用，而土地利用空间结构是三种空间的表现形式。为了在乡村振兴阶段能更好地规划和利用村镇聚落空间，指导未来的村镇聚落空间重构路径，需要从土地利用空间结构的角度出发，倒推村镇聚落的空间演化模式，进而为村镇聚落空间重构提供理论依据。目前在社区层面有许多研究已经挖掘了社区的空间演化模式，其中较为常用且成熟的方法是序列比对算法（sequence alignment methods，SAM）。序列比对算法起源于 Needleman 和 Wunsch 于 1970 年提出的 Needleman-Wunsch 算法（Needleman-Wunsch algorithm），是一种动态规划类算法，主要应用领域是生物信息学。Needleman-Wunsch 算法是双序列比对算法，即对两条序列进行比对。序列比对算法多用来比较蛋白质序列或 DNA 序列的相似性并确定序列之间的同源性，在基因信息识别、基因进化关系等方面具有重要实践意义。可以通过多个基因的序列比对进行进化信息的回溯，从而推断基因的进化过程和基因之间的关系，寻找到同源的基因。

地理学家从 21 世纪初开始使用序列比对算法，将社会学中探索人生发展轨迹的方法运用于行为地理学与时间地理学中，分析人们日常活动在空间上的行为轨迹。也有地理学者开始将序列比对算法从行为轨迹的研究转向空间变化轨迹的研究，挖掘其中的空间演变模式。在空间演变模式挖掘方面，序列比对算法较常用的聚类分析方法具有显著的优势。序列比对算法可分析长时序的空间演化过程，挖掘长时序中的空间演化模式，而普通聚类方法一般仅对一个时间点中的空间结构进行聚类。同时，序列比对算法以村镇聚落个体的空间演变序列为分析单元，这是传统聚类分析方法难以测度的。

2.4.1 双序列比对算法

SAM 来源于生物信息学领域的 Needleman-Wunsch 算法，由 Needleman 和 Wunsch 在 1970 年提出。这种方法起初是用来比较蛋白质序列或 DNA 序列的相似性，检测序列之间的同源性。早期的 SAM 只能比较两个 DNA 序列，后来逐渐有能力进行多序列比对。自 20 世纪 80 年代以来，SAM 首先被引入社会科学领域，然后是地理学领域，如用于分析社区的社会经济变化、行程链模式挖掘和行为轨迹模式。

SAM 本质上是一种字符串编辑技术，计算两个序列之间的相似性，作为将一个序列完全转换为另一个序列所需的步骤数的函数。该算法的编辑操作包含删除、插入和替换。使两个序列相等的步骤越多，两者之间的差异就越大。Needleman-Wunsch 算法是经典的算法之一，它是一种动态编程算法，用于两个序列的全局排列。

SAM 首先需要通过采用对齐和匹配的方法来定义两个序列的相似性。如表 2-4 所示，给定两个波段的土地利用序列（X 和 Y），分析上的困难是如何定量计算这两个序列的相似性。假设两个序列中的元素（即每个波段的土地利用类型）复合了土地利用变化的轨迹。

表 2-4　村镇聚落空间演化序列 X 和 Y

村镇聚落空间 演化序列	第一年土地利用 空间结构类型	第二年土地利用 空间结构类型	第三年土地利用 空间结构类型
X	E	R	U
Y	E	E	R

注：E 指生态用地主导型村镇聚落，R 指乡村建设型村镇聚落，U 指城市建设型村镇聚落。

SAM 根据两个序列之间的比对过程计算出相似性分数。以 Needleman-Wunsch 算法为例，该算法包括以下三个计算步骤。

1）初始化分数矩阵。构建一个二维评分矩阵 $\boldsymbol{F}$，并根据评分规则初始化评分矩阵。在本研究中，我们设定了几个常数作为评分规则，具体如下：

$$s(x_i, y_j) = \begin{cases} 2, x_i = y_j \\ -5, x_i \neq y_j \\ -5, x_i = '-', \text{或} y_j = '-' \end{cases} \tag{2-8}$$

式中，$s(x_i, y_j)$ 是字母 i 和 j 的替换分数，当元素 x_i 和 y_j 匹配时，分数是 2；当元素 x_i 和 y_j 不匹配时，分数是 -5。符号 '-' 表示间隙，当对齐序列时，在序列中引入间隙可以使序列比对算法比无间隙的对齐方式匹配更多的元素。我们将间隙惩罚设置为 -5。

2）计算分数并填充矩阵。计分矩阵中每个单元格 $F(i, j)$ 的相似性分数由计分规则和计算公式计算，见式（2-9）：

$$F(i,j) = \max \begin{cases} F(i-1,j-1) + s(x_i, y_j) \\ F(i-1,j) + s('-', y_j) \\ F(i,j-1) + s(x_i, '-') \end{cases} \tag{2-9}$$

式中，$s(x_i, y_j)$ 是字母 i 和 j 的替换得分；$s('-', y_j)$ 是 $F(i, j)$ 在垂直方向上得到的不匹配罚分；$s(x_i, '-')$ 是 $F(i, j)$ 在水平方向上得到的不匹配罚分。

填充分数矩阵的过程就是递归计算 $F(i, j)$ 的过程。计算 $F(i, j)$ 的三条路径可以从式（2-9）中看出。从图 2-2 中可以看出，要得到 $F(i, j)$ 的分数，需要三条路径的最大值。

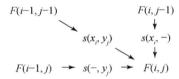

图 2-2　插入路径的三种算法

3）从矩阵中寻找最佳序列。通过从最后元素向前回溯到之前的最大值来估计最佳排列。在本研究中，序列 X 和 Y 分别代表两个村镇聚落的空间演化序列。通过路径回溯得到的序列排列结果如图 2-3 所示。根据序列排列结果，最终得分是-6。

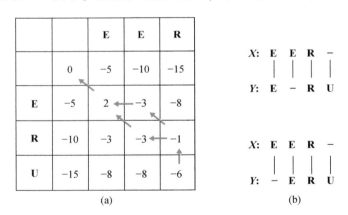

图 2-3　回溯路径（a）及两序列的最优比对结果（b）

2.4.2　多序列比对算法

超过两条序列的比对则称为多序列比对，多序列比对的应用更为广泛，多序列比对最常用的算法是渐进式比对算法（progressive alignment algorithm）。渐进式比对算法是一种贪婪算法，因此并不能得到最优的结果，渐进式比对算法的优点在于速度快、效率高和比对序列数目较多。渐进式比对的主要步骤如下。

第一，构造距离矩阵：依据双序列比对的结果来计算序列距离，从而构造距离矩阵。

第二，反映进化关系：根据构造的距离矩阵，生成序列的进化树来反映序列间的进化关系。

第三，形成多序列比对：根据进化关系反映的序列间的关系密切程度，对序列进行加权，依次对所有序列进行比对，最后形成一个多序列比对。

第四，评估序列比对结果，将所有双序列比对计分的总和作为目标函数，即 SP（sum-of-pairs）目标函数。

序列之间的距离矩阵是基于两两序列之间的比对结果来构建的。双序列比对是评估在一个序列中删除、插入或替换元素以将其完全转换为另一个序列的成本，使两个序列相同所需的步骤越多，两者之间的成本或差异就越大。一般采用距离矩阵来表示多序列比对的结果。本书不考虑基因序列进化的概率，因此选用了所有序列符号进化概率相等的 Jukes-Cantor 模型。Jukes-Cantor 模型由 Jukes 和 Cantor 在 1969 年提出，他们假设任意核苷酸或者氨基酸变成其他核苷酸或氨基酸的概率相等，且各点位独立进化。将序列比对的结果代入进化模型的距离计算公式，利用距离计算公式计算两两序列的进化距离，以构建序列的距离矩阵，完成多序列比对。本研究计算序列之间距离的公式如下：

$$d = -\frac{19}{20}\ln\left(1 - \frac{20p}{19}\right) \tag{2-10}$$

式中，d 表示两序列之间的距离；p 表示两序列中差异位点所占的百分比，当 p 值接近 1 时，表示两个序列相似性低，而当 p 值接近 0 时，表示两个序列较为相似。

构建反映进化关系的系统发育树的常用方法是非加权组平均法（unweighted pair-group method using arithmetic averages，UPGMA），UPGMA 是一种使用算术平均的聚类分析方法，由 Sokal 等于 1958 年提出。该方法首先将距离矩阵中最小距离的两个序列聚类形成一个新的类别，并计算新的类别与其他序列的距离，再找出距离最近的序列进行一次聚类，直到所有序列都聚类成一类，并根据聚类结果形成系统发育树。UPGMA 使用距离矩阵构建系统发育树，可视化多序列比对后的聚类结果，从而实现镇单元土地利用变化的空间演化模式挖掘。

根据进化关系反映的序列间的关系密切程度对序列进行加权，依次对所有序列进行比对，最后形成一个多序列比对。

评价多序列比对结果的目标函数，序列比对之后，需要评价比对结果的好坏，因此需要目标函数对多序列比对的结果进行度量。渐进式比对算法一般采用的序列比对计分方式为 SP-score（sum-of-pairs score），定义如下：

$$\text{SP-score}(a_1, \cdots, a_k) = \sum_{i,j} S^*(a_i, a_j) \tag{2-11}$$

式中，a_i 为各个子序列；$S^*(a_i, a_j)$ 为两两比对的最优子问题。

2.5 村镇聚落空间重构的动力机制方法

针对村镇聚落空间重构的动力机制这一研究问题，许多学者在各种尺度中的研究已经进行了大量的工作并取得了十分丰富且详尽的研究成果。村镇聚落空间重构的动力机制研究多依托于土地利用空间结构演变的研究，从土地利用空间的重构来分析村镇聚落空间重构的动力机制和作用机理。同时，动力因素数量较多且各类因素之间的关系错综复杂，在不同空间、不同时间所受到的社会、政治、文化和自然背景等影响的作用程度不一，需从多种多样的动力因素中提炼出主要因素，探索动力的驱动机制是其中的关键环节，因此，在驱动机制和动力机制的分析中呈现出多样化的研究方法，主要分为定性分析和定量分析两大类。

2.5.1 参与式农村评估方法

定性分析是指通过人类逻辑推理等方式，从研究对象的性质、属性等方面描述其状况、特征及其影响因素。早期的村镇聚落空间重构、土地利用变化和动力机制的研究多采用定性分析的方法，通过描述一定地区的土地利用变化状况，结合当地的自然地理条件、社会经济状况、政治文化背景等方面来定性分析其土地利用变化的驱动机制，如朱会义等（2001）采用定性分析的方法研究了环渤海地区的土地利用变化和驱动力因素，发现人口因素、农业生产效益、城市扩张和土地管理政策等是驱动环渤海地区土地利用变化的主要动力因素，而土地管理政策是其中最重要的驱动因素。而 Wang 等（2008）分析了 1990～2000 年经济快速发展时期青海省都兰县的土地利用变化状况，这一时期的土地利用变化特征主要是经济效益高的土地利用类型扩张明显，而具有生态保护价值的土地利用类型不断缩小，作者定性地分析了发生土地利用变化的驱动因素，认为经济发展是其中的主要驱动力，同时气候变化也趋于有利农业发展，造成了耕地、建设用地面积大幅增加的结果。此外，许多针对政策、政府决策相关的驱动机理的研究采取了定性分析的方法，Li 等（2020）以广西龙州县为案例地，研究贫困县建设用地变化的时空格局及其驱动因素，并分析了相关政策因素的驱动机理，发现精准扶贫战略的实施和边贸活动的发展是推动建设用地扩张的重要政策驱动因素，作者也建议政府应该完善和落实贫困县土地利用优惠政策，为扶贫提供土地政策支持。

而在针对乡镇发展的社会调研中，PRA 相比较传统的社会科学调查方法展现出了明显的优势。PRA 是一种快速收集乡镇信息资料、资源优势和现状、农民发展愿望途径的新方法，是一种通过引导当地居民不断加强对自身和社区以及乡村环境条件的理解，与研究人员共同参与到可以提高和分析他们现有生活状况并一同制定未来发展计划的步骤与方法，是一种不断发展和完善的社会调查方法体系。PRA 作为当今国际上流行的一种发展运作模式和农村第一手资料的获取方法，从 20 世纪 80 年代起被广泛地运用于国际组织的扶贫工作、社会学与人类学研究的资料获取以及政府的农村建设等领域，并且获得了很好的效果。PRA 通过与研究地区农民进行非正式访谈来对当地的实际情况有所了解，被广泛应用于农村的研究中，特别是小尺度的农村土地利用变化（Zhao and Zhao，2003；Hao et al.，2005；Tu et al.，2018）。

PRA 包含了各种方法和工具，这些方法和工具能够有效用于在当地人中收集信息。PRA 基本技术包括了解群体动态，如通过学习合同、角色转换、反馈会议；测量和采样，如样带行走、财富排名、社会制图；访谈，如焦点小组讨论、半结构化访谈、三角测量；社区制图，如维恩图、矩阵评分、生态图、时间线；新时期社会调查技术也发生了变化，包括更多地使用信息技术，如模糊认知地图、电子参与、主题模型、GIS 和交互式多媒体。

2.5.2 "动力–空间"机理的分析方法

数理统计分析是运用模型对通过收集所得的数据进行统计处理和分析，进而对观察现象的统计规律做出推断。村镇聚落空间重构动力机制的研究和土地利用变化驱动机制的研究类似，常采用与土地利用变化相关的影响因素与土地利用变化情况来进行数理统计分析，以探究多动力要素在土地利用变化过程中的重要性和影响程度。常用的数理统计分析方法包括多元线性回归、双变量相关分析、Logistic 回归等方法。目前数理统计分析是土地利用变化驱动机制研究中最常用的方法，多元线性回归是其中应用较多的方法，从较早期的研究到现今都有学者使用这一方法，如张惠远等（1999）对贵州喀斯特山区的土地利用变化驱动机制进行了研究，首先使用相关分析确定了影响耕地变化的主要因素为人口和粮食因素，其次采用多元线性回归法构建人口、粮食因素与耕地面积的模型，以定量地揭示土地利用变化的动力机制，结果表明，耕地数量指标与农业人口数和人口密度较为相关，而耕地产出指标与总产值和人均产值联系更加密切。Logistic 回归也是目前使用较多的方法，Luan 和 Li（2021）使用了二元 Logistic 回归研究了 14 个泛三极城市的土地利用变化驱动机理，发现在 2000 ~ 2017 年，人口规模和交通因素持续推动了城镇化的进程，但海拔制约了城镇化的发展。数理统计分析方法对于土地利用变化及其驱动机制的研究能量化各驱动因子的影响程度、重要性，补充了定性分析对于相关研究的缺失，定性和定量研究的结合才能更精确地描述驱动机制背后的影响机理。

此外，目前也有许多学者应用新技术研究土地利用变化驱动机制，包括 CA 模型、BP 神经网络模型、智能体模型、随机森林算法等方法。新技术、新方法对于土地利用变化驱动机制的研究更准确，但需积累更多的案例来支撑其结论判断。同时，各个地区的自然条件、政治文化背景和社会经济状况都有所差异，应根据当地情况选取适当的方法，才能有效地识别土地利用空间格局演变及其背后多重动力作用机制。

1. 梯度推进决策树

本研究使用 GBDT 研究村镇聚落"动力–空间"机理，也能很好地识别多重动力因素和空间演变模式的非线性关系。GBDT 是一种机器学习算法，它首先在内部集成多个单一决策树，然后将这些决策树的所有结果进行累加。该算法不仅有效避免了单一决策树的过拟合问题，而且通过 Boosting 算法提高了预测精度（Ding et al.，2018）。因此，在传统的机器学习方法中，GBDT 是一种很好的拟合真实分布的算法。

GBDT 通过最小化损失函数 $L[y_i, F(x_i)] = [y_i - F(x_i)]^2$ 来提升模型的准确性。数学上，假设 $\{x_i, y_i\}_{i=1}^N$ 是数据集，x 是独立变量的集合（如社会经济属性），$F(x)$ 是近似预测函数的因变量 y（即村镇空间演变模式），$F(x)$ 可以表示为

$$F(x) = \sum_{m=1}^M f_m(x) = \sum_{m=1}^M \beta_m h(x, a_m) \tag{2-12}$$

式中，M 为树的个数；β_m 为最小损失函数的估计；$h(x, a_m)$ 为个体决策树；a_m 为分类器的参数，表示每个分裂变量在单个决策树中的分裂位置和终端节点的平均值（De'Ath，2007；Chung，2013；Saha et al.，2015）。

初始函数为

$$f_0(x) = \mathrm{argmin}_\beta \sum_{i=1}^N L(\bar{y}_i, \beta) \tag{2-13}$$

在每次迭代中，负梯度 $-g_m(x_i)$ 为梯度下降最快的方向，因此，每一步的梯度为

$$g_m(x_i) = -\left[\frac{\partial L(y_i, F(x_i))}{\partial F(x_i)}\right]_{F(x)=F_{m-1}(x)} \tag{2-14}$$

当在最快梯度下降方向上建立每个 $h(x, a_m)$ 时，可使用普通最小二乘法得到

$$\alpha_m = \mathrm{argmin} \sum_{i=1}^N [g_m(x_i) - \beta h(x_i, \alpha)]^2 \tag{2-15}$$

因此，最佳步长 β_m 为

$$\beta_m = \mathrm{argmin} \sum_{i=1}^N L(y_i, F_{m-1}(x_i) + \beta h(x_i, \alpha_m)) \tag{2-16}$$

联立上述方程得到

$$F_m(x) = F_{m-1}(x) + \beta_m h(x, \alpha_m) \tag{2-17}$$

通常，GBDT 模型通过三个参数进行优化，分别是迭代次数（M）、树的复杂度（C）和学习率，也称为缩减系数（η）。学习率越小损失函数越小，精度越高，越能避免模型过拟合，但需要增加迭代次数（M）（Friedman，2001）。所以最终引入学习率的模型如式（2-18）所示：

$$F_m(x) = F_{m-1}(x) + \eta \beta_m h(x, \alpha_m) \tag{2-18}$$

树的复杂度（C）是指每棵决策树中节点的数量，也表示决策树中变量的相关程度。决策树的复杂度不断增加，可以捕捉更复杂的变量之间的关系，提高 GBDT 模型的能力。

GBDT 主要的优点有：①可以高效处理连续和离散的变量；②对于数据样本量大小要求不高，大数据量和小数据量都可以高效处理；③面对异常值时，该算法的鲁棒性较强。

2. LightGBM

在大数据时代，GBDT 面临着大规模数据带来的效率和精度的挑战。GBDT 在每轮迭代中都会多次调用所有训练数据，因而在采用大数据集时，算法的效率并不高。同时，GBDT 模型虽然可以有效地对数据进行分类和回归，但不能很好地直接处理多分类变量的因变量。在村镇聚落空间演变的研究中，具有多个空间演变模式，因而有多个离散变量作为因变量，GBDT 模型难以处理。

为了解决这些局限性，Ke 等（2017）提出了一种高效的梯度增强决策树，这是一种

基于 GBDT 模型的新框架——LightGBM。该算法在不降低特征维数和数据量的情况下保持了较高的精度与效率，因为 LightGBM 使用"多对多"的分类方法来实现类别特征的最佳分割。因此，LightGBM 算法可以很好计算多个村镇聚落空间演变模式和动力因素的非线性和阈值关系。它主要包含以下两个算法。

1）单边梯度采样（gradient-based one-side sampling，GOSS）。GOSS 算法能够在降低样本量的基础上维持准确度。该算法通过梯度大小来划分样本，将大梯度的数据直接归入数据集中，并随机选取小梯度的数据，从而达到了筛选样本的目的。因为在估算信息增益时，大梯度的数据在其中的作用更高，可以通过去除很大比例的小梯度的样本，只用其余样本估算信息增益，所以可以使用较少的样本量实现高精度的信息增益估算。

在 GOSS 算法中，首先需要根据数据梯度的大小对数据排序，将 $top-a\times100\%$ 个样本归入训练集 A。然后随机选取小梯度的数据，获得数据集 B。最后，我们通过式（2-19）来计算每个节点的信息增益：

$$\tilde{V}_j(d) = \frac{1}{n}\left(\frac{\left(\sum_{x_i\in A_l} g_i + \frac{1-a}{b}\sum_{x_i\in B_l} g_i\right)^2}{n_l^j(d)} + \frac{\left(\sum_{x_i\in A_r} g_i + \frac{1-a}{b}\sum_{x_i\in B_r} g_i\right)^2}{n_r^j(d)}\right) \quad (2\text{-}19)$$

式中，$A_l = \{x_i\in A : x_{ij}\leq d\}$，$A_r = \{x_i\in A : x_{ij}>d\}$，$B_l = \{x_i\in B : x_{ij}\leq d\}$，$B_r = \{x_i\in B : x_{ij}>d\}$。在这里，GOSS 通过使用较小的样本来估算信息增益 $\tilde{V}_j(d)$，很大程度上减少了样本量。此外，GOSS 能在减少样本量的基础上保留较高的精度。

2）互斥特征捆绑（exclusive feature bundling，EFB）。EFB 是另一种提高算法效率的方法，它通过捆绑互斥的特征以减少样本量。由于许多特征是互斥的，即它们的特征值一个是 0，另一个不是 0，我们可以通过捆绑特征用图着色，在不丢失信息的基础上提高算法效率。

简单来说，LightGBM 是在 GBDT 框架中融合了 GOSS 和 EFB。概括来说，LightGBM 主要有以下特点：①占用内存降低，计算效率提升，同时保持预测的精确度，可用于大数据计算；②可直接处理类别特征和离散变量；③支持高效并行；④能够很好地处理多分类变量的因变量。

2.6　村镇聚落网络空间的影响因素分析：流动力分析

村镇聚落的网络反映了村镇之间的联系，是村镇与外界进行物质和能量交换的形式。人口流动承载着村镇聚落的文化交流、社会资本网络、经济活动等众多要素，是村镇聚落社会文化空间的集中体现和载体，因此网络空间的演化受村镇内部和外部因素的作用，以及内外因素的相互作用，村镇聚落之间的空间联系提供了观察其内部变化以及流动空间变化机理的可靠工具，空间重构更多需要从流和网络视角探讨其背后的行为机理与影响因素。

传统的研究出行影响因素的方法主要是回归模型，包括线性回归模型和非线性回归模型。普通最小二乘法（ordinary least squares，OLS）回归模型、分层回归模型（Mercado and Páez，2008）、Logistic 回归模型、Probit 回归模型、离散选择模型都可以用来估计线性作用，此外结构方程等可以估计中介效应。后来的机器学习（如 GBDT）越来越多地用于城市规划和交通研究（Ding et al.，2018；Sabouri et al.，2020；Zhang et al.，2021）。GBDT 结合了决策树和梯度提升决策树，是一种树状模型，它可以灵活处理各种类型的数据，包括连续变量和分类变量，且有助于解决多重共线性问题（Ding et al.，2018；Zhang et al.，2020）。更重要的是，GBDT 可以拟合变量之间的任何不规则关联，建模者不必事先猜测它们之间的关系。虽然（广义）线性回归可以通过变量转换来建模非线性关系，但不规则的非线性使得转换效率低下。

虽然不同方法也存在较大差异，如 OLS、泊松（Poisson）和负二项式（negative binomial，NB）回归等，确实最开始发现了出行行为与建成环境等多因素之间的较强相关关系，然而对于出行网络出行的流所形成的矩阵数据处理难度较大。关系数据各个观察值之间不相互独立，用许多标准的统计程序如 OLS 等就不能进行参数估计和统计检验，因为观察项之间不独立，会计算出错误的标准差，指数随机图模型（exponential random graph model，ERGM）和二次指派程序（quadratic assignment procedure，QAP）分析方法解决了这个问题。QAP 是一种对两个方阵中各个格值的相似性进行比较的方法，即它对方阵的各个格值进行比较，给出两个矩阵之间的相关性系数，同时对系数进行非参数检验，它以对矩阵数据的置换为基础，因此能够快速处理多变量的矩阵相关性问题，缺点是对数据矩阵要求较高，但是没有空间交互作用。

2.6.1 交叉分类多层模型

由于村镇聚落的影响因素分为地方和流两个层面，可以使用交叉分类多层模型（cross-classified multilevel model），而这种方法同样没有考虑空间相互作用。与文献中使用的传统模型相比，交叉分类多层模型有以下几个优点（Bhat，2000；Bhat and Zhao，2002；Ding et al.，2018）：第一，它可以解决空间问题异质性、依赖性和异方差。第二，它可以在有序响应变量的多级分析中进行交叉分类（即住宅区和工作区）。第三，可以检验自变量在不同层次上的作用，从而部分解决多重共线性问题。它也有一些弱点，一个关键问题是复杂的模型估计限制了其在土地利用和出行行为领域的应用。另外这类模型没有考虑空间异质性等问题在土地利用和出行行为领域的应用。空间互动模型已被广泛地用于分析各种地理流动性因素（如通勤、旅游和移民）。当考虑到空间交互模型中的空间非平稳性时，校准变得更加复杂，因为流动性通常涉及计数型因变量（如人或货物的数量）。校准空间互动模型的传统方法主要是基于流动模式在空间上是静止的假设，如全局回归模型（如普通最小二乘法）。然而，在区域范围内，驱动交通流的社会经济系统，表现出异质性的密度、强度和多样性推动了空间异质性流量模型的发展，这些模型将通过局部回归方法进行校准。

多层统计模型（cross-classified multilevel model）为综合分析地区因素和个体因素对通勤量的影响提供一个量化新思路，通过调节数据的聚类性质来更好地将个体层面的解释变量影响从群体（宏观）因素中分离出来，从而能够基于更加准确的参数估计结果来反映数据的实际特征和相关性关系。同时多层统计模型不需要假定原有解释变量之间相互独立，从而可以更好修正因多重共线性引起的 OLS 估计偏差。

常规分层模型中更多是对嵌套多级数据 [图 2-4 (a)] 的分析，其中较低级别的单元（如个体）嵌套在较高级别的单元（如社区）中，而这些较高级别的单元又可以嵌套在其中进一步的集群（如城市），如针对个体通勤行为既可能受其所在社区内部建成环境等变量影响，也可能受所在街道属性影响。对于分层数据结构，每个较低级别的单元都属于一个且仅属于一个较高级别的单元，然而现实社会和行为数据通常不遵循严格的层次结构。实践中经常出现交叉分类数据结构 [图 2-4 (b)]。在交叉分类的数据中，较低级别的单元不仅属于一个较高级别的单元。相反，较低级别的单元属于通过将两个或多个较高级别的分类相互交叉而形成的较高级别单元组合。例如，居民通勤影响因素既包含流层面属性，也受到居住地和就业地两个地区层面属性指标的影响。本研究使用交叉分类多层模型，依据多层模型建立的步骤，更好地研究流层面和居住地、就业地层面各解释变量对于通勤流大小的影响，并综合考虑赤池信息量准则（Akaike information criterion，AIC）和 Conditional R^2 等指标评价拟合结果。

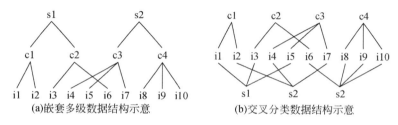

(a)嵌套多级数据结构示意   (b)交叉分类数据结构示意

图 2-4　多层数据结构示意

1. 随机截距空模型

为了更好构建通勤流的交叉分类多层模型，依据多层模型建立步骤，首先需要检验地区内通勤流之间的相关性，构建不含任何变量的空模型 M0：

$$f_{ijk} = \beta_{0j} + \varepsilon_{ij} \tag{2-20}$$

$$\beta_{0j} = \gamma_{00} + u_{0j} + u'_{0k} \tag{2-21}$$

$$f_{ijk} = \gamma_{00} + u_{0j} + u'_{0k} + \varepsilon_{ij} \tag{2-22}$$

式（2-20）中，f_{ijk} 表示从居住地 j 出发前往就业地 k 的通勤流 i 的通勤量（人/次）；β_{0j} 和 ε_{ij} 分别表示个体层面的截距和随机扰动项；式（2-21）中，u_{0j} 和 u'_{0k} 分别表示居住地层面和就业地层面的随机扰动项，即地区间平均通勤量和全域通勤量之间的差异；式（2-22）是前两个公式的混合模型，表示通勤量的度量是由固定部分 γ_{00} 和居住地随机部分 u'_{0k}、就业地随机部分 u_{0k} 和 ε_{ij} 的线性组合。u_{0j}、u'_{0k} 和 ε_{ij} 的均值为 0，方差分别为 $\sigma^2_{u_0}$、$\sigma^2_{u'_0}$ 和 σ^2。基于 M0 的回归结果，居住地和就业地内个体相关性系数可以用组内相关系数（intra- class correlation coefficient，ICC）来度量，分别为

$$\mathrm{ICC_{OID}} = \frac{\sigma_{u_0}^2}{\sigma^2 + \sigma_{u_0}^2 + \sigma_{u'_0}^2} \tag{2-23}$$

$$\mathrm{ICC_{DID}} = \frac{\sigma_{u'_0}^2}{\sigma^2 + \sigma_{u_0}^2 + \sigma_{u'_0}^2} \tag{2-24}$$

式中，$\mathrm{ICC_{OID}}$ 表示居住地区间方差和总体方差之比；$\mathrm{ICC_{DID}}$ 表示就业地区间方差和总体方差之比。当 ICC 趋向于 1 时，表明地区内个体之间存在完全相关性，而当 ICC 趋向于 0 时，表明地区内个体之间不存在相关性。

2. 包含个体及地区解释变量随机截距模型

通过对 ICC 的计算可以初步了解通勤流的差异在个体层面属性差异和地区层面属性差异间的占比。在此基础上，在模型中进一步加入通勤流个体层面解释变量和地区层面解释变量，建立随机截距模型 M1：

$$f_{ijk} = \beta_{0j} + \alpha_1 X_{1ijk} + \varepsilon_{ij} \tag{2-25}$$

$$\beta_{0j} = \gamma_{00} + \gamma_{01} R_{1j} + \gamma'_{01} R'_{1k} + u_{0j} + u'_{0k} \tag{2-26}$$

$$f_{ijk} = \gamma_{00} + \gamma_{01} R_{1j} + \gamma'_{01} R'_{1k} + \alpha_1 X_{1ijk} + (\varepsilon_{ij} + u_{0j} + u'_{0k}) \tag{2-27}$$

式中，X_{1ijk} 表示通勤流层面的个体解释变量；α_1 表示个体解释变量系数；R_{1j} 和 R'_{1k} 分别表示居住地层面和就业地层面的经济特征变量；γ_{01} 和 γ'_{01} 分别表示系数。通过对模型回归系数以及误差项方差的变化，可以识别个体层面和地区层面对通勤流的解释作用的大小和差异。

3. 包含交互项随机截距模型

而在个体层面不同解释变量之间可能存在交互效应，为更好判断个体层面解释变量的交互效应，在模型 M1 的基础上进一步增加个体层面的交互项，构建模型 M2：

$$f_{ijk} = \beta_{0j} + \alpha_1 X_{1ijk} + \alpha_2 X_{2ijk} X_{3ijk} + \varepsilon_{ij} \tag{2-28}$$

$$\beta_{0j} = \gamma_{00} + \gamma_{01} R_{1j} + \gamma'_{01} R'_{1k} + u_{0j} + u'_{0k} \tag{2-29}$$

$$f_{ijk} = \gamma_{00} + \gamma_{01} R_{1j} + \gamma'_{01} R'_{1k} + \alpha_1 X_{1ijk} + \alpha_2 X_{2ijk} X_{3ijk} + (\varepsilon_{ij} + u_{0j} + u'_{0k}) \tag{2-30}$$

式中，X_{2ijk} 和 X_{3ijk} 表示通勤流层面需要考虑交互效应的个体解释变量；α_2 表示交互系数。在本研究中主要考虑的是公路通勤时间和跨区/跨市变量间的交互效应，来研究区划效应对通勤时间在通勤量中的衰减或促进效应。

4. 包含随机系数模型

由于通勤流层面的个体特征可能随着地区不同而存在差异，即个体层面解释变量系数可能存在随机性，而为了检验这一随机性，需要将待检验变量的回归系数设定为随机系数，进一步建立模型 M3：

$$f_{ijk} = \beta_{0j} + \beta_{1jk} X_{1ijk}^1 + \alpha_1 X_{1ijk}^0 + \alpha_2 X_{2ijk} X_{3ijk} + \varepsilon_{ij} \tag{2-31}$$

$$\beta_{0j} = \gamma_{00} + \gamma_{01} R_{1j} + \gamma'_{01} R'_{1k} + u_{0j} + u'_{0k} \tag{2-32}$$

$$\beta_{1jk} = \gamma_{10} + u_{1j} + u'_{1k} \tag{2-33}$$

$$f_{ijk} = \gamma_{00} + \gamma_{01} R_{1j} + \gamma'_{01} R'_{1k} + (\gamma_{10} + u_{1j} + u'_{1k}) X_{1ijk}^1$$

$$+\alpha_1 X_{1ijk}^0+\alpha_2 X_{2ijk}X_{3ijk}+(\varepsilon_{ij}+u_{0j}+u_{0k}') \tag{2-34}$$

式中，个体层面解释变量 X_{1ijk} 被分解为两部分，分别为 X_{1ijk}^0 和 X_{1ijk}^1，其中 X_{1ijk}^0 的系数 α_1 为固定系数，不随地区变化而变化；X_{1ijk}^1 的系数 β_{1jk} 则在不同地区可能会有所差异。通过建立关于随机系数 β_{1jk} 的公式，其中 γ_{10} 表示均值，u_{1j} 和 u_{1k}' 分别表示在居住地和就业地的随机误差项。

5. 包含跨层交互项随机系数模型

如果基于 M3 模型证明某些个体层面解释变量系数是随机的，说明这些变量对通勤流的影响随地区的变化而存在明显的差异，可以进一步检验居住地和就业地层面解释变量对这些具有随机效应的通勤流个体层面变量系数的解释作用，即研究个体层面解释变量和地区层面解释变量之间的跨层交互作用，从而构建模型 M4：

$$f_{ijk}=\beta_{0j}+\beta_{1jk}X_{1ijk}^1+\alpha_1 X_{1ijk}^0+\alpha_2 X_{2ijk}X_{3ijk}+\varepsilon_{ij} \tag{2-35}$$

$$\beta_{0j}=\gamma_{00}+\gamma_{01}R_{1j}+\gamma_{01}'R_{1k}'+u_{0j}+u_{0k}' \tag{2-36}$$

$$\beta_{1jk}=\gamma_{10}+\gamma_{11}R_{1j}+\gamma_{11}'R_{1k}'+u_{1j}+u_{1k}' \tag{2-37}$$

$$f_{ijk}=\gamma_{00}+\gamma_{01}R_{1j}+\gamma_{01}'R_{1k}'+(\gamma_{10}+\gamma_{11}R_{1j}+\gamma_{11}'R_{1k}'+u_{1j}+u_{1k}')$$

$$X_{1ijk}^1+\alpha_1 X_{1ijk}^0+\alpha_2 X_{2ijk}X_{3ijk}+(\varepsilon_{ij}+u_{0j}+u_{0k}') \tag{2-38}$$

以上为本研究中构建关于通勤流的交叉分类多层模型步骤，并通过每一步的模型分析来全面展开个体层面及地区层面各解释变量的回归系数及相关性，并进一步展开对个体层面交互效应和跨层交互效应的研究。

2.6.2 基于流的地理加权回归模型

在地理学中，考虑空间非平稳性的局部回归方法有了新的发展，其中 GWR 已经成为最流行的方法之一。GWR 模型允许响应（因果）变量与解释变量在不同空间尺度上的变化之间存在条件关系。也就是说，每个变量在参数表面的变化允许不同的带宽被代表。从技术上讲，GWR 通过消除所有关系在同一空间尺度上变化的限制，最大限度地减少过度拟合，降低参数估计中的偏差和串联性。因此，当使用基于流的 GWR 来探索流量模式的多尺度空间异质性时，FGWR 已经成为最理想的局部回归模型。与经典的 GWR 相比，FGWR 的参数估计更准确、更直观。

有两种不同的局部建模方法来处理不同的因变量。当使用对数转换后的流量作为因变量时，局部回归建模可以表示为

$$\log(F_{ij})=k+\alpha_{ij}\times\log(X_i)+\beta_{ij}\times\log(X_j)+\gamma\times d_{ij}+e_{ij} \tag{2-39}$$

式中，F_{ij} 是从 i 地到 j 地人口流动的数量；k 是常量；X_i、X_j 是自变量；d_{ij} 是距离函数；α_{ij}、β_{ij}、γ 是系数；e_{ij} 是残差项。

由于包括出发地和目的地的流量数据的复杂性，本地建模需要适当地测量流量之间的距离并适当地校准本地模型。在以流量为中心的空间互动建模情况下，两个流量之间的距离可用式（2-40）测量：

$$d_{ij}=\mathrm{sqrt}\left[(x_i-x_{i'})^2+(y_i-y_{i'})^2+(x_j-x_{j'})^2+(y_j-y_{j'})^2\right] \tag{2-40}$$

带宽的计算方法有两种：固定和动态。固定带宽目的是寻找一个最佳的距离，在这个距离内，所有的 j 流都将是固定的，通过遵循高斯函数计算空间权重 w_{ij}，如式（2-41）所示：

$$w_{ij} = \exp\left[-0.5\left(\frac{d_{ij}}{b}\right)^2\right] \tag{2-41}$$

总而言之，村镇聚落的网络空间流之间存在显著的空间异质性，以往的方法不同程度地忽略了流的相互影响。本研究介绍的基于流的地理加权回归模型，将空间异质性和流的相互影响考虑在内，提升了估计的准确度。

2.7　小　　结

本章聚焦在与聚落空间技术相关的分析方法，主要聚焦于村镇内部及外部空间结构测度和驱动机制研究技术，针对村镇内部空间结构的测度方法主要包含定性归纳、空间计量、社会网络等技术方法；针对村镇外部联系的空间结构测度则主要介绍多尺度复杂网络下的村镇聚落网络空间研究方法；针对内部空间驱动机制的研究方法则主要包含以多序列对比算法为代表的村镇聚落空间演变的模式挖掘技术和以 LightGBM 为代表的村镇聚落空间重构的动力机制方法；针对村镇外部联系的驱动机制研究则主要包含基于流的 GWR 模型的村镇聚落网络空间的影响因素分析。

第二部分
村镇聚落内部空间结构
分析与应用

第3章 村镇聚落空间演变模式挖掘方法与应用

村镇聚落空间重构进程中村镇聚落空间形态在持续演变，村镇聚落因所处的区位和社会经济环境的差异而处于不同空间重构阶段，体现了村镇聚落内部空间的空间重构过程，是村镇聚落内部因素导致的结果。这就要求对于村镇聚落空间重构过程中的演变阶段进行分析，因而需要识别不同的村镇聚落空间演变模式，从而针对不同的村镇聚落空间演变模式提供不同的规划方案。土地利用变化是村镇聚落空间演变的表现形式，也是村镇聚落空间重构的抓手。研究村镇聚落空间演变与重构，需要落到土地利用变化的角度，分析多年来土地利用变化的数量、空间结构等特征，从而识别村镇聚落空间演变与重构的状态和过程，以挖掘得到村镇聚落空间演变模式。

土地利用是人类根据自身需求对土地资源改造，是一个地区发展历史的空间反映（陈百明和张凤荣，2011），关乎人类活动、城乡建设、社会经济等方面的可持续发展，向来是地理学、自然资源学和城乡规划领域的研究重点，而土地利用变化是其中的热门话题。无论是解决土地利用变化过程中的全球生态、可持续发展问题，还是探索城市与村镇土地利用的演变规律以优化其空间布局，关键问题与难点之一是土地利用变化的模式挖掘及其驱动因子分析。相关研究多集中在土地利用变化的空间格局、数量特征和变化驱动力等方面，表现出多尺度、多层次的特点（张镱锂等，2008），包括在国家尺度、省域尺度、城市尺度和镇域单元的研究（巴雅尔等，2005；熊黑钢和张雅，2008；刘纪远等，2014；黄宝荣等，2014）。相对于大尺度与城市地区的土地利用研究，聚焦于村镇聚落土地利用变化的研究则较少。

当前村镇尺度的研究多集中在村镇案例分析。例如，有些学者探讨某一个村镇聚落的土地利用变化，如王力等（2006）以河北省黄骅市黄骅镇为例，结合土地利用数据和遥感影像，提取土地利用变化信息，分析1989～2003年的土地利用变化数量特征与空间分布特征。有些研究则侧重在不同驱动力影响下的村镇聚落空间格局变化（Yin et al.，2020），如席建超等（2014）以野三坡旅游区三个旅游村落为案例，结合PRA、GIS空间分析和遥感影像解译等方法，分析了旅游业诱导下的村镇聚落空间演变规律，发现土地利用演变出现"核心-边缘"模式的差异，在空间形态上呈现"现代城镇—半城镇化—传统村落"的过渡模式等。此外，还有学者采用定量模型对村镇聚落的土地利用格局进行预测，如周锐等（2012）基于多个时期的土地利用历史数据，利用CLUE-S、马尔可夫模型对江苏省常熟市辛庄镇的未来土地利用变化进行模拟预测，探究各种预测情景下土地利用变化的时空特征。

在方法上，当前研究多采用遥感影像解译与GIS空间分析技术，结合土地利用动态度、转移矩阵等模型，定量地分析土地利用的数量形态变化、结构变化、空间分布特征和变化趋势。此外，土地利用的变化图谱分析为研究土地利用类型变化的空间分布位置提供了新的思路，可揭示长时序土地利用空间格局的变化规律和分异特征（叶庆华等，2004；张国坤等，2010）。然而，当前研究较少基于村镇聚落个体来挖掘多个村镇的土地利用演变模式及其空间分布特征。相关研究多集中在个案分析或基于区域，而非村镇个体的分析，更少以村镇个体空间演变的序列轨迹作为分析单元。研究旨在分析视角与方法上创新，强调村镇聚落空间的演变模式研究应该更多关注村镇聚落个体演变序列之间的相似性与差异性，深入探究土地利用变化的前后联系等序列关系，侧重空间演变过程分析。而这种空间演变时序上的关联过程、相似性与差异性往往是被传统分析所忽视的。

村镇聚落空间演变轨迹的模式研究实质上反映了村镇聚落个体的土地利用特征在时间轴上的连续变化，因此，研究构建村镇聚落个体在长时序中的空间演变轨迹序列，挖掘村镇聚落的空间演变多种模式，以更准确刻画村镇聚落土地利用的演变过程与模式特征。具体而言，研究以广东省1158个村镇镇域单元为个体样本，采用序列比对算法，尝试解答以下研究问题：①根据镇域的土地利用类型分布，广东省的村镇聚落可划分为什么类型？②立足土地利用演变，广东省村镇聚落遵循怎样的空间演变过程与模式？③不同的空间演变模式在广东省内的空间分布状况如何？

3.1　数据来源与方法

研究数据来源于中国科学院资源环境科学与数据中心的中国土地利用现状遥感监测数据，分辨率为30m，包含1980年、1990年、1995年、2000年、2005年、2010年、2015年共七期的土地利用数据，共有耕地、林地、草地、水域、未利用地和城乡、工矿、居民用地六大类型和25个次级类型。研究主要关注农业用地和建设用地的转变，因此将林地、草地、水域和未利用地合并为其他用地，将城乡、工矿、居民用地以三个次级类型来表示，分别为城镇用地、农村居民点和其他建设用地。研究区域为广东省，统一使用2008年广东省镇级行政边界数据。因研究的对象是村镇聚落，剔除属于城镇地区的街道行政单元，最终列入研究范围的村镇聚落一共有1158个。

研究按照以下步骤进行：①对土地利用数据进行标准化处理，减少用地空间大小对数据分析的影响；②使用 K-means 算法对1158个镇的七期土地利用数据进行聚类，对具有不同土地利用空间结构的镇域单元进行分类；③构建每个村镇聚落空间演变轨迹的 DNA 序列；④通过序列比对算法，比对村镇聚落空间演变轨迹的 DNA 序列，比较各个序列之间的相似性、差异性和轨迹趋势，以挖掘广东省村镇聚落的空间演变模式。本研究所使用的渐进式比对算法是在 Matlab 软件中 Bioinformatics Toolbox 应用中实现的。

3.2　广东省村镇聚落空间演变模式挖掘结果分析

首先对1980年、1990年、1995年、2000年、2005年、2010年和2015年中广东省所有村镇的土地利用数据进行 K-means 聚类。聚类选择的变量为各个镇域单元上的各类土地利用类型的面积，包括耕地、城镇用地、农村居民点、其他建设用地、其他用地等。通过

图 3-1 所示的 CH 值、轮廓系数和 inertia 值可知，$k=5$ 时聚类效果最好。因此，聚类分析得到五种类型的镇域单元（表 3-1），分别如下。

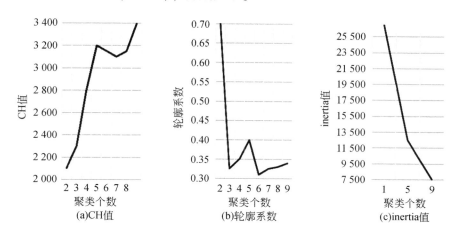

图 3-1　CH、轮廓系数和 inertia 值

表 3-1　五类村镇聚落的土地利用面积均值

类别	序列符号	耕地	城镇用地	农村居民点	其他建设用地	其他用地	平均面积
生态农业用地型	E	43.16 (14.41)	0.28 (0.09)	2.25 (0.75)	0.43 (0.14)	253.52 (84.61)	299.64
典型农业用地型	C	28.56 (28.40)	0.47 (0.47)	2.30 (2.29)	0.50 (0.50)	68.72 (68.34)	100.55
农村建设用地型	R	60.95 (47.53)	1.20 (0.94)	12.39 (9.66)	1.21 (0.94)	52.48 (40.93)	128.23
混合建设用地型	M	47.86 (33.63)	2.68 (1.88)	6.41 (4.50)	11.88 (8.35)	73.50 (51.64)	142.33
城镇建设用地型	U	22.60 (22.09)	38.87 (37.98)	4.95 (4.84)	3.28 (3.20)	32.63 (31.89)	102.33

注：其他建设用地指厂矿、大型工业区、油田、盐场、采石场等用地以及交通道路、机场及特殊用地。其他用地包含林地、草地、水域和未利用土地。括号外的数值为面积（km²），括号内的数值为占比（%）。

1）生态农业用地型。这一类型的村镇聚落平均用地面积很大，并以其他用地为主，其他用地的面积占比达到了 84.61%。而其他用地中主要为林地、草地、水域等生态用地，因此这部分村镇聚落中面积占比最大的是生态用地。在这些村镇中，耕地是占比第二高的用地类型，耕地的面积占比达到了 14.41%，这意味着这类村镇聚落是典型的生态农业用地型村镇。

2）典型农业用地型。与其他村镇相比，被聚类为典型农业用地型的村镇具有相对较大的耕地面积（28.40%）和其他用地（68.34%），而建设用地的占比比较小（0.47% 的城镇用地，2.29% 的农村居民点，0.50% 的其他建设用地）。这一类型的村镇聚落平均用地面积也相对较小，面积为 100.55km²。这些村镇主要代表传统的乡村地域，是典型的农业用地型村镇。

3）农村建设用地型。在这一类型的村镇聚落中，农村居民点的平均面积最大，为12.39km²，而其余两类建设用地的面积则相对较小。这一类型的村镇的耕地面积也是最大的，但其他用地的面积相对较小。这表明第三类村镇空间类型是农业升级和发展的村镇聚落，促进了农村建设用地的扩大。

4）混合建设用地型。这一类型的村镇聚落中，其他建设用地的比例远远高于其他类型，平均为8.35%。在所有村镇聚落类型中，此类型村镇聚落的城镇用地和农村居民点的面积也名列前茅。这部分村镇的耕地和其他用地的比例也比较高，而且包含各种建设用地类型，表明它是一个转型发展的村镇聚落空间结构。

5）城镇建设用地型。与其他类型相比，这些村镇中城镇用地的比例最高（37.98%），而耕地的比例相对较低，其他用地的比例最低，为31.89%。大量的城镇建设用地的无序扩张侵占了耕地、林地和草地，是典型的受到城市化影响的村镇聚落，通常位于城市边缘区。

根据村镇聚落的分类结果，获取各个年份中每个村镇的类别，可以建立每个村镇随时间序列变化的村镇聚落空间演变轨迹。例如，通过分析2015年138个城镇建设用地型村镇和混合建设用地型村镇的演变轨迹图（图3-2），可发现在1980年时，这138个村镇并不是城镇建设用地型村镇，大部分为生态农业用地型村镇、典型农业用地型村镇和农村建设用地型村镇。经过30多年的发展，这部分村镇均演变为城镇建设用地型村镇和混合建设用地型村镇。这些村镇的演变过程与村镇聚落的土地利用数据转变有关，从以农业用地为主逐渐转变为以农村建设用地为特征，最终发生了其他用地类型转为城镇建设用地的变化。

从2015年城镇建设用地型村镇和混合建设用地型村镇土地利用数据变动情况（图3-3）中也可看出这一变化趋势且从中可以发现：①1980～2000年，农村居民点用地有一定增长，而城镇用地和其他建设用地的面积增长缓慢，耕地面积的减少也相对缓慢，说明在这20年期间，这部分村镇的主要土地利用类型还是以农业、农村类型为主；②从2000年开始，城镇用地和其他建设用地的扩张进入了加速期，而耕地快速地衰减，甚至农村居民点用地的面积开始出现减少的情况，表现为部分农村、农业的相关用地在2000～2015年转变为建设用地，这也导致这些村镇聚落由农业用地型村镇转变为建设用地型村镇。

由此可见，每个村镇聚落在长时序的空间演变中均有可能因为土地利用数据的变动而发生村镇类型的转变，从而形成村镇个体的演变轨迹。许多村镇空间演变轨迹具有相似的特性，可按照轨迹的相似程度进行比较，从而将具有相同特性的空间演变轨迹进行归类，以挖掘出村镇聚落空间演变轨迹的模式，为优化村镇聚落土地利用配置提供参考。

基于村镇聚落土地利用空间的分类结果，构建1158个村镇聚落空间演化的DNA序列，采用序列比对算法对广东省所有村镇聚落的长时序空间演化轨迹序列进行比对，计算序列之间的相似性和演变趋势，实现所有村镇的轨迹序列的序列比对，最终得到所有村镇聚落空间演变轨迹序列的分类结果。根据系统发育树的叶子节点分析分类结果，发现村镇

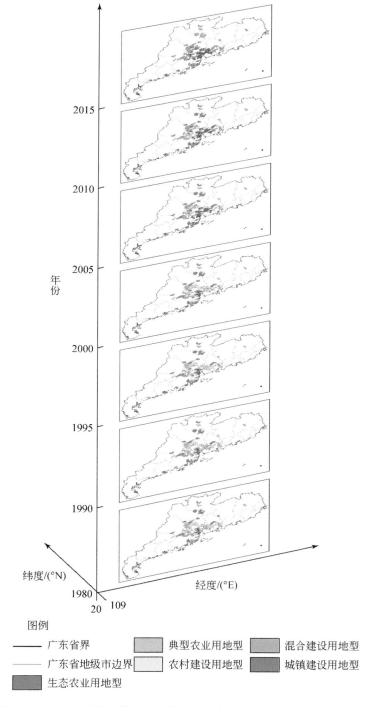

图例

——— 广东省界 典型农业用地型 混合建设用地型

——— 广东省地级市边界 农村建设用地型 城镇建设用地型

生态农业用地型

图 3-2   2015 年城镇建设用地型村镇和混合建设用地型村镇的演变轨迹

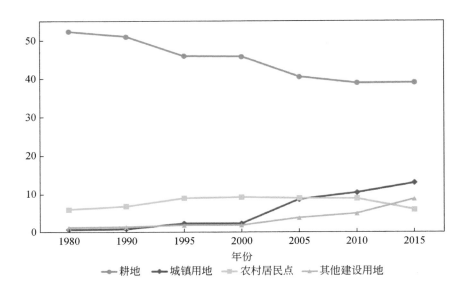

图 3-3　2015 年城镇建设用地型村镇和混合建设用地型村镇的历年土地利用数据

空间演变序列可分为十类，因此，本研究挖掘出十类村镇聚落空间演变模式，并对这十类空间演变模式的轨迹序列进行绘制（图 3-4）。

　　从各类村镇聚落空间演变的序列图（图 3-4）中可以看出，不同的颜色表示不同类别的村镇，每一类空间演变模式图表示各类村镇聚落个体空间演变轨迹的例子，同一种空间演变模式中包含了相近的空间演变轨迹的序列，说明这些村镇聚落 1980 ~ 2015 年的空间演变过程相似。大体上，可以将十类村镇聚落空间演变模式分为两大类：稳定型和转变型。稳定型的村镇演变序列并不是在所有时间段都具有相同的土地利用空间形态，这些村

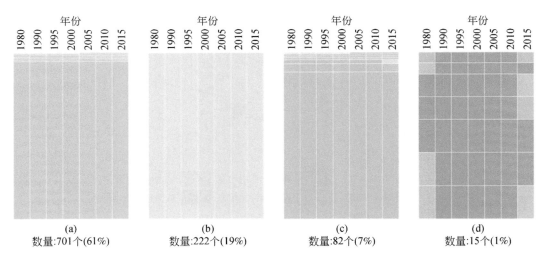

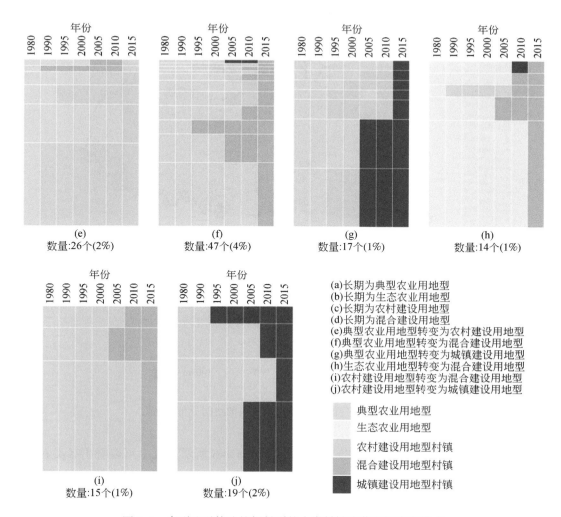

图 3-4　序列比对算法挖掘得到的十类村镇聚落空间演变模式

镇聚落也会经历土地利用空间的变化，但因其变化幅度不大且长期属于同一类别，故序列比对算法将其归类为长期稳定的类型。而转变型的村镇聚落也不是一直处于农业用地转变为建设用地的过程，也会存在一些不变动或者倒退的时间段，但是总体上还是反映农业用地转变为建设用地的演变过程。

　　广东省内大部分地区的村镇聚落属于稳定型，1980~2015 年，这些村镇的土地利用构成趋于平稳，村镇聚落内部各种土地利用类型的数据虽然有所增减，但变动的幅度不大。稳定型的村镇聚落广泛分布于广东省内粤东地区、粤北地区和粤西地区内（图 3-5）。广东省的珠三角地区则较为特殊，区域内的绝大部分村镇聚落可以归类为转变型，因为珠三角地区的建设用地增长迅速，受到快速城镇化的影响，造成村镇聚落土地利用空间的显著转变，在对应的轨迹序列中也能体现这一特征（图 3-4）。此外，还有许多珠三角以外的村镇聚落也存在土地利用构成的转变，它们在空间位置的相似点是大多靠近对应城市的核心建成区。

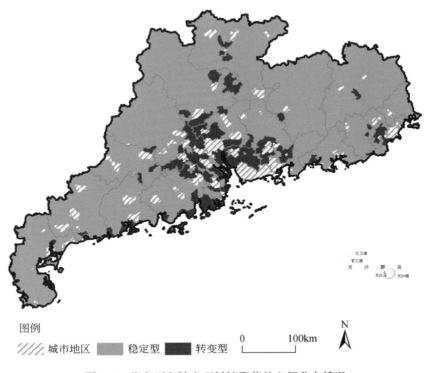

图例

/// 城市地区　██ 稳定型　██ 转变型

0　　　100km

N

图3-5　稳定型和转变型村镇聚落的空间分布情况

　　十类村镇聚落空间演变模式的空间分布情况如图3-6所示，从中可以看出各类村镇聚落空间演变模式在广东省内的分布。

（1）空间演变模式1：长期为生态农业用地型

　　这类空间演变模式的DNA序列在1980～2015年都很稳定，是广东省村镇聚落空间演变模式的第二大类型，占总数的19%。从空间分布上看，这些村镇类似于珠三角外围的一个环形，主要在粤北的韶关市、清远市和河源市。在珠三角中，广州市、惠州市、肇庆市、江门市等城市的远郊也有部分村镇聚落属于这类模式。

（2）空间演变模式2：长期为典型农业用地型

　　在村镇空间演变的DNA序列中，一直是典型农业用地型的村镇属于长期为典型农业用地型空间演变模式。有701个村镇聚落（61%）属于这一类型，是十类空间演变模式占比最大的类型。该模式主要分布在珠三角以外地区，主要是粤东的汕头市、汕尾市、揭阳市、潮州市、梅州市等，以及珠江西岸的江门市、云浮市、肇庆市、阳江市、茂名市等。

（3）空间演变模式3：长期为农村建设用地型

　　DNA序列的空间演变模式3指的是在1980～2015年中大部分时间都保持为农村建设用地型的村镇聚落。共有82个村镇聚落（7%）属于这一类型，它们有自己的特色农业产业，因此，包含了最大的农村居民点面积。这类模式的村镇聚落主要集中在粤西的湛江市和茂名市，还有一些分散在其他地区，如东莞市的谢岗镇和潮州市的彩塘镇。

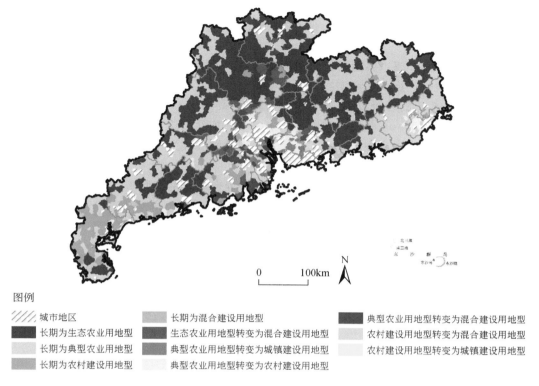

图例

//// 城市地区

■ 长期为生态农业用地型

□ 长期为典型农业用地型

■ 长期为农村建设用地型

□ 长期为混合建设用地型

■ 生态农业用地型转变为混合建设用地型

■ 典型农业用地型转变为城镇建设用地型

□ 典型农业用地型转变为农村建设用地型

■ 典型农业用地型转变为混合建设用地型

□ 农村建设用地型转变为混合建设用地型

□ 农村建设用地型转变为城镇建设用地型

图 3-6　广东省十类村镇聚落空间演变模式分布情况

（4）空间演变模式 4：长期为混合建设用地型

共有 15 个村镇聚落被分配到这个组别，代表它们长期属于混合建设用地型。这些村镇聚落的其他建设用地的占比较大，约为 8%，主要分布在广东的边境地区，包括沿海和省际边境。

（5）空间演变模式 5：生态农业用地型转变为混合建设用地型

该组的 DNA 序列从初始年份的生态农业用地型变为结尾年份的混合建设用地型。只有 14 个村镇聚落（1%）构成这一类型，是所有空间演变模式中最少的。它们分散在广东的中部地区，包括珠三角和粤北地区的少量村镇聚落。这类模式的典型例子是佛山市的更合镇，它通过优化产业结构和招商引资，实现了建设用地的快速扩张。

（6）空间演变模式 6：典型农业用地型转变为农村建设用地型

在研究区域内，总共有 26 个村镇聚落构成了这一类型，表明它们经历了农村建设用地的大幅增长。这反映在村镇聚落的 DNA 序列上，即从一开始的典型农业用地型转变为后来的农村建设用地型。这类模式主要分布在广东的沿海城市，其中大部分在汕头市。

（7）空间演变模式 7：典型农业用地型转变为混合建设用地型

这一类型的村镇聚落具有从典型农业用地型到混合建设用地型的变化序列，代表1980～2015 年多种建设用地的扩张。这种类型的村镇聚落有 47 个（4%），大多数位于珠三角的非核心区域，如惠州市郊区的平潭镇。平潭镇是一个大型农业的村镇聚落，也是惠州市的一个卫星城镇，它包含几个工业园区，吸引企业入驻，导致耕地逐渐转化为建设用地，改变了 DNA 序列。

（8）空间演变模式 8：典型农业用地型转变为城镇建设用地型

第 8 种纵向轨迹构成了从典型农业用地型到城镇建设用地型的村镇聚落的 DNA 序列，标志着 1980～2015 年的升级过程。在空间上，这一类型的 17 个村镇聚落都位于珠三角的核心城市，包括广州市、东莞市、佛山市和中山市。东莞市长安镇就属于这一类型。在改革开放的过程中，长安镇实现了农村工业化，并逐渐发展成为一个城市地区，许多耕地和生态用地变成了建设用地。

（9）空间演变模式 9：农村建设用地型转变为混合建设用地型

这 15 个村镇聚落占研究区域内村镇聚落的 1%，在时间上遵循从农村建设用地型到混合建设用地型的 DNA 序列过渡。这类模式的空间分布图（图 3-6）显示，大部分（93%）位于珠三角的核心城市，包括广州市、佛山市、东莞市和惠州市。

（10）空间演变模式 10：农村建设用地型转变为城镇建设用地型

总的来说，这 19 个村镇聚落（2%）在 1980～2015 年中表现出 DNA 序列的变化（图 3-7），它们代表了城镇建设用地扩张的村镇聚落。这些村镇聚落位于珠三角的核心空间范

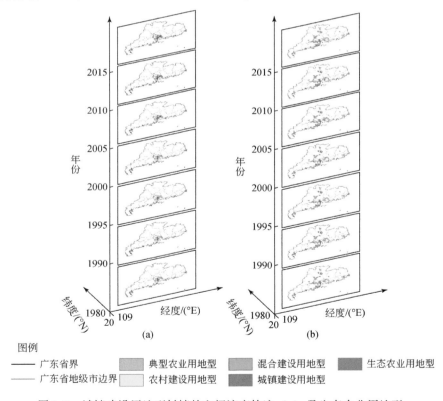

图 3-7 城镇建设用地型村镇的空间演变轨迹（a）及生态农业用地型、
典型农业用地型转变为建设用地型村镇的演变轨迹（b）

围，具有优越的地理位置（如广州市的新塘镇和东莞市的虎门镇）。这两个镇都接收了城市地区的外溢产业，导致土地利用变化。

3.3 小   结

本章采用序列比对算法，构建并比对广东省 1158 个村镇聚落的土地利用演变的序列轨迹，挖掘出 1980～2015 年广东省村镇聚落空间的演变过程与模式，并对各种空间演变模式的基本特征和空间分布进行了分析。得到以下结论：①根据土地利用空间结构，广东省七个时期的村镇聚落可划分为 5 种类型，即生态农业用地型村镇、典型农业用地型村镇、农村建设用地型村镇、混合建设用地型和城镇建设用地型村镇。②挖掘得到的村镇聚落空间演变模式共有 10 类，其中长期为生态农业用地型、长期为典型农业用地型多分布于粤北地区和粤东、粤西地区；长期为农村建设用地型、长期为混合建设用地型则较多分布于广东东西侧；典型农业用地型转变为农村建设用地型多分布于广东沿海地区；生态农业用地型转变为混合建设用地型、典型农业用地型转变为混合建设用地型、典型农业用地型转变为城镇建设用地型、农村建设用地型转变为混合建设用地型和农村建设用地型转变为城镇建设用地型中大部分分布于珠三角核心城市内。③从空间演变模式的分布上看，粤北地区主要是长期为生态农业用地型，粤东地区具有较多的长期为典型农业用地型，粤西地区有大量的长期为农村建设用地型，而转变为城镇建设用地的两种空间演化模式则集中分布于珠三角地区。

|第4章| 村镇聚落空间演变轨迹的
多重动力研究

快速城镇化过程中，大量耕地被改造为建设用地，同时乡村工业化盛行，部分乡村地区逐渐成为城市。而落后地区的村镇聚落却没有实现空间结构的演变与重构。村民缺乏工作机会，乡村基础公共服务设施落后，导致人口流失，产生了乡村"空心化"现象。广东省内城乡之间的差异导致超过 60% 的人口集聚于城市，一方面可以说是城市的兴旺，另一方面可以认为乡村发展陷入困境。如何重新振兴乡村地区的发展成为一个难题。

广东省在1980~2015年的发展中，建设用地成倍增长，而耕地退化严重。城镇人口占比也从17%增长到了约70%，而且还在一直增加。同时，广东省内城乡差距巨大，城市居民收入是乡村居民收入的2.7倍。城乡之间的差异日益加剧，如何通过村镇规划引导村镇聚落空间演变和重构成为一大难题。村镇聚落的规划需要识别能够推动村镇聚落空间演变和重构的驱动力，并估算多重动力的有效作用范围，提供相关的规划准则，只有这样才能为规划实践和理论提供参考。因此，本章的研究问题包括三个：首先，1980~2015年，推动广东省村镇聚落发生空间演变的动力有哪些，它们的重要性排序如何？其次，空间演变模式与社会经济驱动因素之间是否存在非线性效应？最后，社会经济因素对不同村镇聚落空间演变模式的有效影响范围是什么？

为了解决上述研究问题，本章基于序列比对算法挖掘广东省1980~2015年村镇聚落的空间演变模式，将空间演变模式作为因变量，并采用 LightGBM 算法，以社会经济属性为自变量研究其动力机制，探讨多重动力因素和空间演变模式的非线性和阈值效应，进而归纳总结村镇聚落空间演变轨迹的多重动力机制，为进一步研究多重动力下的村镇聚落空间响应模式打下基础。

4.1 研究数据与方法

本章研究采用第3章相同的土地利用数据，并将第3章研究得到的空间演变模式结果作为因变量，以研究村镇聚落空间演变模式的动力机制。

将社会经济属性作为空间演变模式驱动力研究的自变量，自变量包括经济因素、农业因素、政府决策、区位和人口（表4-1）等潜在驱动力。驱动力数据包含1990~2015年广东省各地区的社会经济、人口的时间序列数据，来源于广东省各区县统计年鉴和《中国县域统计年鉴》。因数据获取性问题，经济因素、农业因素、政府决策数据为区县尺度，作为镇单元的社会经济背景考虑，而区位、人口数据则拥有镇级尺度数据。区位变量来源于百度地图 API 计算结果，基于百度地图 API 计算各镇到市政府、火车站的路径距离。除了到市政府距离、到火车站距离和耕地减少率外，其余变量的数值均为末年（2015年）减去初年（1990年）的变化值，因此，此类变量的大小表现为增长或衰减值大小。

表4-1　变量描述

	变量名	变量描述	平均值	标准差	最大值	最小值
经济因素	人均GDP	区县人均GDP增加值/元	40 464.71	24 128.12	162 912.75	11 158.83
	地均工业产值	区县每平方公里工业总产值增加值/万元	6 723.11	13 229.51	159 032.27	46.97
农业因素	地均农业产值	区县每平方公里农业总产值增加值/万元	394.91	273.45	1739.24	42.93
	耕地减少率	1990~2015年镇域耕地面积变化率/%	7.99	16.95	100.00	-61.42
政府决策	人均财政支出	区县人均财政支出增加值/元	5 726.42	2 247.37	18 152.56	2 946.40
	地均固定资产投资	区县每平方公里固定资产投资增加值/万元	1 845.86	2 470.93	34 708.93	53.55
区位	到市政府距离	镇政府所在地距市政府距离/km	4 904.96	20 312.01	167 311.00	2.60
	到火车站距离	镇政府所在地距最近火车站距离/km	40 103.86	32 168.29	150 294.00	154.00
人口	人口密度	镇域每平方公里人口增加值/人	350.16	2 071.38	52 074.11	-3 364.85
	就业人口密度	镇域每平方公里就业人口增加值/人	228.37	958.04	21 221.91	-1 669.51

因研究的对象是村镇聚落，剔除属于城镇地区的街道行政单元，选取剩余的1158个村镇聚落挖掘其空间演变模式，同时考虑村镇聚落社会经济数据的可获取性，最终列入空间演变驱动力研究的村镇聚落一共有731个。

研究采用LightGBM算法分析广东省村镇聚落发展动力与空间演变模式的作用机制，这种方法对本研究有两个好处。首先，村镇空间演变模式包含10个离散变量，避免了对每个变量逐一进行热编码的高计算复杂度；其次，一些村镇空间演变模式的样本量较小，LightGBM避免了数据集过小导致的统计信息不准确和学习效果差的问题。

研究采用预测精度和多分类对数损失两个指标，从准确性和稳定性两个方面衡量模型的表现和结果。我们设置树的复杂度为30，学习率为0.01。经过反复调整，270次迭代后得到了最优结果。如图4-1所示，预测精度值达到59.459%，多分类对数损失值低至1.03。

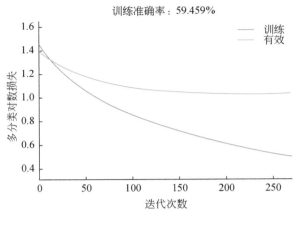

图 4-1　预测精度值

4.2　广东省不同重构过程的村镇聚落社会经济属性差异

根据十类空间演变模式在 1980 ~ 2015 年的发展状况，对演变过程类似的模式进行合并，最终得到三种代表性的空间演变模式，分别为稳定型（STABLE）、转变型（TRANS）和城镇型（URBAN）。稳定型包含了长期为生态农业用地型、长期为典型农业用地型、长期为农村建设用地型、长期为混合建设用地型；转变型包含了生态农业用地型转变为混合建设用地型、典型农业用地型转变为农村建设用地型、典型农业用地型转变为混合建设用地型、农村建设用地型转变为混合建设用地型；城镇型包含了典型农业用地型转变为城镇建设用地型、农村建设用地型转变为城镇建设用地型。

将三类村镇聚落所属区县的基础数据进行可视化分析，研究各区县 1990 ~ 2015 年的变化趋势。为了降低极端值对可视化结果的干扰，选用 10% ~ 90% 分位数区间内的数据进行可视化。同时将各个组分数据中的平均值以直线形式加粗显示，以表示组分之间的平均水平及其差距。

从经济上来说，城镇型村镇所属的区县在 1990 ~ 2015 年的发展过程中，人均 GDP 上升速度快且保持较高水平，两极分化较小。转变型的平均水平低于城镇型，但增加速度也很快。而稳定型的人均 GDP 增加不多，从 2000 年开始与另外两类村镇差距越来越大。在 2000 年后，城镇型所在区县的地均工业产值显著上升，转变型有所上升，但与城镇型差距较大，稳定型则变化不大，说明稳定型村镇聚落较少发展工业。

在镇单元的农业因素中发现，稳定型的耕地面积几乎没有减少，而城镇型到 2015 年时耕地减少率接近 60%，转变型则介于两者之间。虽然转变型村镇在 2015 年时耕地面积减少了接近 20%，但是地均农业产值却一直处于上升的趋势，且高于其他类型村镇。稳定型的地均农业产值在 2010 年时超过了城镇型，城镇型受制于耕地面积减少，地均农业产值并不高。

从政府决策角度来看，1990～2015 年，城镇型的人均财政支出始终保持在三类村镇中的第一位，转变型略低于城镇型，稳定型的人均财政支出则一直是最少的。虽然在人均财政支出上三类村镇类型的差距并不大，但在地均固定资产投资上差距巨大，且差距在逐年拉大。从 2000 年开始，城镇型、转变型的地均固定资产投资大幅提升，而稳定型则到 2005 年才开始逐渐上升，最终导致城镇型远高于转变型，转变型远高于稳定型。

从人口密度上可以发现，转变型与稳定型的差距并不大，而城镇型的人口密度远高于这两者，这三者之间的差距是在 2000 年后开始出现的。在一定程度上表明城镇与村镇在社会因素上的差距，城镇需要大量人口涌入来发展。与人口密度类似，三类村镇的就业人口密度也是城镇型远大于另外两者。

村镇类型之间差距的产生是从 2000 年后开始明显的，2000 年后城镇型的各项指标都高于转变型、稳定型。地均工业产值、耕地减少率、地均固定资产投资、人口密度和就业人口密度都是三类村镇差距巨大的指标，这些结果表明，广东省村镇聚落的发展规划除了考虑经济、区位因素，还应考虑产业配套、基础设施建设和人才引进的影响（图 4-2）。

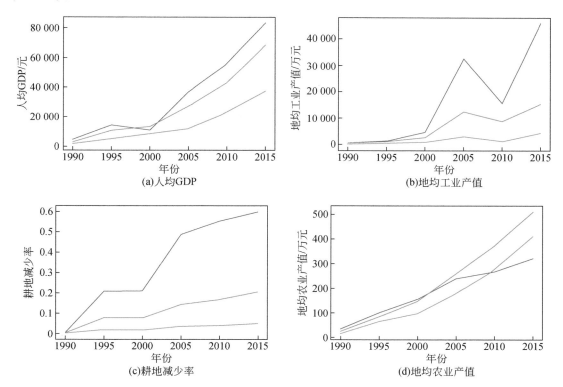

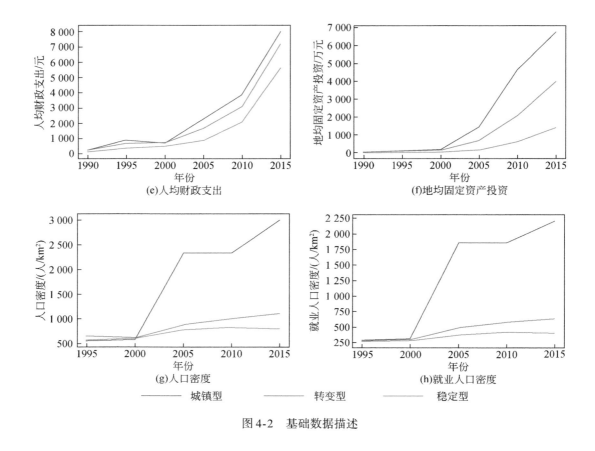

城镇型　　　　　　转变型　　　　　　稳定型

图 4-2　基础数据描述

4.3　广东省村镇聚落空间重构的复杂非线性效应

通过 LightGBM 算法分析，可以得到各种动力因素的相对重要性和与空间演变模式的非线性效应。分析相对重要性，可以得到各种动力因素的重要性排序，厘清各种动力的影响力大小，识别主要驱动空间演变的动力，为村镇聚落和乡村规划提供理论依据。

从表 4-2 中可以看出，各个社会经济变量对于村镇聚落空间演变模式的相对重要性及其重要性排名，其中重要性最高的是农业因素，相对于模型中的其他独立变量，一个变量的相对重要性衡量其降低损失函数的能力。相对重要性越高，该变量对预测村镇聚落空间演变模式的贡献就越大。此外，相对重要性越高的变量往往对预测的村镇聚落空间演变模式有更大的影响。所有农业因素变量合计占村镇聚落空间演变模式影响预测的 27.80%，是重要性最高的变量，而人口变量占 23.47%。农业因素变量的主导地位是合理的，因为在村镇聚落中，农业发展是影响村镇聚落空间结构的关键相关因素。本研究发现耕地减少率的相对重要性为 15.79%，在模型中占主导地位。地均农业产值的贡献也很大，占 12.01%，排名第三。在人口变量中，人口密度和就业人口密度都对村镇聚落空间演变模式转变发挥着关键作用。人均 GDP 的相对重要性为 11.03%，而地均工业产值的贡献为

8.73%，分别排在第 4 位和第 7 位。综上所述，这两种经济因素的综合贡献为 19.76%，也是影响村镇聚落空间演变的重要因素。人均财政支出也很重要，总贡献率为 9.23%。区位因素的相对重要性则比较低，到市政府距离和到火车站距离的相对重要性分别为 7.87% 和 6.56%，排名第 8 位和第 9 位。这表明，要促使村镇聚落空间重构的发生，主要是农业升级、人口流动和经济发展发挥作用，需要在这几方面推动空间结构的演变。

表 4-2　相对重要性

变量		排序	相对重要性 RI/%
农业因素 27.80%	耕地减少率	1	15.79
	地均农业产值	3	12.01
人口 23.47%	就业人口密度	2	12.64
	人口密度	5	10.83
经济因素 19.76%	人均 GDP	4	11.03
	地均工业产值	7	8.73
政府决策 14.54%	人均财政支出	6	9.23
	地均固定资产投资	10	5.31
区位 14.43%	到市政府距离	8	7.87
	到火车站距离	9	6.56

稳定型的人均 GDP 在 2 万~4 万元，成为稳定型的概率为正，4 万元开始，人均 GDP 与成为稳定型的概率负相关。而转变型从 4 万元开始，成为转变型的概率为正，到 7 万元左右达到顶峰。人均 GDP 从 5 万元开始，对于城镇型的影响开始显著，影响逐渐提升，到 8 万元左右时影响达到最大。地均工业产值与成为稳定型村镇的可能性负相关，而与转变型和城镇型为正相关。地均工业产值少量增加时，有助于发展为稳定型村镇，而一旦增加较多，就会降低成为稳定型的概率，地均工业产值增加值在 10 000 万元以内时，增加值越大，转变型的概率值越大。而当增加到 30 000 万~40 000 万元时，成为城镇型的可能性大幅提升（图 4-3）。

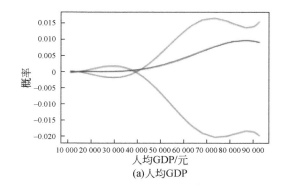

(a) 人均GDP

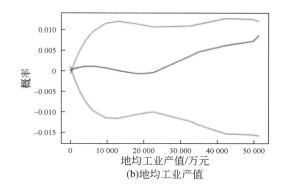

(b) 地均工业产值

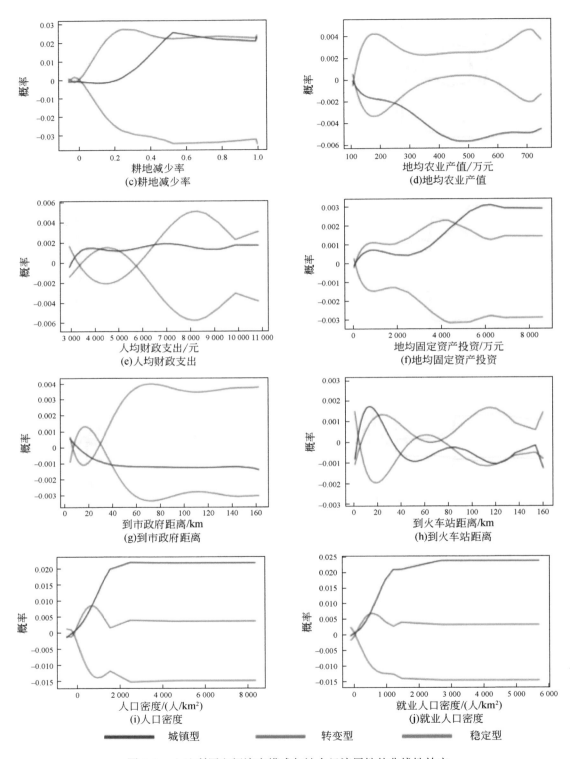

图 4-3 土地利用空间演变模式与社会经济属性的非线性效应

在农业因素中，耕地减少率为 0 左右时，即耕地面积增加或只少量减少时，对于村镇保持稳定的积极影响最大。耕地减少率在 0.2 ~ 0.3 时，成为转变型的概率最大。耕地减少率到 0.5 左右时，成为城镇型的可能性比成为转变型的可能性要大。地均农业产值与成为稳定型的概率正相关。地均农业产值对于转变型的影响较为波动，总体而言，地均农业产值增大并不会促进村镇转变发展。地均农业产值的增加对于城镇型的影响是负向的，且影响较为稳定。

人均财政支出在 3500 ~ 5500 元时，变量对于稳定型有积极影响。对于转变型的影响在 6000 ~ 8000 元大幅增长，在 7600 元时达到最大值，之后的影响逐渐降低并趋于稳定。地均人均财政支出对于城镇型的影响较为稳定。地均固定资产投资越高，成为稳定型村镇的可能性越低，特别是地均固定资产投资高于 3500 万元后，成为稳定型村镇的概率骤降。与稳定型相反，地均固定资产投资高于 3500 万元后，成为转变型村镇的可能性大幅增加。在 3500 万 ~ 5300 万元时，成为城镇型的概率逐渐增大，并在 5300 万元时概率最大，并开始稳定。

到市政府距离越远成为稳定型的概率越大，在距离为 50km 左右有个阈值，村镇聚落到市政府距离从 30km 增加到 50km 时，成为稳定型的概率会大幅增加，超过 150km 后没有额外的影响。与稳定型相反，在 50km 内，成为转变型的概率为正向的，大于 50km 后，就发生了剧变，成为转变型的概率骤减。与转变型类似，距离市政府由 18km 增长到 20km 时，成为城镇型的概率骤降。而距离火车站 50 ~ 70km 的范围内成为稳定型的可能性较大。成为转变型村镇的可能性在距离火车站 20 ~ 40km 的范围内最大。在 25km 范围内，成为城镇型的概率为正且较大，城镇型村镇聚落所处区位说明距离火车站较为接近。

人口密度减少对于稳定型具有正向的影响，减少越多影响越大，人口密度减少 2500 人/km² 开始稳定。人口密度增加有助于村镇转变发展，当人口密度增加 250 人/km² 时，对于转变型的提升最大。人口密度增加 1000 人/km² 以上，成为城镇型村镇的概率大幅增加，增加 2500 人/km² 则影响开始稳定。就业人口密度减少，或者就业人口密度增加少于 70 人/km² 时，都有助于村镇聚落维持原来的发展状态。就业人口密度增加在 300 ~ 800 人/km² 时，对于村镇聚落成长为转变型的积极影响最大。就业人口密度增加越多，成为城镇型的概率越大，增加值达到 2500 人/km² 后影响达到最大值且趋于稳定。

4.4 小　　结

本章基于序列比对算法所挖掘得到的村镇聚落土地利用空间演变模式，采用广东省村镇聚落社会经济变量，探索空间演变模式的多重动力作用机制，并对"动力–空间"演变模式的非线性效应进行了探究分析。结果表明：①根据村镇聚落空间演变模式类型特征，将其整合为三大类，即稳定型、转变型和城镇型；②在空间演变模式与社会经济属性的研究中，发现推动村镇土地利用变化的主要因素是农业因素、人口规模和经济发展要素，这三个动力的相对重要性分别达到了 27.80%、23.47% 和 19.76%；③空间演变模式与社会经济属性之间存在着非线性效应，而社会经济动力的有效影响范围则有所差异，转变型和城镇型的动力有效影响范围较为相近，而对于稳定型影响较大的作用范围则与前两类型相比差异较大。

　　使村镇聚落脱离原有演变轨迹，人口密度应增加 250 人/km² 以上，而就业人口密度也需要增加 300 人/km² 以上，人均 GDP 需要增加 4 万元，地均工业产值需要增加 1 亿元，耕地则需要减少 20% 以上，地均农业产值也需要相应减少，而在人均财政支出方面则需要增加 6000 元，地均固定资产投资需要增加 3500 万元，到火车站距离需要缩减到 20km 以内。总而言之，村镇聚落流入大量人口发展工业、提升经济水平和基建水平有助于实现空间结构的变动。

第5章 村镇聚落个体空间演变与重构过程的案例比较

通过第 3 和第 4 章对广东省村镇聚落空间演变模式及其动力机制的分析，发现推动村镇土地利用变化的主要因素是农业因素、人口规模和经济发展要素，但不同空间演变模式下的影响因素的有效影响范围则有着明显差异，这一结论与实际村镇发展和政策规划相互验证。例如，聚落自身的资源条件、劳动力素质以及聚落外部区位环境、基础设施建设、资金投入、政策扶持等均会影响村镇空间演变模式。又如，农村自我发展内生动力、工业化和城市化外援驱动力等也会影响村镇空间演变模式。在已有研究基础上，村镇聚落发展动力可以划分为农业升级、休旅介入、城镇化驱动、产业变革、生态保育等类型。

1）农业升级型：以单纯的第一产业为主的传统农业向以第一产业为依托，三次产业联动的现代农业的转型，从初级农产品转向高附加值，从粗放型转向集约型。

2）休旅介入型：休旅介入的本质是乡村旅游业的发展，是以乡村地域及农事相关的风土、风物、风俗、风景组合而成的乡村风情为吸引物，吸引旅游者前往休息、观光、体验及学习等。本书研究对象主要指具有优美自然风光或悠久历史传统，乡村聚落空间受生态旅游或文化旅游影响而产生重构的聚落。

3）城镇化驱动型：城镇化驱动的实质是城镇以其丰富的文化娱乐活动、较多的就业机会、更方便的生活使农村人口进入城镇，并在城镇有固定的职业、较稳定的收入和一定的居住条件。本书研究对象主要包括城市近郊区乡村聚落受到城镇化影响而产生的乡村聚落空间发展演变和重构，或村镇自身的城镇化过程带来的聚落空间发展演变和重构。

4）产业变革型：指由于科学技术上的重大突破或是相关政策的出台以及产业园区的建设，从而促进了产业优化升级、结构调整以及村镇空间发生较大变化的村镇聚落。

5）生态保育型：指位于生态环境严重退化的山地和草场区域；村镇聚落的职能主要是维护当地的生态环境，保障生态平衡，保持当地的生态多样性，遏制水土流失、沙漠化、石漠化等生态退化趋势；在有条件的区域发展观光旅游业，或采取部分或整体搬迁的方式减少人类活动，从而保护生态环境。该类型村镇需要政府的巨额补贴。

通过上述驱动力类型，本章将广东省村镇聚落划分为 5 种类型。通过收集广东省内村镇规划文本、统计年鉴等数据，筛选出具有典型代表性的村镇案例探讨不同动力下村镇聚落发展的变化过程（图 5-1），并基于第 4 章得到的"动力-空间"非线性与阈值效应关系来预测不同类型村镇聚落未来的空间演变状况。本章不仅从案例分析角度回顾不同动力机制下的村镇聚落空间重构过程，也验证了村镇聚落空间重构和多重动力之间的非线性与阈值效应，为优化村镇聚落规划和提升村镇聚落空间重构过程提供相应的方法与实践基础。

本章关于村镇概要部分内容引用了相关规划文本、统计年鉴及政府官方网站中相应描述介绍等。

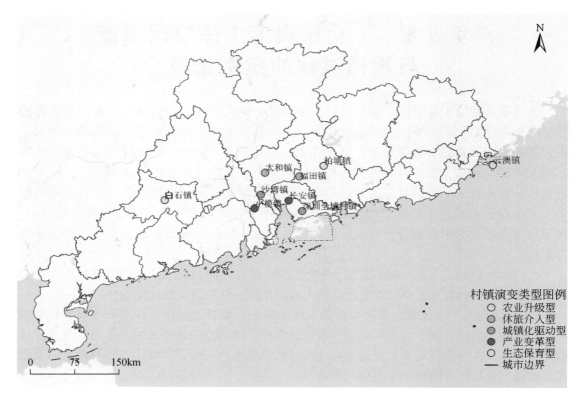

图 5-1 村镇重构类型案例选取分布

5.1 农业升级型村镇聚落空间重构

1. 乡镇概要

白石镇是广东省云浮市云安区下辖镇，位于云安区西北部，与罗定市、郁南县接壤，总面积 72.31km²。下辖 9 个行政村和 1 个社区，分别为白石社区、白石村、民福村、民安村、横迳村、云磴村、西圳村、石底村、东圳村、东星村。总人口 25 702 人（2017 年），2009 年农民人均纯收入 5317 元。自然条件方面，白石镇为三县（市）交界之地。气候上夏短冬长，雨量充沛，属亚热带季风性湿润气候。地势东高西低，属低山丘陵区，喀斯特地貌特征明显，自然风光旖旎动人，目前已形成骆驼山石山群、笔架山等石山观光点。白石镇物产资源丰富，农副产品主要有水稻、花生、玉米、木薯等产品。水果种类繁多，有西瓜、龙眼、荔枝、柑橘等。社会经济方面，白石镇城镇化水平低，经济以第一产业为主导，整体处于中下水平发展阶段，白石镇包含"四大"农业产业发展平台：现代花卉苗木产业、生态养殖产业、南药种植产业和特色水果产业。

2. 用地布局演变

基于 2015 年卫星影像土地分类数据，白石镇全镇耕地占比为 38.36%，全镇林地和草地占比为 57.35%，农村居民点占比为 4.29%，城镇用地约为 0（表 5-1）。分析长时序卫星遥感数据发现，1980～2015 年白石镇整体建设用地保持原有占比格局，是长期为典型农业用地型稳定型代表。根据第 4 章分析的多重动力与村镇聚落村镇重构的非线性效应，稳定型村镇聚落的空间演变的动力主要是农业因素，白石镇的耕地占比长期以来保持在 38%，耕地减少率较少。同时，白石镇以发展农业为主，地均农业产值较大，而地均农业产值增大是村镇聚落保持稳定型的一大动力。

表 5-1 白石镇土地利用类型占比历史演变 （单位:%）

年份	耕地	林地	草地	水域	城镇用地	农村居民点	其他建设用地	其他用地
1980	38.50	38.01	19.33	0	0	4.15	0	0
1990	38.51	38.01	19.35	0	0	4.14	0	0
1995	38.37	38.01	19.35	0	0	4.28	0	0
2000	38.36	38.02	19.33	0	0	4.29	0	0
2005	38.36	37.28	20.08	0	0	4.28	0	0
2010	38.36	37.28	20.08	0	0	4.28	0	0
2015	38.36	37.28	20.07	0	0	4.29	0	0

注：因四舍五入，存在加和不等于 100% 的情况，下同。

3. 未来发展规划

《云浮市城市总体规划（2012—2020）》城镇类型规划白石镇为农贸型一般城镇。《云浮市全域旅游发展总体规划（2020—2030 年）》以建设美丽乡村为基础，大力发展田园观光、果蔬采摘、农庄休闲、康体养生、乡村度假等乡村旅游项目，通过特色旅游村建设，激发古村活力。白石镇石底村入选广东省首批文化和旅游特色村。《云浮市全域旅游发展总体规划（2020—2030 年）》精准扶贫——省定贫困村示范连片统筹 "石底村、西圳村、白石村、民乐村（镇安镇）、西安村（镇安镇）" 五村整体策划，以 "田园风光+农耕体验+民宿度假+石林观光" 为核心，对外整体打造 "五村石色" 乡村旅游大品牌，对内做好 "一村一品" 差异化发展。成为云浮乃至广东省乡村振兴的新典范。《云浮市碧道总体规划（2020—2035 年）》将途经白石镇的白石河纳入省级乡野型碧道，针对乡野地区农田、村落、山林等景观美丽多彩的特点，减少人工干预，以大地景观的多样性满足各类人群的休闲需求。《白石镇总体规划（2015—2020 年）》的镇区发展定位是云浮市区西部综合型城市组团，云安区西部重要城市服务节点。

根据第 4 章 "动力-空间" 模型结果的预测，耕地减少率保持较低水平和地均农业产值较高的白石镇会继续维持稳定型村镇聚落的现状。这也与云浮市对白石镇的城镇类型规划相似，稳定型村镇均以发展农业为主，因此以农业为主要产业，需要大量的耕地，村镇聚落就会保持原有的空间格局，因而为稳定型。

5.2　休旅介入型村镇聚落空间重构

5.2.1　广州太和镇白山村

1. 乡镇概要

太和镇隶属于广东省广州市白云区，位于白云区的中部，总面积 164.62km^2。截至 2020 年 7 月，太和镇辖 3 个社区和 11 个行政村。截至 2018 年，太和镇有户籍人口 105 534 人。白山村处于广州 30min 生活圈内，紧邻帽峰山及和龙水库。自然条件方面，太和镇地势东高西低，自东向西倾斜，属台地丘陵地区，四周为海拔 200m 左右丘陵，山地较多，中部为较大面积平地，适宜进行农业生产。社会经济方面，2019 年太和镇实现地区生产总值 178.76 亿元，公共预算收入 5.4 亿元，规模以上工业总产值 144.49 亿元，固定资产投资额 75.24 亿元。

白山村 2012 年户籍人口 2350 人，其中农业人口 940 人，非农业人口 1410 人，总户数 800 户。外来人口约 1000 人，60 岁以上老人 470 人。白山村是 14 个市级美丽乡村创建点之一，广州市三旧改造工作办公室对口帮扶单位。白山村内白山涌穿村而过，形成"七山、一水、两分田"的景观。白山村以农业种植为主，产业薄弱单一，没有村办工业，只有少量用地进行出租，村民人均收入低，与广州市平均水平差距大。村民收入主要来源于农业种植、外出打工、从事建筑业和其他收入等，2011 年村民年收入 7865 元，是广州市平均水平 14 818 元（2011 年）的 53.1%，差距较大。

2. 用地布局演变

白山村现状用地主要由工业用地、村庄建设用地、水域、农林用地等组成。村域面积 1016.65km^2，其中建设用地面积 52.56km^2，占总用地的 5.17%，包括村庄建设用地 37.24km^2。非建设用地面积 964.09km^2，占总用地的 94.83%，包括农林用地 952.98km^2，水域 11.11km^2。

基于 2015 年卫星影像土地分类数据，太和镇全镇耕地占比为 18.41%，全镇林地和草地占比为 54.45%，农村居民点占比为 2.58%，城镇用地约为 18.10%（表 5-2）。分析长时序卫星遥感数据发现，1980~2015 年太和镇整体建设用地从 2005 年开始得到大幅提升，整体呈现出从农村建设用地型转变为城镇建设用地型。根据第 4 章"动力–空间"模型结果的预测，转变型村镇聚落的空间演变的动力主要是经济因素和人口因素，如表 5-2 所示，太和镇的城市建设用地在近十年大幅提升，镇域内主要依靠经济因素和人口因素的提升。太和镇持续地集聚人口和资本要素，在未来将继续扩大其建设用地规模，从而由普通村镇逐渐转为城镇。

表 5-2　太和镇土地利用类型占比历史演变　　　　　　　　　（单位：%）

年份	耕地	林地	草地	水域	城镇用地	农村居民点	其他建设用地	其他用地
1980	32.17	57.12	0.31	2.22	0	6.92	1.26	0
1990	30.67	57.29	0.31	2.94	0	7.70	1.09	0
1995	28.09	57.11	0.31	3.54	0	9.68	1.28	0
2000	28.04	57.10	0.31	3.56	0	9.71	1.29	0
2005	23.58	55.59	0.31	3.48	6.50	7.60	2.94	0
2010	21.11	55.09	0.31	3.36	8.34	8.42	3.37	0
2015	18.41	54.14	0.31	3.48	18.10	2.58	2.99	0

3. 未来发展规划

《广州市白云区太和镇发展规划（2015—2025 年）》衔接广州市、白云区总体发展战略，以转型升级和特色塑造为主线，整合资源，提出将太和镇打造成为广州市重要的民营经济总部及化妆品等加工制造产业基地、广州航空经济示范区的综合性服务基地、具有华南地区辐射能力的电商特色小镇。

《广州国际健康产业城控制性详细规划》中将广州国际健康产业城定位为立足广州，服务广东，辐射东南亚，具有国际影响力的健康产业新城。白山村位于其四大分区中的健康养生片区，主导产业为休闲养生及生态旅游（休闲养生、医疗旅游、康复保健、养老服务、户外运动），配套产业为湿地观光、美丽乡村、农家乐等项目。

5.2.2　惠州福田镇福田村

1. 乡镇概要

福田镇位于博罗县西部，距县城 38km，位于穗深莞中心城市 1h 生活圈内。福田镇辖区面积 93.269km²，目前，福田镇下辖 17 个村民委员会和福田社区 1 个居民委员会，共130 个村民小组。先后被评为"广东省教育强镇""广东省休闲农业与乡村旅游示范镇"等；自然条件方面，福田镇北为罗浮山脉，南为冲积平原，属亚热带季风气候。受罗浮山脉荫护，福田依山傍水，福地洞天，自成小气候，因土地肥沃，风调雨顺，旱涝保收，故称"福田"。社会经济方面，福田镇农业主产水稻、蔬菜，以水产养殖、畜牧业为主，其中蔬菜远销深圳、香港等地。特色农产品"福田菜心"通过国家"农产品地理标志"认证。工业以制衣、电子、塑胶为主。福田镇工业格局齐备，有三个工业园区，吸引外资、民营等工业企业 300 多家，以电子、五金、塑胶产品为支柱，年产值达 24 亿元。福田镇辖区内江河纵横，山川秀美，名胜古迹众多，风光旖旎。辖区内面积为 260km² 的省级风景名胜区罗浮山素有"岭南第一山"和"中国道教圣地"之美称。

福田村位于福田镇区，北靠罗浮山风景名胜区，南接依岗村，西与马田村相邻，东接福田镇区，区位优势明显。福田村下辖 8 个自然村，包括 13 个村民小组。截至 2019 年底，村域总户数 861 户，户籍人口 3215 人。福田村青年大多外出务工，村内存在农民不农的现象，村民外出务工为主要经济来源。福田村产业以第一产业为主，第三产业为辅，没有第二产业。第三产业较为零散，不成规模。村内的第一产业主要是种植业，村内大部分土地承包给外来种植户统一种植农产品，主要包括青瓜、福田菜心、水稻、玉米、丝瓜等作物，初步形成一定种植规模。

2. 用地布局演变

根据博罗县的第三次全国国土调查数据，规划范围内现状农业用地面积 383.0348hm² （耕地面积 99.7259hm²）；建设用地总面积 99.5167hm²，其中城乡建设用地面积 96.1013hm²；生态用地总面积 20.5269hm²。与 2018 年土地变更调查对比，村内农业用地增加了 18.6470hm² （耕地减少了 14.7298hm²）、建设用地增加了 16.3144hm²、生态用地减少了 34.9231hm²。总面积增加了 0.0383hm²，这是行政区划分不同导致的，原来是马田村和依岗村的范围，第三次全国国土调查划分为福田村的范围。

基于 2015 年卫星影像土地分类数据，福田全镇耕地占比为 13.85%，全镇林地和草地占比为 80.15%，农村居民点占比为 2.88% （表 5-3）。分析长时序卫星遥感数据发现，1980～2015 年福田镇整体土地占比格局并未有大幅变化。福田镇被识别归纳为长期为生态农业用地型稳定型代表。结合第 4 章的动力因素分析，福田镇 1980～2015 年的空间演变状况被识别为稳定型村镇聚落。福田镇依赖于林地和耕地资源，发展生态农业旅游业，保持了当地农用地的土地利用资源，因此被划分为稳定型村镇。

表 5-3　福田镇土地利用类型占比历史演变　　　　　　　　（单位:%）

年份	耕地	林地	草地	水域	城镇用地	农村居民点	其他建设用地	其他用地
1980	14.68	74.11	6.53	2.51	0	2.17	0	0
1990	14.67	79.35	1.30	2.52	0	2.16	0	0
1995	14.51	78.08	2.60	2.66	0	2.16	0	0
2000	14.52	79.34	1.30	2.68	0	2.17	0	0
2005	13.86	79.28	1.30	2.68	0	2.88	0	0
2010	13.86	79.28	1.30	2.68	0	2.88	0	0
2015	13.85	78.53	1.62	2.68	0	2.88	0.44	0

3. 未来发展规划

《博罗县实施乡村振兴战略规划（2018—2022 年）》提出建设生态发展（旅游）区，主要包括公庄、湖镇、长宁、龙华、横河、福田和柏塘等镇和罗浮山风景名胜区，是山水环境保持良好、具有岭南山地特色的物种资源丰富、自然环境维护任务较大的区域，也是未来休闲旅游、养老养生等幸福导向型产业发展的重要集聚地，现代农业规模化、生态化发展的主要区域。

《博罗县县域乡村建设规划（2016—2035 年）》提出重点建设福田美食旅游小镇等辐

射带动周边乡村地区发展。依托福田万亩菜心种植基地，创建农业产业化示范基地和现代农业示范区。福田、长宁的乡村依托罗浮山旅游资源、道教文化资源等主打道教与自然相结合的乡村旅游，以维续地形地貌特征、弘扬道教文化特色为目的，建设"静且美"的自然风光与人文相结合的乡村风貌。

基于"动力-空间"非线性效应预测福田镇的发展。首先在空间上发现近年来福田镇的建设用地在不断提升，其次在动力上也出现了与以往不同的地方，福田镇在大力发展高端制造业，因而人口不断集聚于镇中的工业园区。根据"动力-空间"的非线性效应，认为福田镇在提升地均工业产值和人口规模时，必然会带来土地利用空间的变化，未来会实现空间格局的转型，成为转变型村镇聚落。

5.3 产业变革型村镇聚落空间重构

5.3.1 东莞长安镇

1. 乡镇概要

长安镇位于东莞市南端，东邻深圳市，南临珠江口，西连虎门镇和滨海湾新区。截至 2020 年，区域面积约 85km²，下辖 13 个居民社区和 2 个新型社区，常住人口 80.74 万人，其中户籍人口 8 万多人，旅港同胞 3 万多人。长安镇是中国电子信息产业重镇和中国机械五金模具名镇。自然条件方面，长安镇地势北高南低，靠山面海，地貌类型丰富。北部为山地、丘陵、台地，中南部为冲积平原和滩涂、海域。属亚热带季风性湿润气候，四季温暖湿润，阳光充足，雨量充沛，但也常受台风、海潮、暴雨、干旱和寒潮的侵害。长安镇降水量丰富，多雨季节与高温季节一致，有利于农作物的生长。社会经济方面，作为中国电子信息产业重镇、中国机械五金模具名镇、广东省智能手机特色小镇，拥有以智能手机为核心的电子信息、机械五金模具两大特色产业集群。2020 年，全镇实现生产总值 801.95 亿元，工业总产值 2355.3 亿元，社会消费品零售总额 303.7 亿元；市场主体超过 12 万户。2020 年底拥有国家高新技术企业 589 家，企业品质优良，拥有 OPPO、vivo、小天才、光宝、金宝、华茂等知名企业；产业借力金融提速发展，拥有劲胜、捷荣、万里马、祥鑫、宇瞳、胜蓝、奥普特 7 家上市企业，A 股上市企业数占全市约 1/6。

2. 用地布局演变

根据《长安镇志》，改革开放以来，长安镇的城镇建设不断发展，城镇总体规划在指导城镇建设的过程中不断调整，大致经历了以下三个阶段。

第一阶段：1986～1990 年，是长安镇城镇建设的起步阶段。其间，长安镇的外向型工业刚刚起步，镇中心区逐渐形成了一些工业区雏形。为了创造良好的投资环境，1988 年，长安镇根据当时经济发展形势的需要，邀请广东省建筑设计研究院有限公司对本镇中心区进行了较系统的规划，首次规划面积为 4.8km²。此次规划明确了镇中心区的功能布局，为长安镇的整体合理发展打下了良好基础。

第二阶段：1990～1996 年，是长安镇城镇建设的迅速发展阶段，也是城镇总体规划不断调整的阶段。1990 年，长安镇政府对镇中心区规划进行第二次修编，规划面积扩大到 8.4km²，并确定了长安镇的发展趋势，按中等城市的要求进行规划建设，以不断适应城市发展的需要。由于外商投资项目增长迅猛，1992 年，已经基本实现了"八五"计划的城镇建设规模。1993 年，长安镇再次对镇中心区规划进行第三次修编，镇中心区规划面积扩大到 19km²。同时，完成了全镇 83km² 的道路网架规划，通过科学的路网规划，把镇中心区和各管理区（村）的建设联系成一个有机的整体，使全镇的规划建设可以全盘考虑，合理管理。1993 年底，镇中心区建成区面积超过 4km²。至 1997 年，"九五"计划的城镇建设项目基本完成，一大批文化、体育、商业、交通和能源基础设施相继建成。

第三阶段：1997 年起，规划建设工作进入调整提高阶段。1997 年 11 月～1998 年 9 月，长安镇完成了镇总体规划的编制、镇中心区分区规划的修编，以及南区分区规划的编制工作。将镇中心区原规划面积 19km² 改为 17km²，莲花山系划出设立镇级风景区。全镇按区域规划为中心区、南区、新民中心村区、长安港区、莲花山旅游区、山林水源保护区、农业发展区、农业围垦区。2002 年，长安镇确立了新时期的发展方向，即"全面打造一个布局合理、设施先进、功能完善、环境优美、具有较强吸引力和竞争力，以国际制造业名镇为特色的、富裕文明的现代化中心城镇"。这一发展方向对长安镇的总体规划提出了新的要求。2002 年，长安镇被确定为广东省首批中心镇。至同年底，全镇城乡一体化建设面积约 40km²，城市化水平达到 95%。

长安镇全镇面积约 85km²，基于 2015 年卫星影像土地分类数据，全镇耕地占比仅为 4.12%，全镇林地和草地占比为 8.30%，农村居民点占比为 0.37%，城镇用地占比为 62.48%（表 5-4）。分析长时序卫星遥感数据发现，1980～2015 年长安镇整体建设用地大幅增长，耕地从 1980 年的 65.47% 逐渐降低至 2015 年的 4.12%，农村居民点也从 2000 年的 44.58% 降低至 0.37%，城镇用地从 1980 年的 0 上升至 2015 年 62.45%。长安镇作为典型农业用地型转变为城镇建设用地型的转变型代表。根据第 4 章分析的多重动力与村镇聚落重构的非线性效应，推动长安镇的主要驱动力包括农业因素、人口因素和经济因素。正是长安镇的工业发展、人口集聚和土地城镇化推动了长安镇的转型，从一个耕地占比约 65% 的珠三角地区的乡镇逐渐成长为城镇用地占比达到 65% 左右的城镇。

表 5-4　长安镇土地利用类型占比历史演变　　　　　　　　（单位:%）

年份	耕地	林地	草地	水域	城镇用地	农村居民点	其他建设用地	其他用地
1980	65.47	14.39	1.71	12.40	0	5.23	0.79	0
1990	37.36	14.28	1.70	38.01	0.01	7.85	0.80	0
1995	7.04	11.20	1.66	40.23	0.05	39.31	0.53	0
2000	7.08	11.18	1.65	34.86	0.06	44.58	0.60	0
2005	5.67	9.35	1.55	24.11	15.80	42.73	0.81	0
2010	3.84	9.24	1.31	21.07	21.89	41.97	0.69	0
2015	4.12	7.42	0.88	16.40	62.48	0.37	8.33	0

3. 未来发展规划

《东莞市长安镇（长安新区）城市总体规划（2016—2030 年）》中将长安镇城市性质定位为环珠江口湾区先进制造基地、科技创新名城，东莞市综合服务副中心。城市职能为：践行国家新型城镇化战略的示范城市；莞深创新金融与总部基地和东莞现代生产性服务业基地；科技型产业制造基地、品质型生态宜居城市、综合服务型东莞城市副中心。《东莞市乡村建设规划（2018—2035 年）》中将长安镇全域划分为城中村类型及美丽宜居村类型。

经过 35 年的发展，长安镇已成为一个城镇，是东莞较发达的城镇。根据"动力-空间"模型预测，长安镇未来将继续保持为城镇型村镇聚落，继续减少农业用地，扩张工业园区，未来也会将农业用地转为城镇用地，实现村镇聚落的城镇化。

5.3.2 中山小榄镇

1. 乡镇概要

小榄镇位于中山市的西北部，是广东省中心镇，中山市工业强镇、商业重镇，因菊花文化源远流长，1917 年被孙中山先生誉为"菊城"。镇域面积 147.29km^2，下辖 23 个社区和 6 个村，常住人口超 78 万人，户籍人口 28.86 万人，地区生产总值超 423 亿元，先后获得"中国乡镇之星""中国脆肉鲩之乡""中国办公家具重镇"等国家级和省级荣誉称号，综合实力位居全国千强镇第 20 位。自然条件方面，小榄地属珠三角海陆交互相沉积平原，地势平坦，北高南低，属亚热带季风气候，一年四季偶有台风、风暴潮、暴雨、洪水及冰雹、寒潮、倒春寒、低温阴雨冷害、跨季节干旱等自然灾害。社会经济方面，小榄镇产业基础雄厚，形成了五金制品、电子电器、服装制鞋、化工胶粘、印刷包装、饮料食品、LED、办公家具、装备制造九大支柱产业，打造了享誉全国的"中国五金制品产业基地""中国办公家具重镇""中国电子音响行业产业基地""中国内衣名镇""中国半导体智能照明创新基地""中国智能锁产业基地""中国门业重镇""中国脆肉鲩之乡"8 个国家级产业集群，共有"四上"企业 1157 家，亿元以上工业和服务业企业 195 家，拥有华帝、长青、木林森、中顺洁柔、三和管桩 5 家上市公司和 7 家市级总部企业，产业布局日趋合理，技术层次不断提升，工业规模加快壮大。

2. 用地布局演变

小榄镇处在中山市、江门市和顺德区组成的三角地带，城镇建设在小榄镇原来居民点的基础上，沿交通主干道向外伸展，城镇用地连绵蔓延。小榄镇从 20 世纪 90 年代开始便在总体规划的指导下实施，整个乡镇空间结构的发展遵循集中、紧凑式的城市规划布局，中心地位突出，功能分区布局合理。城乡一体化发展使乡村居民点逐渐从沿水而居的传统形态转变为依靠道路而发展，星罗棋布的乡村工业逐步整合进工业园区，新城区有序扩张，旧城区继续维持传统的建设形态，居民点呈现线性扩展，形成以道路为主的城镇空间网状结构,最终呈现"多中心"城市的发展态势(钟琦,2016)。

基于 2015 年卫星影像土地分类数据,全镇耕地占比仅为 8.84%,全镇林地和草地占比约为 0,农村居民点占比为 0.19%,城镇用地为 75.87%(表 5-5)。经过长时序卫星遥感数据发现,1980~2015 年小榄镇整体建设用地大幅增长,城镇用地从 1980 年的 8.36% 上升至 2015 年的 75.87%。小榄镇作为典型农业用地型转变为城镇建设用地型的转变型代表。根据第 4 章分析的多重动力与村镇聚落重构的非线性效应,分析小榄镇空间演变的动力因素,作为城镇型村镇聚落,小榄镇也依赖于经济因素和人口因素的驱动,人均 GDP、地均工业产值、人口密度和就业人口密度不断提升,推动了小榄镇的转型发展。

表 5-5 小榄镇土地利用类型占比历史演变 （单位:%）

年份	耕地	林地	草地	水域	城镇用地	农村居民点	其他建设用地	其他用地
1980	12.38	0	0	76.47	8.36	2.37	0.42	0
1990	12.39	0.01	0	76.14	8.59	2.45	0.41	0
1995	3.43	0.35	0	65.12	27.16	3.86	0.08	0
2000	3.46	0.35	0	65.07	27.17	3.88	0.08	0
2005	0.78	0.01	0	27.51	70.23	0.74	0.73	0
2010	0.71	0.01	0	27.06	70.75	0.74	0.73	0
2015	8.84	0	0	14.23	75.87	0.19	0.87	0

3. 未来发展规划

《广东省中山市土地利用总体规划(2006—2020 年)》将小榄镇等归纳为西北组团区。中山市大部分的工业重镇都集中在该区域,是全市工业用地最多的地区。该区域的土地利用导向是调整工业用地和城镇用地的空间布局,整合分散的工业园区,提高土地利用率和产出效益。依托专业镇的传统特色产业基础,整合现状组团内分散的工业用地,扩大产业集聚效应,改造提升灯饰、五金、家电等传统优势产业。完善组团内交通网络,加强古镇镇、小榄镇、东升镇、南头镇和黄圃镇的横向交通连接。

《小榄镇产业发展规划》通过强化极核,打造轴线,构建专业化组团,形成"一核、三圈、四轴、多组团"的产业发展格局。其中,"一核"指中心商务金融服务核心区;"三圈"指北部特色游憩商贸圈、西部专业化国际展贸圈、南部现代商贸商务圈;"四轴"指两条服务业聚集发展轴和两条制造业聚集发展轴;"多组团"指多个专业化特色产业聚集组团,即文化创意旅游组团、"中山美居"示范产业组团、工业服务组团、现代物流组团和多个专业化工业组团(钟琦,2016)。小榄镇已成为高度成熟的城镇,其耕地、农村居民点用地占比低,根据"动力-空间"模型预测,小榄镇未来将继续保持为城镇型村镇聚落。

5.4 城镇化型村镇聚落空间重构

5.4.1 广州沙湾镇

1. 乡镇概要

沙湾镇位于广州市番禺区西南，面积 $50.61 km^2$，下辖 14 个行政村和 5 个社区居委会，2017 年末全镇总人口 11.6 万人，其中户籍人口 6 万人，流动人口 5.6 万人。沙湾镇先后被认定为中国历史文化名镇、全国特色小镇、以珠宝产业为特色的广东省特色小镇。自然条件方面，沙湾镇地势西北较高，为丘陵台地，东南稍低，为平坦的冲积平原。沙湾镇四面被水道所围合，镇内河网水系发达。温湿多雨、土地肥沃，适合多种经济作物生长。沙湾镇冲积平原是水稻、甘蔗以及多种果蔬的丰产区。社会经济方面，沙湾镇具有八百年悠久历史，具有浓郁的岭南古镇风韵。沙湾镇"四大文化名片"，即沙湾飘色、沙湾兰花、沙坑醒狮、广东音乐是沙湾镇的民间艺术珍宝，自 20 世纪 90 年代以来，沙湾镇被先后誉为岭南民间艺术之乡、广东醒狮之乡、广东音乐之乡等。沙湾镇古镇格局保存完整、机理清晰，具有重要的历史文化价值。2005 年 9 月，沙湾镇被住房和城乡建设部、国家文物局评为"中国历史文化名镇。2017 年，全镇实现生产总值 78.4 亿元，三次产业结构为 1.9：39：59.1。

2. 用地布局演变

沙湾镇全镇面积约 $50.61 km^2$，基于 2015 年卫星影像土地分类数据，全镇耕地占比为 20.46%，全镇林地和草地占比为 10.23%，农村居民点占比为 6.65%，城镇用地占比为 30.45%（表 5-6）。分析长时序卫星遥感数据发现，1980～2015 年沙湾镇整体建设用地大幅增长，从原来的耕地为主的用地格局转变为建设用地为主的城镇化乡镇类型代表。根据第 4 章分析的多重动力与村镇聚落重构的非线性效应，沙湾镇的发展主要是人口因素的驱动，城镇化的发展吸引大量人口在沙湾镇就业。此外，旅游业和现代工业的推动也是重要的动力因素。

表 5-6 沙湾镇土地利用类型占比历史演变 （单位：%）

年份	耕地	林地	草地	水域	城镇用地	农村居民点	其他建设用地	其他用地
1980	49.55	11.59	0	23.44	5.35	8.35	1.72	0
1990	49.41	11.53	0	23.41	5.45	8.49	1.71	0
1995	31.82	11.58	0	28.17	11.99	14.72	1.71	0
2000	31.78	11.59	0	28.20	11.97	14.74	1.72	0
2005	22.09	10.83	0	27.55	24.17	15.23	0.13	0
2010	18.74	9.08	0	25.46	31.69	12.39	2.65	0
2015	20.46	10.23	0	23.62	30.45	6.65	8.59	0

3. 未来发展规划

《广州番禺区城乡更新总体规划》将沙湾镇定位为珠宝产业与古镇旅游结合开发，融合发展珠宝设计、展销、文化展示、人才培训、检测鉴定、古镇旅游、民俗旅游等产业，打造以珠宝产业、旅游休闲为主的特色产业片区。《广州市番禺区沙湾镇总体规划》将沙湾镇发展定位为广州市番禺中心城区的副中心，以现代新型工业、旅游业、文化教育产业和房地产业为发展重点，具有南国水乡特色的现代化山水城镇。

根据第 4 章 "动力–空间" 的非线性关系分析，沙湾镇具有高人口密度，耕地也处于减少趋势，城镇用地也不断蚕食农业建设用地，因此未来会成为城镇型村镇聚落。

5.4.2　深圳全域村镇聚落

1. 深圳用地空间发展概述

1969 ~ 2019 年，深圳的城市扩展从集中发展转向为组团跳跃式发展，城市开发时序经历了从特区内（罗湖—福田—前海）到特区外（西部—东部）的历程。在城市发展的不同阶段会产生不同的城市形态，各阶段的城市形态随着时间不断拼贴融合，现有的城市空间包含了各阶段的历史痕迹。深圳的城市发展历程可以分为三个阶段：城市化初期阶段、高速增长阶段、全域统筹发展阶段。

城市化初期阶段（改革开放前至 1990 年）：1969 年之前特区成立前的深圳城市化程度低，城市发展缓慢，1969 年只有宝安县驻地——深圳镇（今罗湖）出现较为集聚的建设用地。1980 年罗湖、福田、蛇口的城市建设用地已经初具规模，特区外城市建设用地沿广深公路、深惠公路分布，中部的坂田、福城也有一定程度的发展。从 1990 年的深圳城市建设用地可以看出，罗湖、福田、南山建设用地进一步扩展、基本连成一片，特区外之前不连续的建设用地连续成片，东西向的城市发展轴基本成形。

高速增长阶段（1990 ~ 2000 年）：从 2000 年的深圳城市建设用地可以看出，特区内城市建设用地在原基础上进一步扩展并充实，特区外的中部龙华区和东北部龙岗区建设用地规模大幅增长。1993 年宝安县撤县建区，并入深圳特区，特区内外两部分组成的 "核心–外围" 结构开始形成，特区内城市发展速度放慢、集约发展。

全域统筹发展阶段（2000 年至今）：从 2010 年的深圳城市建设用地可以看出，特区内用地集约发展，特区外以边缘扩展为主要增长类型粗放发展、组团结构基本成型。城市建设主导思想注重 "效益"，以调整提高为主。特区内发展缓慢，已形成高度城市化的现代城市景观，城市开发以旧城区更新为主。特区外的土地也在规划的指引下进一步加强管控、有序开发，并逐步清退工业。

2. 深圳村镇聚落变迁类型分类

本研究的村镇聚落是指在深圳改革开放以前、农业社会时期的居民点，可分为城镇和村庄两类，在下文中用 1969 年的村镇聚落指代。根据深圳的历史发展历程，这些村镇聚落是长时间在特定的自然条件、地域文化和经济条件的综合影响下自发生长而成。原有的村镇聚落在社会经济结构的根本性变革的引导下，由传统的农业社会空间形态转变为后现代化城市社会空间形态，但其既有的存在约束影响了现今的深圳城市形态的基础，它们代表了深圳原有的空间形态本底。

根据 1969 年锁眼卫星地图，解译出聚落 720 个，其中特区内 119 个、特区外 601 个。深圳的城市功能在改革开放后迎来巨大改变，农业社会时期的村镇聚落形态已不能满足新的城市功能需求，催生了其从乡村聚落到城市聚落的演变过程。1969 年聚落规模普遍较小，平均面积为 2.63hm²，面积为 3hm² 以下的聚落占 77.22%；聚落规模差异很大，最小的聚落仅为 0.25hm²，最大的聚落为 43.14hm²。特区内外聚落规模差异明显，特区内聚落的平均面积为 4.37hm²，特区外聚落的平均面积为 2.28hm²，特区内的聚落规模普遍大于特区外的聚落规模。

结合 1969 年聚落的影像地图与 2019 年的谷歌卫星地图，通过目视对比可将现阶段的聚落根据形态变化情况分为三种类型。其中保留类聚落 174 个，部分保留类聚落 99 个，更新类聚落 447 个。

保留类聚落：1969 年的传统建筑保留。在现今此类聚落斑块与城市的其他区域呈现出明显不同的平面形态特征，从影像图可以看出，现今此类聚落斑块内建筑体量小、普遍为低层、建筑密度高，与其他类型的聚落斑块具有明显的形态差异。

部分保留类聚落：1969 年的传统建筑部分保留。在现今此类聚落斑块内部分建筑已更新为其他建筑或者道路、绿地等，呈现形态混合、风貌杂乱的状态。

更新类聚落：1969 年的传统建筑已完全拆除。在此聚落斑块内已更新为道路、绿地、现代建筑、城中村建筑等，其中现代建筑一般体量较大、普遍为高层楼且间距合理，而城中村建筑一般为 20 世纪八九十年代修建的多层或小高层、楼房密集、楼间距极小，可以从形态上明确区分。

3. 深圳村镇聚落变迁分布特征

对村镇聚落的形态变迁进行分类统计可知：①村镇聚落的形态变迁以更新类为主，更新类聚落共 447 个，占比达 62.08%；保留类聚落次之，占比 24.17%；而部分保留类聚落最少，共 99 个，占比 13.75%。这表明在深圳的城市化进程中，原有的聚落建筑由于其建筑年代久远、容积率低、条件简陋等问题已不符合现今深圳的居住需求和城市发展需求，多数已被拆除，在原地上新建为更符合现代化需求的建筑或公用的道路、绿地等设施。②部分保留类聚落规模最大，更新类聚落与保留类聚落面积普遍偏小，部分保留类聚落平均面积为 4.36hm²，是其他两类聚落规模的两倍，有数据表明，规模大的聚落其城市更新的成本高、难以全部拆迁，故能在城市的非核心区域保存一部分建筑；而更新类聚落的平均面积为 2.38hm²，原有建筑量少、拆迁成本小，容易实现拆迁；保留类聚落规模最小，平均面积仅为 2.34hm²。

结合深圳的城市空间发展历程与统计数据来看，特区内外呈现出两种不同的村镇聚落形态变迁特征。

1）城镇化最早进程的特区内，89.92% 的聚落被扩展的城市空间取代，区位和投资环境带来大量人口与企业的集聚，工业经济取代原有农业经济，厂房、办公楼、现代化居住区也取代了原有的民居建筑，小尺度、低建筑质量的乡村聚落转变为大尺度、高标准的城市聚落；剩余的10.08%的聚落或因其独特的历史文化价值（如南头古城），或因其位置偏僻、不邻近主要交通干道而能保留下部分传统民居建筑。

2）特区外的村镇聚落形态变迁与聚落的聚集程度相关。聚落越密集的西北部、东北部和西南沿海地区的原有建筑越不易更新；反之聚落越分散的地区，如中部、东部，原有聚落越容易被新建的城市空间取代。原聚落越集聚意味着该片区拆迁所需的经济成本和时间成本越大、拆迁越难，成本因素影响了聚落的稳定性（图5-2）。

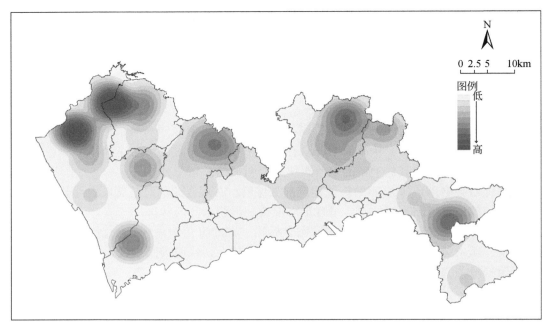

图 5-2　聚落斑块和各类聚落的核密度分布
资料来源：傅廉蔺（2021）

5.5　生态保育型村镇聚落空间重构

5.5.1　汕头云澳镇

1. 乡镇概要

云澳镇隶属广东省汕头市南澳县，地处南澳县东南部，依山面海，距县城8.3km。现在下辖10个村委会，云澳镇镇域面积20.46km²。截至2019年末，云澳镇户籍人口为19 478人。云澳镇海域广阔，资源丰富，生态和滨海特色鲜明，是南澳鲜活海产品主产地。自然条件方面，云澳镇地势东西高，中间低，地貌主要为剥蚀山地，分布西侧果老山山地地貌，东侧东角山丘陵地貌，中间云澳海积平原三种类型。南澳县地处北回归线，南亚热带季风气候，海洋性气候明显，常年气候温和，光照充足，雨量偏少，热量丰富，常出现台风、强风等灾害性天气。社会经济方面，南澳镇作为国家级生态示范区，拥有独立又完整的海岛生态体系、独特又壮观的风车群景观、众多高素质的滨海沙滩、悠久又有品味的名胜古迹。云澳镇是渔乡风情小镇，依山面海，风光旖旎，是广东省难得的纯天然海岛生态镇，主要产业有渔业和旅游业。云澳镇 60% 居民以渔业为主，是南澳县的渔业大镇，其已成为粤东地区海洋渔业生产、物资补给、水产品冷冻、加工、特色海产品养殖、渔船避风、水产贸易及滨海旅游于一体的特色渔港经济镇，主要旅游景点有宋井、太子楼、云盖寺等。

2. 用地布局演变

云澳镇核心区现状以居住用地、农林种植和山体为主。片区内的建筑以民居为主，建筑密度大且容积率低，建筑多为 2~3 层，有些建筑较破旧，建筑质量差。各个村的空置地基本上是宅基地，随着人口的增加，宅基地用地资源紧缺。云澳镇核心区现状用地布局的具体情况如表 5-7 所示，其中核心区建筑用地为 78.21hm²。

表 5-7 云澳镇核心区土地利用汇总

用地类别	用地代码		土地使用性质	面积/hm²	占建设用地比例/%
	规划总用地			253.01	
建设用地	H		建设用地	78.21	100.00
	R		居住用地	52.54	67.18
	A		公共管理与公共服务设施用地	7.20	9.70
	其中	A1	行政办公用地	1.96	
		A7	文物古迹用地	0.79	
		A9	宗教用地	0	
		A33	中小学用地	3.9	
		A51	医院用地	0.94	
	B		商业服务业设施用地	0.97	1.24
	其中	B1	商业用地	0.23	
		B11	零售商业用地	0.11	
		B31	娱乐用地	0.54	
		B41	加油加气站用地	0.08	
	M		工业用地	2.50	3.20
	W		物流仓储用地	0.92	1.18
	S		道路与交通设施用地	9.08	11.60
	其中	S1	城市道路用地	8.91	
		S3	交通枢纽用地	0.16	
	U		公用设施用地	0.01	0.01
	G		绿地与广场用地	4.59	5.87

用地类别	用地代码	土地使用性质	面积/hm²	占建设用地比例/%
非建设用地	E	非建设用地	176.66	
	其中 E1	水域	42.64	
	E2	农林用地	121.44	
	E9	其他非建设用地	7.22	
		沙滩	5.36	

注：表格数据来自相关规划文本，具体数值不进行调整，下同。

资料来源：《南澳县云澳片区控制性详细规划》批后公告. http://www.nanao.gov.cn/na/zwgk/zwwgkzl/jcgk/content/post_ 807883. html［2021-09-01］

　　云澳镇全镇面积约 28.18km²，基于 2015 年卫星影像土地分类数据，全镇耕地占比为 3.79%，全镇林地和草地占比为 84.69%，农村居民点占比为 2.41%（表 5-8）。分析长时序卫星遥感数据发现，1980～2015 年云澳镇整体建设用地占比基本保持一致，没有大幅增长，维持了原来的生态用地为主的土地利用格局。被识别归纳为长期为生态农业用地的稳定型的代表。根据第 4 章的分析结果，云澳镇作为稳定型村镇聚落，长期维持着耕地、林地、草地和水域的高占比，而农村居民点和其他建设用地则保持在较低水平，其主要原因为云澳镇的主要动力是农业因素，没有其他外来动力干扰云澳镇的村镇聚落空间演变过程。

表 5-8　云澳镇土地利用类型占比历史演变　　　　（单位:%）

年份	耕地	林地	草地	水域	城镇用地	农村居民点	其他建设用地	其他用地
1980	3.80	55.39	30.76	7.64	0	2.41	0	0
1990	3.81	55.40	30.71	7.70	0	2.38	0	0
1995	3.81	55.40	30.71	7.70	0	2.38	0	0
2000	3.80	55.39	30.76	7.64	0	2.41	0	0
2005	3.81	55.43	30.76	7.71	0	2.38	0	0
2010	3.78	54.46	30.27	7.71	0	2.38	1.49	0
2015	3.79	54.44	30.25	7.64	0	2.41	1.48	0

3. 未来发展规划

　　南澳县"十四五"规划提出"依托云澳国家中心渔港，向上申请建设现代渔港经济区……大力发展渔家乐、海钓、海上观光旅游等海上休闲旅游业务"。"十三五"规划提出"根据产业基础、经济实力、辐射能力、人口规模、区位优势等综合因素，以后宅镇、云澳镇作为城乡融合发展镇"。

　　《汕头市城市总体规划（2002—2020 年）（2017 年修订）》提出对云澳镇进行内部整

治与提升改造，改造应保持渔乡风情小镇的特色魅力，打造云澳原生态渔人风情小镇，依托"南澳一号"明代古沉船遗址，集中展示海上丝绸之路文化遗产，并围绕宋井自然景观，规划宋文化公园，打造云澳海洋历史文化集中的特色片区。

根据第4章分析的多重动力与村镇聚落重构的非线性效应，云澳镇作为海岛小镇，容易受到外界动力的影响而产生空间重构。南澳岛旅游资源大规模开发后，必然会受到人口因素、经济因素和政府决策因素的影响，从而开始转变村镇聚落空间演变类型，未来会成为转变型村镇聚落。

5.5.2 惠州柏塘镇平安村与古洞村

1. 乡镇概要

柏塘镇地处广东省惠州市博罗县东北部，镇域总面积 264.24km²，其中耕地面积 6.71 万亩，山地面积 20 万亩。全镇下辖 36 个行政村、2 个社区，总人口 6.52 万人，其中农业人口约 4.97 万人。柏塘镇是广东省教育强镇、惠州特色生态旅游区、惠州优质农产品种植加工基地、广东省十大茶乡之一。自然条件方面，柏塘镇属丘陵区，地势由北向东南倾斜，气候温和，雨量充沛，柏塘镇主要出产硅、铁、金等矿产资源。社会经济方面，柏塘镇 2017 年完成地区生产总值 20.0 亿元，完成税收总额 7006 万元，完成规模以上工业增加值 8.9 亿元，完成固定资产投资 10.8 亿元。

平安村位于柏塘镇西部，是柏塘镇 32 个行政村之一，内部有平安居委会（面积 1445hm²，原为博罗县平安镇镇区），古洞村位于柏塘镇南部，距离柏塘镇区 11km，距离博罗城区 35km。平安村及古洞村村庄规划范围属于亚热带季风气候，光照充足、热量丰富、降水充沛、空气湿润，分干湿两季，干季短，湿季长，植物生长期长，无霜期，气候条件有利于农作物的生长。村庄范围处于丘陵地带，平安村整体地势为四周高，中部低；海拔均在 50m 以上，村域外围的山体海拔均在 100m 以上；古洞村地势西北平坦，东南地势较高。村庄范围内水塘山塘较多，水系多为小型支流。2019 年，平安村全村拥有户籍的人口共 262 户、1300 人，外来人口约 5000 人。年轻劳动力外流，村内主要劳动力为老年人，村庄老龄化特质突出。2019 年，古洞村总人口 670 人，其中常住古洞村人口为 250 人。平安村产业发展基础较好，除有第一产业外，在木材加工、纸品制造方面有良好的基础。古洞村以第一产业为主，传统农作物以种植水稻、花生、番薯为主；经济作物以荔枝、龙眼、柑橘、番石榴为主。

2. 用地布局演变

截至 2018 年，村庄农业用地 966.4680hm²，包括耕地、园地、商品林、草地、其他农用地、设施农用地。村庄耕地 110.8984hm²，广泛分布在村域中部、北部。划定永久基本农田面积 114.5593hm²，集中分布在平安村中部、北部，古洞村中部、南部。规划范围内未划定永久基本农田储备区。村庄建设用地面积 38.2752hm²，占建设用地的 52.50%，呈片状分布于平安村的中部、古洞村的北部，整体人均村庄建设用地面积 194m²。生态用地面积 19.7762hm²，包括自然保留地与生态林。规划范围内现状划定生态林 17.2432hm²，占总面积的 1.63%，古洞村涉及生态保护红线 12.1838hm²，分布在古洞村的西南部，具体详见表 5-9。

表 5-9　柏塘镇平安村、古洞村 2018 年土地利用现状

地类			平安村		古洞村		合计	
			面积/hm²	占比/%	面积/hm²	占比/%	面积/hm²	占比/%
土地总面积			473.4014	100	585.7469	100	1059.1483	100
农业用地	耕地		53.2561	11.25	57.6423	9.84	110.8984	10.47
	园地		40.7089	8.60	33.9313	5.79	74.6402	7.05
	商品林		269.2421	56.87	443.5633	75.73	712.8054	67.30
	草地		0	0	0	0	0	0
	其他农用地		35.5434	7.51	27.3641	4.67	62.9075	5.94
	设施农用地		3.6405	0.77	1.5760	0.27	5.2165	0.49
	合计		402.3910	85.00	564.0770	96.30	966.4680	91.25
建设用地	城镇用地		15.3221	3.24	0.0627	0.01	15.3848	1.45
	村庄建设用地	宅基地	20.5844	4.35	3.2597	0.56	23.8441	2.25
		公共服务设施用地	2.7178	0.58	0.3079	0.05	3.0257	0.28
		基础设施用地	0.1219	0.03	0.0342	0.01	0.1561	0.01
		经营性建设用地	7.5301	1.59	0.1562	0.03	7.6863	0.73
		景观与绿化用地	0.1018	0.02	0.3104	0.04	0.4122	0.04
		村内交通用地	3.0462	0.64	0.1046	0.02	3.1508	0.30
	交通水利及其他用地	风景名胜设施用地	0.4429	0.09	0	0	0.4429	0.04
		特殊用地	0	0	0	0	0	0
		对外交通用地	18.8012	3.97	0	0	18.8012	1.78
		采矿用地	0	0	0	0	0	0
		水利设施用地	0	0	0	0	0	0
	合计		68.6684	14.51	4.2357	0.72	72.9041	6.88
生态用地	水域		0	0	0	0	0	0
	自然保留地		2.0897	0.44	0.4433	0.08	2.5330	0.24
	生态林		0.2523	0.05	16.9909	2.90	17.2432	1.63
	合计		2.3420	0.49	17.4342	2.98	19.7762	1.87

资料来源：关于《博罗县柏塘镇平安村、古洞村村庄规划（2019—2035 年）》初步成果公示. http://www.boluo.gov.cn/bmzb/xzrzyj/zwgk/bmwj/tzgg/content/post_ 3952734.html ［2021-10-21］

　　柏塘镇全镇总面积 264.24km²，基于 2015 年卫星影像土地分类数据，全镇耕地占比为 26.02%，全镇林地和草地占比为 71.54%，农村居民点占比为 1.00%（表 5-10）。分析长时序卫星遥感数据发现，1980～2015 年柏塘镇整体建设用地占比基本保持一致，没有大幅增长，维持了原来的生态用地和耕地为主的土地利用格局。被识别归纳为长期为生态农业

用地的稳定型的代表。根据第 4 章分析的多重动力与村镇聚落重构的非线性效应，作为稳定性村镇聚落的柏塘镇长期保持着高林地占比和低建设用地占比的特征，而柏塘镇的林地也属于农业用地范畴，农业用地占比高，说明长期以来柏塘镇的动力因素是农业因素。依赖农业因素发展的村镇均属于长期稳定型村镇聚落。

表 5-10　柏塘镇土地利用类型占比历史演变表　　　　　　（单位：%）

年份	耕地	林地	草地	水域	城镇用地	农村居民点	其他建设用地	其他用地
1980	26.59	63.31	8.80	0.62	0	0.68	0	0
1990	26.59	69.60	2.52	0.62	0	0.68	0	0
1995	26.60	69.07	3.03	0.62	0	0.68	0	0
2000	26.59	69.59	2.52	0.62	0	0.68	0	0
2005	26.59	69.59	2.52	0.62	0	0.68	0	0
2010	26.36	69.31	2.52	0.77	0	0.81	0.24	0
2015	26.02	69.03	2.51	0.80	0	1.00	0.64	0

3. 未来发展规划

《博罗县县城总体规划（2011—2035 年）》提出将柏塘镇列为农贸型城镇，大力发展生态旅游、生态农业、生物质能源等产业，塑造"山林围城、森林进城"的城镇景观，打造成为彰显山茶文化、客家山村文化特色的森林生态旅游名镇。根据《博罗县县域乡村建设规划（2016—2035 年）》，规划乡村旅游空间布局为"一核、一心、两带、两区"的空间布局，规划提出柏塘镇打造柏塘健康养生休闲小镇、发展农产品商务物流（在平安村建立柑橘批发市场）、培育农产品加工产业集聚区（打造成凉果加工中心、特种山茶加工中心、甜玉米加工中心），辐射带动周边乡村地区发展。

其中平安村、古洞村位于博东旅游发展片区内，在博罗乡村记忆景观带上，平安村位于城镇集聚发展区，而古洞村位于生态保护区。受到城镇地区的影响和辐射带动作用较强，与城镇地区在经济产业、公共设施、用地功能等方面有着密切的联系。《博罗县柏塘镇平安村、古洞村村庄规划（2019—2035 年）》针对平安村及古洞村提出围绕古树森林为核心，以森林康养打造为契机，构建一二三产融合，生态生活生产融合的森林康养综合体，培育发展宜游、宜居、宜业的现代化村庄。柏塘镇长期以来都依赖农业发展，在未来的发展规划中也没有其他的动力因素影响。根据"动力-空间"非线性关系预测，未来柏塘镇将继续保持稳定型村镇聚落。

5.6　小　　　结

本章通过选取广东具有典型性以产业变革、城镇化驱动、休旅介入、农业升级、生态保育等为代表的不同发展类型村镇聚落，通过对村镇历史发展变迁和规划进行梳理，总结不同类型村镇聚落空间演变状况，并和第 4 章得到的动力–空间非线性与阈值效应关系结果进行对比分析发现，基于 LightGBM 算法，以社会经济属性为自变量研究其动力机制，探讨多重动力因素与空间演变模式的非线性与阈值效应，对于归纳总结村镇演化轨迹的多重动力机制有着明显的契合度和准确度，将进一步为优化村镇聚落规划和提升村镇聚落空间重构过程提供相应的科学方法与理论实践。

第6章 | 乡村聚落个体空间演变与重构过程分析

中国是一个农业大国，农业和农村的发展状况对我国的社会稳定、经济发展与环境持续性具有决定性影响（Cai，1999）。农业问题和农村发展一直是国家与政府的聚焦点。自2004年起，中央一号文件连续14年以"三农"（农业、农村、农民）为主题，成为中共中央重视农村问题的专有名词。耕地保护、农村可持续发展、农民社会保障等问题也一直是学术界的热门话题（Zhou，1990；Cai，1999；Zhu，2017）。

改革开放以来，我国农村地区经历了迅速而深远的转变（Long and Li，2012）。在城市的拉动和农村的推动下（Cai，2003），大量农村劳动力向城市迁移（Montgomery，2008），农村"空心"现象突出（Liu et al.，2009；Liu et al.，2010；Li et al.，2014a）。城镇化和工业化的发展也改变了农村的土地利用与自然景观（Xu and Tan，2002；Skowronek et al.，2005），城市扩张和农村居民点的建设导致大量的农田流失（Yeh and Li，1999；Long et al.，2007a；Xi et al.，2012）。乡镇企业和农村工业的发展对农村的经济、环境与生产生活方式产生了巨大的影响（Bradbury and Kirkby，1996；Jiang et al.，2016；Chen et al.，2017）。

农村工业的飞速发展是改革开放以来中国最重要的经济现象之一。苏南模式、温州模式、珠三角模式和晋江模式作为我国农村经济发展的主要模式，为中国农村工业发展和转型提供了宝贵的经验（Liu，1992；Fan，1995；Ye and Wei，2005）。然而由于不同的自然环境、政策背景、经济基础和文化条件，即使在同一地区，农村的发展和工业化方式也会有所不同（Liu et al.，2016；Peng et al.，2016），农村工业化发展差异明显（Wei and Fan，2000；Long et al.，2009a），尤其是在内陆地区（Liu，2006），这就要求我们必须考虑地方因素对农村发展和结构调整的影响（Xu and Tan，2002）。

专业村是农村产业发展专一化的产物，专业村的建设已成为提升农村经济核心竞争力的重要途径（Gao and Shi，2011）。根据主导产业的不同，专业村可以分为农业主导型、工业主导型、商旅服务业主导型和均衡发展型（Qiao and Zhang，2014）。其中工业主导型专业村是指大多数村民从事某种工业生产，并且该产业的产值在全村的经济活动中占据主体的村庄（Li et al.，2013），其土地利用具有特殊性和复杂性的特点。目前大量关于专业村的研究集中于专业村的概念、专业村的类型及影响因素分析及专业村的空间集聚特征等方面（Li et al.，2009，2013；Qiao and Li，2014），很少关注专业村的土地开发过程和土地利用变化。

土地利用视角是研究农村发展演变的重要方法（Xi et al.，2014）。通过对土地利用空间分布、土地利用变化和土地属性之间的关系进行梳理，可以反映出人类社会经济活动的历程（Ho and Lin，2004；Mitsuda and Ito，2011；Li et al.，2014b）。土地利用变化的研究受到了多方面的关注，包括城市化与耕地流失（Liu Y et al.，2017）、土地利用变化的时空格局（Liu et al., 2008；Bittner and Sofer, 2013；Liu et al., 2016；Peng et al., 2016）、扩张模式和驱动力分析（Wu and Zhang, 2012；Liu Y H et al., 2015；Silva et al., 2016）、对生态系统服务的影响（Song and Deng, 2017；Lu et al., 2017；Wang et al., 2018a）、农村住宅用地转型（Long et al., 2007a；Li et al., 2015）和农村居民点时空动态格局（Long et al., 2009b；Tian et al., 2014；Chen et al., 2017）。

目前大多数研究都是基于宏观视角，通过遥感 TM 地图、土地利用覆盖矢量格式地图等方法分析研究区范围内的土地利用变化，对土地利用与土地功能之间的关联性分析具有局限性（Verburg et al., 2009）。近些年，开始有学者意识到微观层面研究的重要性，Liu 等（2014）通过对山东禹城的村庄进行分析，阐明了农村土地利用变化趋势及其背后的制度力量；席建超等（2014）以苟各庄村为研究对象，考察了我国农村快速城镇化过程中旅游村土地利用演变的过程和驱动机制。然而，大量的研究仅仅关注农村表面上的变化，通过研究地表覆盖或者官方上的用地属性来研究农村发展演变问题，忽视了农村用地真实的利用情况。

"事实土地利用"（De facto Land Use）的定义是土地实际上的利用情况与其表现出来的不同。这个概念来自 Shen 和 Ma（2005）提出来的"事实城镇化"（De facto urbanization），指发生城市化的农村实际人口和官方记录的人口不同。在本研究中，表面的现象是官方指定的用地，具有合法性和唯一性。相反地，"事实土地利用"通常是在非正规产业或部门作用下产生的，其本身具有非正规性。非正规性是不遵从程序的、非官方的、无秩序的形式，其在官方数据中缺少记录（Feng, 2007）。在中国，导致非正规性出现的因素有很多，包括城乡的二元结构、地方政府与开发商的趋利行为、土地权属不明确、宽松的管制环境等（Lin et al., 2014；Zhang et al., 2016），集中于对城中村的土地与住房、城郊土地和城郊农村工业用地（Adam, 2014；Gao and Ma, 2015；Liu and Wong, 2018）的研究，很少关注中国农村，特别是专业村庄土地的"事实土地利用"。本研究以一个红木家具产业影响下的村庄为案例，旨在弥补土地利用视角微观研究的不足，揭示非正规影响下的土地演变和土地利用情况，探寻农村土地非正规性转变的发生机制。

6.1 调研数据与空间分析方法

6.1.1 研究案例介绍：冯庄村

冯庄村位于河北省廊坊市大城县南赵扶镇，北距北京市 140km，东距天津市 70km，西距保定市 100km。大城县是中国北方最大的红木古典家具生产基地和交易集散地，被授予"中国京作古典家具之乡"的称号。全县共有红木家具生产企业 103 家、摊点 1300 多家，直接带动就业 3 万人，年产各类红木家具产品 80 万件（套）、产值 60 多亿元，产品销售量占据华北地区 85%、国内市场的 30%、国际市场的 10% 以上份额，使大城县成为中国北方最大的古典家具生产基地。

冯庄村是大城县家具加工产业的发源地和中心。全村总用地 4546.8 亩，村庄占地约

600 亩，全村共 654 户、2474 人。该村传统上是平原农耕村庄，20 世纪 90 年代开始发展红木家具加工产业，现已初具规模，在村内形成了原料购入—加工—展示售卖的完整产业链，以本村为中心进行加工和销售活动。2013 年，冯庄村农业年产值约 260 万元，工商业年产值约 20 亿元。参与生产的农户中纯农户数量较少，只占总户数的 8%。参与非农生产的农户中，有 83% 从事与家具生产相关的产业。冯庄村已成为典型的红木家具专业村。

6.1.2 调研数据

本研究利用谷歌地图高清影像（空间分辨率 0.6m）与冯庄村用地进行空间关联，通过实地调研和访谈，判读各类用地属性和状况。由于在村域尺度长时序的高清影像信息不完整，地方政府也忽视对村庄的规划和监管，图纸信息匮乏，研究收集到的 2007 年、2010 年、2014 年三个时期的图像数据不足以表现村庄的演变历程，这就需要通过 PRA 方法来对数据进行补充。PRA 是通过与研究地区农民进行非正式访谈来对当地的实际情况有所了解的一种方法，广泛应用于农村的研究中，特别是小尺度的农村土地利用变化（Zhao and Zhao，2003；Hao et al.，2005；Tu et al.，2018）。本研究应用 PRA 的参与观察、问卷调查与半结构访谈（semi-structured interview）工具等进行。

研究所用数据来源于 2014～2015 年的驻村调研和补充调研。调研共获取农户院落样本 1007 个，人口构成与生产生活样本 575 户，涉及房屋的建设时间、面积、用途等信息，农户的生产生活安排和意愿等。研究采用 2013 年 "河北省乡村面貌改造提升计划" 中绘制的测绘图作为村庄基底图，利用 PRA 获取有关土地利用现状的信息和历史演变的信息，以时间为轴反演 1990～2014 年村庄用地空间扩展过程，并利用 ArcGIS 软件绘制 1990 年、1995 年、2000 年、2005 年、2010 年和 2014 年的村庄用地图，基本上恢复了 20 世纪 90 年代以来各个时期冯庄村的产业发展与用地变化，呈现出冯庄村空间拓展演变的过程，如图 6-1 所示。

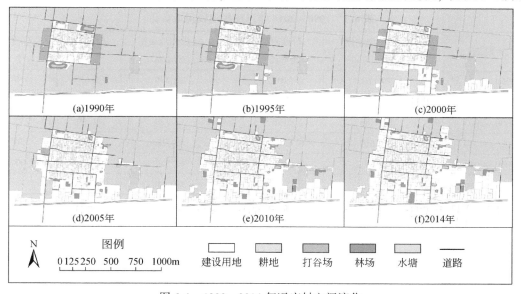

图 6-1　1990～2014 年冯庄村空间演化

6.2 冯庄村空间演变与重构过程分析

6.2.1 建设用地的时空变化特征

20 世纪 90 年代以来，冯庄村平面面积扩展显著，村庄建设用地面积从 8 万 m² 增加到约 46 万 m²，村庄面积拓展了近 5 倍。1990 年之前，村庄基本按原有空间肌理集中建设，在老村范围的基础上沿边缘扩展，新增建设用地分布于村庄各个方向；1990～1995 年，扩展的建设用地较少，主要在村庄北部，村庄整体布局仍呈较规则形状，村庄南部出现了零星的新增建设用地，村庄传统面貌发生改变；1995～2000 年，村庄在常规性的边界扩张之外，村庄南部到 381 省道之间，以及 381 省道两侧新增了大量用地，同时也开始占用公路南侧少量邻村的土地；2000～2005 年，新增的建设用地大量出现在村庄的东侧、西侧、南侧，呈现零散、无序状分布，381 省道北侧的新增用地进一步增多，呈现密集化特征，村庄空间平面格局开始转型；2005～2010 年，村庄新增用地在东侧、西侧、南侧呈填充式发展，村庄主体部分与公路边的用地连成一体，同时加强了对邻村沿路土地的占用；2010～2014 年，新增建设用地主要向村庄北部和东部扩张，由于路边已经无地可用，公路北侧用地进一步向纵深拓展，此阶段对邻村土地的占用进一步增多，沿 381 省道的"马路经济"基本成形。

从具体的时间分区来看，1995 年以前，村内建设用地呈缓慢平稳增长的状态，年均增长率在 5.68% 左右；1996～2005 年，村庄面积扩张显著，年均增长率达到 12% 以上。2006～2014 年，村庄平面面积扩张逐渐减缓，年均增长率从不到 9% 下降到约 6%。冯庄村不同时期的建设用地拓展及其增长率见表 6-1。

表 6-1　1990～2014 年冯庄村建设用地变化

时期	阶段初期建设用地面积/m²	阶段末期建设用地面积/m²	建设用地面积变化/m²	年均增长率/%	院落数量/个
1990～1995 年	79 110	101 585	22 475	5.68	476
1995～2000 年	101 585	1 634 986	61 901	12.19	549
2000～2005 年	163 486	256 615	93 129	11.39	753
2005～2010 年	256 615	371 601	114 986	8.96	950
2010～2014 年	371 601	459 158	87 557	5.89	1 007
合计			380 048		

对比年均建设用地增量和院落数量增长曲线（图 6-2）可以看出，冯庄村平面扩张经历了平缓增长—高速扩张—减缓发展三个阶段，不同发展阶段村庄院落建设特征有明显的差异。20 世纪 90 年代之前，村庄处于平缓扩张阶段，年均建设用地扩展速度和院落增加速度保持一致。自 90 年代初期以来，村庄进入高速扩张阶段，1990～2010 年村庄建设用地面积持续稳步增长，年均扩展面积从 4495m² 增加到 22 997m²，扩展速度增加了 5 倍左

右。然而，在此阶段院落数量增长曲线变化明显。1995～2000年，年均建设用地增长显著，院落数量增加不明显，说明此阶段增加了少许大面积院落；2000～2005年，院落数量增长速度大于建设用地增长速度，两条直线呈交叉状，表明在此阶段院落建设由少量大面积院落向大量小面积过渡；2005～2010年，院落增长速度减缓，大量小面积院落在此阶段建成；2010～2014年，建设用地面积持续增长，院落增量减缓，表明在此阶段新增少量大面积院落。

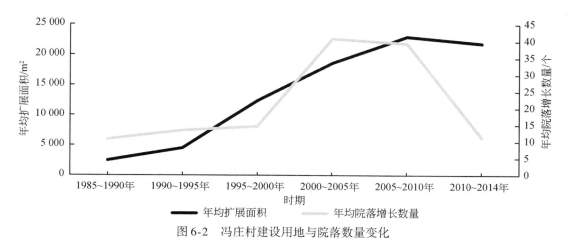

图 6-2　冯庄村建设用地与院落数量变化

6.2.2　实际土地用途：用于生产的住宅区

20世纪80年代中期以来，冯庄村的主导产业由农业逐步向红木家具制造业转变，村庄用地的功能和结构也随之发生转变。然而，通过深入的走访调查发现，村民开始利用现有的自家住房和宅基地在住宅内部与院落中进行加工生产，从而参与到红木家具的产业链条中，如图6-3所示。家庭作坊把表面上的生活空间占用了，变成了实际的生产空间。根据冯庄村红木家具产业的发展情况，我们将其划分为萌芽阶段（1986～1995年）、起步阶段（1996～2005年）、爆发阶段（2006～2010年）和调整阶段（2011～2014年）。

1）20世纪80年代，古典红木家具产业的萌芽在冯庄村兴起。伴随着"古典家具收集热"，位于京津腹地的冯庄村村民收集散落民间的明清宫廷样式家具进行买卖。由于完整老家具存量减少，部分村民开始收购家具残件修复后出售，在此过程中掌握了古典家具制作工艺，冯庄村进入古典家具产业萌芽阶段。该阶段用地功能演变的主导方向为非建设用地（空地和耕地）转为居住和生产功能，其中新增居住功能远多于生产功能，村庄空间功能仍以居住和农业生产为主。1990年以后，村庄南部出现少量大体块的生产功能用地，同时村内出现了居住功能向生产功能转化的现象。

2）1996～2005年，红木家具产业先行者们积累了一定的资金，开始在村里购置土地建厂。由于农业生产与家具产业的巨大收入差，在血缘和地缘关系的拉动下，许多本村居民开始从事红木家具产业。该阶段村庄用地功能演变的特点为非建设用地转为生产用地和居住用地，部分居住空间转变为生产用地，见表6-2。具体表现为村庄内部少量村民在自

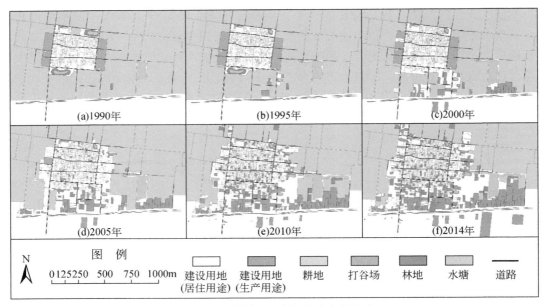

图 6-3　冯庄村红木家具产业布局演变

家住房和院落进行简易的生产，家庭作坊出现；村庄外部沿 381 省道新建面积较大的工厂，呈"前店后厂"的格局，其用地由耕地转为生产用地，通过土地兼并得以实现。截至 2005 年底，冯庄村共有 106 个院落从事红木家具相关产业，生产用地面积共 49 527m²，其中由居住用地转化为生产功能用地 9496m²；新增生产性相关院落 100 个，占全村新增院落的 36%。

表 6-2　冯庄村非建设用地与居住功能转换情况　　　　　　　（单位：m²）

转换类型	1990~1995 年		1996~2000 年		2001~2005 年		2006~2010 年		2011~2014 年	
	非建设用地	居住用地	非建设用地	居住用地	非建设用地	居住用地	非建设用地	居住用地	非建设用地	居住用地
转为商业用途	0	0	6 375	0	3 240	1 025	7 340	760	8 070	1 000
转为生产用途	1 968	260	13 390	4 110	15 058	4 101	11 046	14 189	24 893	2 750
转为居住用途	6 835	—	13 632	—	32 161	—	38 677	—	18 015	—
总计	8 803	260	33 397	4 110	50 459	5 126	57 063	14 949	50 978	3 750

3）2006~2010 年冯庄村红木家具产业进入了爆发阶段，奉行着"走出去"的战略，冯庄村的红木家具在国内有了一定知名度。红木家具需求量迅速增加，大量外地人到村庄购买家具，促使更多的企业争相抢占 381 省道两侧优势位置开店建厂。该阶段村庄用地功能演变表现为大量非建设用地转为生产用地和居住用地，同时大量的居住用地转化为生产用地，家庭作坊数量急剧增加。据统计，2006~2010 年，冯庄村从事红木家具生产和销售的面积增加了 33 335m²，相比 2005 年增加了约一倍，其中 14 189m² 生产用地和 760m² 商业用地由居住用地转变而来，86% 的新增院落从事红木家具相关产业。

4）2011 年以来，随着国家政策的调整以及国际木材市场供货紧张，红木家具的生产和销售受到了很大影响，红木家具产业发展放缓。该阶段村庄用地功能演变表现为大量非建设用地转化为红木家具生产及商业用地，少量转为居住用地；家庭作坊扩张减缓，少量居住用地转变为生产用地。在此阶段，新增生产、销售用地共 36 713m²，是新增居住用地的两倍，新增院落中 87.7% 的院落与家具产业相关。

根据表 6-2 可以看出，在红木家具产业的影响下，冯庄村空间功能演变主要是非建设用地转为居住用地以及非建设用地和居住空间转化为商业、生产用地（现实中存在大量非建设用地通过转为居住空间作为临时过渡进而转变为商业、生产用地的现象，由于无法界定和统计，在研究中归为非建设用地，这个现象将在下文中予以阐述）。不同阶段村庄空间的演变速度不同，主导方向也存在差异。

根据参与生产方式的不同和规模的大小，可将参与红木产业的农户分为打工户、家庭作坊和工厂。经过 20 多年的发展，冯庄村红木家具产业形成大工厂独立生产，小工厂、家庭作坊联合生产的生产格局。根据图 6-4 可以看出，冯庄村共有 325 个院落从事红木家具产业，其中工厂 70 个，家庭作坊 203 个，负责售卖的店铺 52 个。家庭作坊为小规模工厂提供某一环节的生产服务，包括木工、雕刻、打磨、油漆和铜活，由小规模工厂进行最终加工与出售。在家庭作坊中，绝大多数从事木工、雕刻和打磨等劳动力密集型工作，分别占据了所有家庭作坊的 36.5%、26.1% 和 32.5%，仅有 4.9% 的作坊负责油漆和铜活。

图 6-4 冯庄村红木家具产业的划分与布局

不同生产主体根据其规模和特征在村庄占据不同的位置，形成冯庄村红木家具产业独特的空间分布格局。大规模工厂主要分布于 381 省道两侧偏东的位置，中小规模工厂分布于村庄四周边缘，家庭作坊则散布在村庄内部。

6.3 非正规产业影响下的冯庄村土地演化形成因素

在距离城市较远、资源不丰富，并且没有城市工业化的辐射和政府扶持的外源性力量帮助的情况下，冯庄村依靠自身的资本积累和个体经济为主体的制造业发展实现了工业化，完成了由农业村向工业村的转型。同时，也造就了村庄"村不像村，厂不像厂"的现象。笔者认为，冯庄村特殊的工业化现象是一种非正规性的工业化，是在产业、政府和农户共同作用下形成的。

冯庄村的红木家具产业具有非正规化的特征。非正规经济的特点包括未列入政府统计、小规模经营、劳动力密集等，通常以是否进行工商登记为标准（Liu Y H et al.,2015）。由于产业的自发性和民间性，冯庄村红木家具产业多为半地下产业，很多小型企业和家庭作坊游离在政府监管之外。其交易方式为现金交易，通常不开发票，政府无法控制交易额，只能获得极少的税收。除此之外，冯庄村红木家具产业从原材料采购到销售拥有完整的交易网络，已然成为生产链中的一个加工载体。这个载体是可以改变的，这也是农户们可以跟地方政府博弈的核心因素。

地方政府试图制定规划，将分散的企业和作坊集中迁往产业园区，发挥产业规模效应的同时将红木家具产业正规化。然而，在高昂的税收成本下，农户拒绝搬迁到产业园区，希望维持非正规经济的现状。政府与农户的博弈暂时以农户的胜出结束，政府放弃了对产业的控制和管理，任由村庄自主发展，但也不提供支持村庄发展的土地、资金和政策。

实际上，政府与农户之间的博弈从产业发展之初就一直存在。改革开放之初，《中华人民共和国土地管理法》支持甚至鼓励村镇企业申请农村土地进行生产经营。然而，截至2014年全村仅有6宗用地属于"国征地"，其余生产用地都是村民利用宅基地进行生产活动。除了少数原有住房改建为家庭作坊之外，这些用地中约56%由耕地转变而来，尽管这在我国法律中是被禁止的。冯庄村村民采取"耕地—宅基地—生产用地"的方式为产业的发展谋取空间，政府采取半默许的态度，仅仅通过罚款的方式做出回应，政府的无力也导致冯庄村土地自由扩展，同时形成了冯庄村土地"隐形的市场化"。

我国实行土地承包制，并且规定农村承包土地不得买卖。在冯庄村，当村集体土地成为产业发展的核心要素与载体后，土地的私下交易是难以避免的。根据调查，冯庄村及其周边地区大多数土地是先有私下交易，而后向村集体缴纳一定的费用获得建房"许可"。当村民有用地需求时，会从其他农户手中购买其承包地的使用权。资金充裕的村民通过这种方式购买大量土地成立工厂，这些土地往往是相邻的土地，且交通便利。随着占地者土地需求的不断增长，村内土地资源逐渐稀缺，补偿的标准也逐步提高。2005年前后每亩土地补偿价为4万~5万元，2010年为10万~20万元/亩，到了2014年，由于土地极度稀缺，占地补偿已涨到40万~50万元/亩。高昂的土地价格也促使村民前往邻村购买承包地进行生产。

图6-5详细阐述了非正规产业影响下的冯庄村土地演变过程。在非正规产业和用地矛盾的影响下，政府和农户的行为不断发生改变。发展初期，政府采取不干涉和消极干预态

度，导致红木家具产业由个体行为转变为集体行为，形成完整的产业链条和地下土地市场。发展后期，政府试图引导产业走向正规化，然而，农户已经建立与政府博弈的资本，拒绝走向正规化，政府最终选择放任自流。而作为政府和农户博弈的载体，冯庄村村庄空间发生"事实土地利用"变化，并一直持续至今。

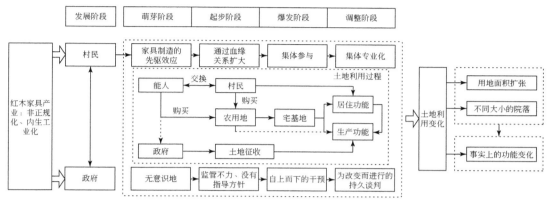

图 6-5 非正规产业影响下的冯庄村土地演化过程

6.4 小 结

本章研究利用遥感卫星影像结合 PRA 对 20 世纪 90 年代以来冯庄村的土地拓展进行反演，揭示了非正规产业影响下农村土地利用变化趋势。在红木家具产业的影响下，冯庄村逐渐从农业村转变为工业村，村庄空间发生了表面的变化和"事实土地利用"变化。1990 ~ 2014 年，冯庄村经历了平缓增长、高速扩张和减缓发展三个阶段，建设用地面积由 8 万 m² 扩展到 46 万 m²，用地面积扩展了 5 倍左右；村庄的平面面积扩张向道路沿线转移，形成沿省道分布的"马路经济"；不同发展阶段村庄新建院落的规模也有所区别。这些都是表面上能看到的，但实际上村庄的内在空间已经发生转型。村民将居住功能转化为生产功能，利用自家住房参与到产业生产中。大量村民将耕地转化为宅基地，进而修建住宅并转化为工厂，形成了"村不像村，厂不像厂"的村庄风貌。

产业的特殊性、村民的博弈心理和政府的放任自流共同造就了冯庄村"事实土地利用"变化。在村庄产业发展用地需求与土地供给的矛盾下，冯庄村村民通过"非法"的手段获取发展用地，并形成了隐形的土地交易市场。政府未能正确引导产业的发展，导致逐渐对产业失去控制，最终只能采取默认的态度，任由产业自我发展。笔者认为，造成这个现象的根本原因在于基层制度的缺位。

改革开放以来，国家权力在农村地区呈现弱化的趋势（Wu, 2015），城镇化和工业化是国家发展的核心。20 世纪 90 年代以来国家和政府高度重视农村发展问题，并出台了一系列法规条例来控制和引导农村的稳定发展。这些法规和条例产生了显著的效果。然而它们的设定多以保护农民、农田和农村为目标，其核心在于保护农业生产。仍有大量类似冯庄村的村镇，如福建省陈埭镇、河南省烟云涧村等，它们脱离农业生产并以制造业、手工业为主导产业。

对于非农业村庄，村庄的发展方向与村庄规划逻辑往往背道而驰，土地管理制度与基层经济发展用地需求之间存在不匹配的现象（Huang et al.，2017）。虽然一些地方政府主动调整规划与制度，引导村庄的发展与转型（Unger and Chan，1999），但也出现了自下而上的非正规土地利用实践，从而影响了政府决策的案例（Tian and Zhu，2013）。大多数情况基层政府在面对村庄发展问题时依然处于"无法可依，无例可照"的状态。

经过 60 多年的探索，我国城乡规划体系成功解决了"城市如何建设、历史如何保留、什么不能做"三个问题，但制度缺位仍是当今中国面临的问题，这在基层尤为突出。一方面，国家需要针对类似现象制定相应的法规条例，不能采取"一刀切"的态度，同时赋予地方政府一定的主观能动性，因地制宜地进行规划和引导；另一方面，政府应充分尊重自下而上的实践与探索，汲取民间经验，完善城乡规划法规和体系的建设。

第三部分
村镇聚落外部空间结构
分析与应用

| 第7章 | 村镇聚落空间的网络结构特征研究

区别于第二部分的村镇聚落内部空间结构研究，从本章开始，村镇聚落的空间重构研究将从外部的网络结构入手，在村镇聚落的网络结构特征与驱动力研究中完善村镇聚落内部、外部空间结构的描述。

本章对于村镇聚落空间结构及重构研究主要通过以珠三角区域作为村镇聚落空间结构的实证研究对象，采用村镇聚落空间的网络化结构分析技术，利用手机信令数据对珠三角地区 609 个村镇/街道的网络空间结构进行分析，对珠三角全域、城市聚落、村镇聚落及跨城乡聚落间的网络空间结构特征进行对比分析。

识别村镇间的联系结构是理解城乡社会经济复杂关系的有力抓手，如何测度村镇聚落间的联系、识别分析村镇聚落空间网络结构，总结村镇聚落空间演变发展模式对村镇聚落整体规划布局和探究城乡一体化发展等有着重要理论意义与技术支撑作用。由于现实世界中要素的流动主要集中在城市内部及城市间、村镇聚落间要素流动数据获取难度等原因，对于村镇聚落间的空间联系及村镇聚落空间结构的网络联系分析仍较为缺乏。同时由于传统统计年鉴和数据获取精细程度的限制，现有研究多为以引力模型为基础展开的村镇联系相关研究，所计算出的村镇间联系强度更多是基于集聚规模和距离因素，而非现实世界中真实发生的联系数据。

目前，国内外关于村镇联系的研究远远少于对于城市网络联系的研究。国外研究基于交通调查、商业交易、手机信令等数据，结合复杂网络理论方法，从人群的通勤、就业和社会经济联系方面构建村镇网络。国内已有研究多采用场强模型、空间相互作用模型、断裂点公式等引力模型及其变形，研究中的空间联系是基于引力模型的推导而不是现实世界中实测的村镇网络联系，空间尺度上更多以县域、市域为主，忽略了对村镇聚落的研究，无法真实反映村镇聚落之间现实的空间联系，因而可信度较低、应用价值有限（赵渺希和徐颖，2019）。

7.1 研究对象和数据

7.1.1 研究对象

本研究以粤港澳大湾区内部珠三角 9 个城市为研究对象，包括广州、深圳、珠海、佛山、东莞、中山、惠州、江门、肇庆，对其区域内城乡聚落的人口日常流动网络结构特征进行研究分析。粤港澳大湾区位于中国南部沿海地区，其范围包括珠三角 9 个城市以及香港、澳门，土地面积 5.59 万 km^2。2000 年以后，珠三角逐步发展成为世界重要制造业基地，粤港澳合作不断跟进跨界交通合作、跨界地区合作、生态环境保护合作和协调机制建设，区域内双向融合不断深入。2009 年《珠江三角洲地区改革发展规划纲要（2008—

2020 年)》的实施给粤港澳大湾区带来重要的发展机遇。2019 年 2 月,《粤港澳大湾区发展规划纲要》正式出台, 在国家战略上真正把粤港澳大湾区 9 个城市与香港、澳门紧紧联系在一起, 明确要建成世界新兴产业、先进制造业和现代服务业基地, 建设世界级城市群和国际一流湾区。珠三角已逐步发展成为我国城镇化水平最高、开发建设强度最大的城镇密集地区之一, 珠三角形成了多中心、密集化的城镇发展格局, 基本奠定了一体化发展的空间基础。珠三角同时面临建设发展模式粗放、城乡区域发展不协调、资源环境压力大等深层次的矛盾和问题, 研究大湾区城乡聚落空间结构对于推动城乡一体化, 构建高效益利用资源、高品质建设城乡的模式有着重要意义。

本书以 2018 年珠三角 9 个城市行政区划内共计 609 个村镇/街道作为研究对象, 研究对于城乡的划分主要依据国家统计局印发的《统计用区划代码和城乡划分代码编制规则》(国统字〔2009〕91 号), 通过城乡分类代码可以确认所在地域属于城镇还是乡村。其中城乡分类代码以 1 开头的表示城镇, 以 2 开头的表示乡村。具体含义如下: 111 表示主城区, 112 表示城乡结合区, 121 表示镇中心区, 122 表示镇乡结合区, 123 表示特殊区域; 210 表示乡中心区, 220 表示村庄。

通过参考国家统计局 2018 年全国统计用区划代码和城乡划分代码, 并结合大湾区各市自身发展现状及行政等级来对研究区域内进行城乡划分界定。其中东莞和中山由于没有下设区(县)级的行政区划, 为了统一研究尺度, 根据东莞和中山的分区规划, 研究将东莞划分为东莞滨海组团、东莞城区组团、东莞东部产业、东莞东南临深、东莞水乡新城、东莞松山湖组, 将中山划分为中山东北组团、中山东部组团、中山南部组团、中山西北组团、中山中心组团。最终确定以街道、高新区等为代表的城市地区共计 324 个, 以乡镇为代表的乡镇地区共计 285 个, 具体城乡空间分布见图 7-1, 具体城乡名单见表 7-1。

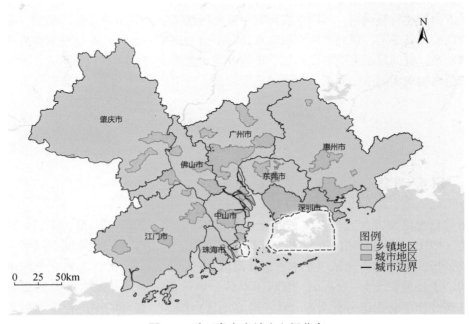

图 7-1 珠三角九市城乡空间分布

表7-1 珠三角九市村镇/街道

城市	村镇/街道
广州市 （170个）	鳌头镇、赤坭镇、大岗镇、东涌镇、横沥镇、花东镇、花山镇、化龙镇、黄阁镇、江高镇、九龙镇、榄核镇、良口镇、吕田镇、南村镇、派潭镇、人和镇、沙湾镇、狮岭镇、石楼镇、石碁镇、石滩镇、太和镇、太平镇、炭步镇、梯面镇、万顷沙镇、温泉镇、仙村镇、小楼镇、新塘镇、新造镇、正果镇、中新镇、钟落潭镇、白鹤洞街道、白云湖街道、白云街道、北京街道、滨江街道、彩虹街道、茶滘街道、昌岗街道、昌华街道、车陂街道、城郊街道、赤岗街道、冲口街道、大东街道、大龙街道、大沙街道、大石街道、大塘街道、登峰街道、东环街道、东漖街道、东区街道、东沙街道、东山街道、多宝街道、逢源街道、凤凰街道、凤阳街道、官洲街道、光塔街道、海龙街道、海幢街道、鹤龙街道、红山街道、洪桥街道、花城街道、花地街道、华乐街道、华林街道、华洲街道、黄村街道、黄花岗街道、黄埔街道、黄石街道、嘉禾街道、建设街道、江海街道、江南中街道、江浦街道、街口街道、金花街道、金沙街道、京溪街道、景泰街道、均禾街道、矿泉街道、荔城街道、荔联街道、联和街道、猎德街道、林和街道、岭南街道、流花街道、六榕街道、龙洞街道、龙凤街道、龙津街道、龙穴街道、萝岗街道、洛浦街道、梅花村街道、南岗街道、南华西街道、南沙街道、南石头街道、南源街道、南洲街道、农林街道、琶洲街道、前进街道、桥南街道、桥中街道、人民街道、瑞宝街道、三元里街道、沙东街道、沙河街道、沙面街道、沙头街道、沙园街道、石壁街道、石井街道、石门街道、石牌街道、石围塘街道、市桥街道、松洲街道、素社街道、穗东街道、棠景街道、棠下街道、天河南街道、天园街道、同德街道、同和街道、文冲街道、五山街道、西村街道、夏港街道、冼村街道、小谷围街道、新港街道、新华街道、新市街道、新塘街道、新雅街道、兴华街道、秀全街道、永和街道、永宁街道、永平街道、鱼珠街道、元岗街道、员村街道、云城街道、增江街道、站前街道、长兴街道、长洲街道、中南街道、钟村街道、朱村街道、珠光街道、珠吉街道、珠江街道
深圳市 （72个）	坂田街道、宝龙街道、碧岭街道、布吉街道、翠竹街道、大浪街道、大鹏街道、东湖街道、东门街道、东晓街道、凤凰街道、福城街道、福海街道、福田街道、福永街道、公明街道、观湖街道、观澜街道、光明街道、桂园街道、海山街道、航城街道、横岗街道、华富街道、黄贝街道、吉华街道、坑梓街道、葵涌街道、莲花街道、莲塘街道、龙城街道、龙岗街道、龙华街道、龙田街道、马峦街道、马田街道、梅林街道、梅沙街道、民治街道、南澳街道、南湖街道、南山街道、南头街道、南湾街道、南园街道、平湖街道、坪地街道、坪山街道、清水河街道、沙河街道、沙井街道、沙头角街道、沙头街道、蛇口街道、石井街道、石岩街道、松岗街道、笋岗街道、桃源街道、西丽街道、西乡街道、香蜜湖街道、新安街道、新湖街道、新桥街道、盐田街道、燕罗街道、玉塘街道、园岭街道、园山街道、粤海街道、招商街道
珠海市 （24个）	白蕉镇、担杆镇、斗门镇、桂山镇、横琴镇、红旗镇、井岸镇、莲洲镇、南屏镇、南水镇、平沙镇、乾务镇、三灶镇、唐家湾镇、万山镇、白藤街道、翠香街道、拱北街道、吉大街道、梅华街道、前山街道、狮山街道、湾仔街道、香湾街道
佛山市 （32个）	白坭镇、北滘镇、陈村镇、大沥镇、大塘镇、丹灶镇、更合镇、九江镇、均安镇、乐从镇、乐平镇、里水镇、龙江镇、芦苞镇、明城镇、南山镇、南庄镇、狮山镇、西樵镇、杏坛镇、杨和镇、大良街道、桂城街道、荷城街道、勒流街道、伦教街道、容桂街道、石湾街道、西南街道、云东海街道、张槎街道、祖庙街道
东莞市 （33个）	茶山镇、常平镇、大朗镇、大岭山镇、道滘镇、东坑镇、凤岗镇、高埗镇、横沥镇、洪梅镇、厚街镇、虎门镇、黄江镇、寮步镇、麻涌镇、企石镇、桥头镇、清溪镇、沙田镇–虎门港、石碣镇、石龙镇、石排镇、塘厦镇、望牛墩镇、谢岗镇、樟木头镇、长安镇、中堂镇、东城街道、莞城街道、南城街道、松山湖–生态园、万江街道
中山市 （24个）	板芙镇、大涌镇、东凤镇、东升镇、阜沙镇、港口镇、古镇镇、横栏镇、黄圃镇、民众镇、南朗镇、南头镇、三角镇、三乡镇、沙溪镇、神湾镇、坦洲镇、小榄镇、东区街道、火炬开发区、南区街道、石岐区街道、五桂山街道、西区街道

续表

城市	村镇/街道
惠州市 （68个）	安墩镇、白花镇、白盆珠镇、柏塘镇、宝口镇、大岭镇、地派镇、多祝镇、福田镇、高潭镇、公庄镇、观音阁镇、横沥镇、湖镇镇、黄埠镇、吉隆镇、沥林镇、良井镇、梁化镇、龙华镇、龙华镇、龙江镇、龙潭镇、龙田镇、龙溪镇、芦洲镇、罗阳镇、麻陂镇、麻榨镇、马安镇、平海镇、平陵镇、平潭镇、稔山镇、汝湖镇、三栋镇、沙田镇、石坝镇、石湾镇、泰美镇、铁涌镇、潼湖镇、潼侨镇、新圩镇、杨村镇、杨侨镇、永汉镇、永湖镇、园洲镇、长宁镇、镇隆镇、蓝田乡、澳头街道、陈江街道、淡水街道、河南岸街道、惠环街道、江北街道、江南街道、龙城街道、龙丰街道、平山街道、桥东街道、桥西街道、秋长街道、水口街道、霞涌街道、小金口街道
江门市 （80个）	白沙镇、百合镇、北陡镇、苍城镇、赤坎镇、赤水镇、赤溪镇、冲蒌镇、川岛镇、大鳌镇、大槐镇、大江镇、大沙镇、大田镇、大泽镇、东成镇、都斛镇、斗山镇、杜阮镇、端芬镇、共和镇、古井镇、古劳镇、广海镇、海宴镇、荷塘镇、鹤城镇、横陂镇、金鸡镇、君堂镇、良西镇、龙口镇、龙胜镇、罗坑镇、马冈镇、睦洲镇、那吉镇、牛江镇、三合镇、三江镇、沙堆镇、沙湖镇、沙塘镇、深井镇、圣堂镇、双合镇、双水镇、水步镇、水口镇、司前镇、四九镇、棠下镇、塘口镇、桃源镇、汶村镇、蚬冈镇、崖门镇、雅瑶镇、月山镇、云乡镇、宅梧镇、址山镇、白沙街道、北街街道、仓后街道、潮连街道、堤东街道、恩城街道、环市街道、会城街道、江南街道、滘北街道、滘头街道、礼乐街道、平石街道、三埠街道、沙坪街道、台城街道、外海街道、长沙街道
肇庆市 （106个）	坳仔镇、白垢镇、白土镇、白诸镇、北市镇、宾亨镇、播植镇、赤坑镇、大岗镇、大沙镇、大湾镇、大玉口镇、大洲镇、地豆镇、都平镇、凤村镇、凤岗镇、凤凰镇、甘洒镇、岗坪镇、高良镇、古水镇、官圩镇、河儿口镇、河台镇、横山镇、怀城镇、黄田镇、回龙镇、回龙镇、活道镇、江川镇、江谷镇、江口镇、江屯镇、蛟塘镇、金渡镇、金利镇、金装镇、迳口镇、九市镇、坑口镇、蓝钟镇、乐城镇、冷坑镇、连都镇、连麦镇、莲花镇、莲塘镇、梁村镇、龙甫镇、禄步镇、罗董镇、罗源镇、螺岗镇、马宁镇、马圩镇、莫村镇、木格镇、南丰镇、南街镇、排沙镇、平凤镇、洽水镇、桥头镇、沙浦镇、诗洞镇、石狗镇、石涧镇、石咀镇、水南镇、潭布镇、威整镇、汶朗镇、五和镇、武垄镇、下茆镇、蚬岗镇、小湘镇、新桥镇、新圩镇、杏花镇、永安镇、永丰镇、永固镇、渔涝镇、悦城镇、闸岗镇、长安镇、长岗镇、中洲镇、洲仔镇、下帅乡、城东街道、城西街道、城中街道、德庆街道、东城街道、广利街道、桂城街道、黄岗街道、坑口街道、睦岗街道、南岸街道、肇庆高新区、贞山街道

7.1.2　珠三角城市群手机信令数据

采用中国电信集团有限公司所提供的2018年4月珠三角9个城市的手机信令数据为分析样本，原始数据内包含了用户ID、本日工作时最久地点基站、本日居住时最久地点基站、本月工作时最久地点基站、本月居住时最久地点基站、基站所在街道、基站所在区县、基站所在城市等内容。而具体识别用户的居住地和工作地的标准则是根据每个用户半年内的通勤情况，将用户工作时间（10：30~18：00）停留的地点识别为样本的工作地，晚上休息时间（23：00至次日6：00）停留的地点识别为居住地。基站的信号接收范围为500m，所以手机信令数据的精度为500m。

本研究将每月在居住地居住天数大于15天，且在工作地工作天数大于15天的稳定用户作为研究样本，并以村镇/街道作为识别范围进行汇总整理，最终识别出有效通勤流样本370 881条，共计通勤7 022 860人次（图7-2），其中大小为0的通勤流占比为66.3%。对通勤流初步统计描述数据见表7-2，可以发现不同区划通勤类型中，本地通勤量占比最大，达到45.54%，跨市通勤占比最低，只有6.44%；而从城乡通勤类型上来看，村镇间通勤量占比最高，为28.32%，而城至乡的通勤量占比最低，为6.30%，乡至城通勤量占比最高，为58.51%。对此我们可以初步判断，在珠三角9个城市内部，绝大多数通勤集聚在本地通勤和乡城通勤。

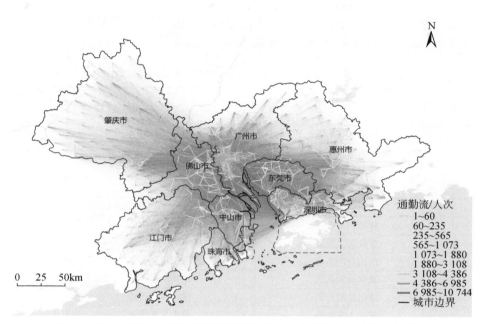

图 7-2　珠三角地区村镇/街道尺度下的手机信令数据通勤流的空间分布

表 7-2　珠三角九市城乡通勤数据统计描述

出行类型	平均值	标准偏差	中位数	最小值	最大值/人次	通勤量占比/%
本地通勤	5 251.056	8 762.166	1 609	0	66 313	45.54
同区通勤	244.106 9	636.802 4	35	0	10 744	25.24
跨区通勤	30.921 43	154.187 8	3	0	10 072	22.78
跨市通勤	1.453 552	26.308 11	0	0	4 874	6.44
村镇间通勤	18.943 72	554.801 9	0	0	53 752	28.32
城市间通勤	5.224 063	70.995 28	0	0	5 305	6.87
城至乡通勤	4.793 026	64.925 26	0	0	5 157	6.30
乡至城通勤	50.590 9	655.758 5	1	0	66 313	58.51
总计	18.935 62	428.856 9	0	0	66 313	—

7.2　珠三角全域通勤网络的整体结构特征

7.2.1　全域通勤网络的宏观微观特征

表 7-3 表明了全域通勤网络中排名前 30 的通勤流，主要分布在深圳、佛山和中山城

市内部的村镇/街道之间，而根据图 7-2 通勤流空间分布，分析发现高强度通勤主要分布在深圳、广东及佛山内部的村镇/街道之间，而跨市间的通勤分布则主要在深圳—东莞、广州—佛山、中山—佛山、中山—珠海。周边城市（如肇庆、江门等市）的通勤主要分布在其各自市中心内，并没有完全融入通勤网络中。

表 7-3　全域通勤网络前 30 的村镇/街道通勤流　　　　（单位：人次）

排序	居住地	就业地	通勤流
1	佛山祖庙街道	佛山石湾街道	10 744
2	佛山祖庙街道	佛山桂城街道	10 072
3	中山东区街道	中山石岐区街道	8 204
4	深圳粤海街道	深圳西乡街道	7 992
5	深圳龙华街道	深圳民治街道	7 443
6	中山东区街道	中山火炬开发区	7 408
7	深圳新安街道	深圳西乡街道	7 216
8	深圳民治街道	深圳龙华街道	6 985
9	佛山石湾街道	佛山祖庙街道	6 920
10	惠州澳头街道	惠州淡水街道	6 905
11	佛山伦教街道	佛山大良街道	6 855
12	佛山大良街道	佛山伦教街道	6 600
13	佛山桂城街道	佛山祖庙街道	6 505
14	深圳粤海街道	深圳新安街道	6 411
15	深圳龙华街道	深圳坂田街道	6 349
16	深圳西乡街道	深圳新安街道	6 285
17	佛山大沥镇	佛山狮山镇	6 220
18	深圳粤海街道	深圳南头街道	5 878
19	惠州淡水街道	惠州澳头街道	5 808
20	佛山狮山镇	佛山大沥镇	5 772
21	佛山大良街道	佛山容桂街道	5 734
22	中山石岐区街道	中山东区街道	5 633
23	中山横栏镇	中山小榄镇	5 572
24	中山东升镇	中山小榄镇	5 504
25	深圳龙岗街道	深圳龙城街道	5 427
26	东莞南城街道	东莞东城街道	5 327
27	中山沙溪镇	中山西区街道	5 305
28	中山西区街道	中山沙溪镇	5 157
29	深圳粤海街道	深圳南山街道	5 102
30	深圳龙城街道	深圳龙岗街道	5 099

　　表 7-4 是全域通勤网络中 20 个村镇/街道的中心度排序。出度代表的是工作地的辐射力，即出度越高，表明前往该村镇/街道工作的通勤人口越多，就业吸引力越高。入度代表的是居住地的吸引力力，即入度越高，前往该村镇/街道居住的通勤人口越多。加权中心度前 20 的村镇/街道中深圳占据 8 个，佛山占据 6 个，广州占据 4 个，东莞和中山各占

据 1 个；入度排名前 20 的村镇/街道中深圳占据 10 个，佛山占据 7 个，广州、东莞、中山各占据 1 个；出度排名前 20 的村镇/街道中深圳占据 7 个，广州占据 6 个，佛山占据 4 个，中山占据 2 个，东莞占据 1 个。

表 7-4　全域通勤网络中心度排名前 20 的村镇/街道

排序	村镇/街道	加权中心度	村镇/街道	加权入度	村镇/街道	加权出度
1	深圳粤海街道	95 273	深圳龙华街道	49 940	深圳粤海街道	73 706
2	深圳龙华街道	93 914	深圳民治街道	49 828	深圳福田街道	50 133
3	深圳福田街道	81 904	深圳西乡街道	45 189	广州石牌街道	44 111
4	佛山桂城街道	78 440	佛山桂城街道	44 550	深圳龙华街道	43 974
5	深圳民治街道	72 393	深圳新安街道	41 432	广州冼村街道	43 374
6	中山火炬开发区	69 652	中山火炬开发区	39 107	佛山桂城街道	33 890
7	深圳西乡街道	69 217	佛山大沥镇	36 431	佛山祖庙街道	33 111
8	佛山大沥镇	67 267	深圳南湾街道	34 985	深圳园岭街道	32 910
9	深圳新安街道	63 922	佛山石湾街道	32 784	佛山狮山镇	31 272
10	佛山狮山镇	61 689	深圳福田街道	31 771	深圳西丽街道	30 902
11	佛山祖庙街道	59 632	佛山狮山镇	30 417	佛山大沥镇	30 836
12	佛山石湾街道	56 567	广州南村镇	28 964	中山火炬开发区	30 545
13	广州石牌街道	56 345	东莞东城街道	27 798	深圳沙河街道	29 069
14	东莞东城街道	55 909	深圳桃源街道	27 078	广州五山街道	28 232
15	广州南村镇	55 552	深圳龙岗街道	26 957	东莞东城街道	28 111
16	广州冼村街道	54 586	佛山祖庙街道	26 521	广州联和街道	27 976
17	深圳南湾街道	53 562	佛山大良街道	26 225	中山东区街道	27 349
18	深圳桃源街道	49 811	深圳布吉街道	25 306	广州南村镇	26 588
19	佛山大良街道	49 684	深圳坂田街道	24 250	深圳西乡街道	24 028
20	广州五山街道	48 035	佛山容桂街道	22 702	广州天河南街道	24 020

从上述情况可以判断，在全域通勤中深圳、佛山及广州所在的村镇/街道人口吸引力最强。在居住吸引力方面，深圳和佛山的吸引力远高于其他地区的村镇/街道，其中排名前五的深圳占据了 4 个，分别是龙华街道、民治街道、西乡街道及新安街道；在就业吸引力方面，深圳和广州的吸引力要高于其他区县的村镇/街道，深圳的粤海街道及福田街道，广州的石碑街道分别位列前三。同时部分村镇/街道的职住失衡较为突出，如深圳的粤海街道就业通勤为 7 万余人次，而居住通勤总量为 2 万人次左右。

图 7-3 ~ 图 7-5 展示了珠三角地区内部村镇/街道的中心度分布，可以更加直观地分析珠三角地区内部职住通勤的空间分布，根据图 7-3 可以发现，湾区内部的职住通勤分别以深圳/佛山和中山为核心，且中心度较高的村镇/街道主要集中在深圳、东莞、佛山、广州及中山，集聚特征明显。对体现居住地辐射能力的图 7-4 进行分析可以发现，珠三角地区内部村镇/街道分布整体还是类似加权中心度的空间分布。对体现就业地辐射能力的图 7-5 进行分析可以发现，就业主要分布在深圳及广州内部，东莞和佛山处于第二层级。

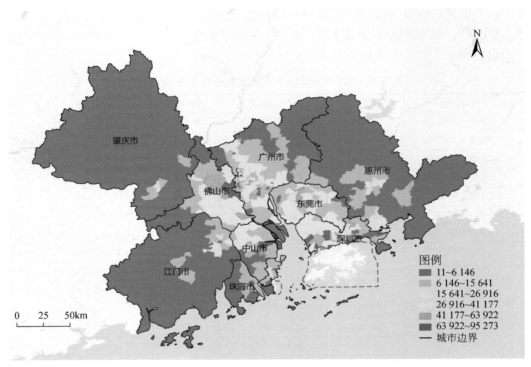

图 7-3　全域通勤网络加权中心度空间分布

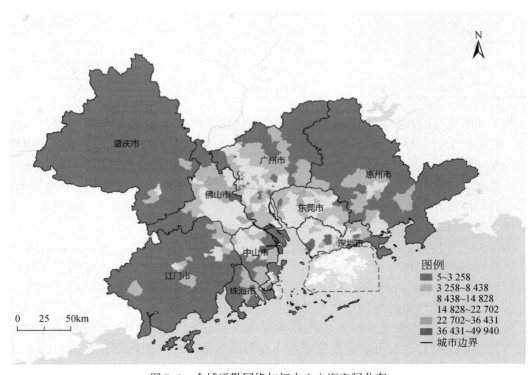

图 7-4　全域通勤网络加权中心入度空间分布

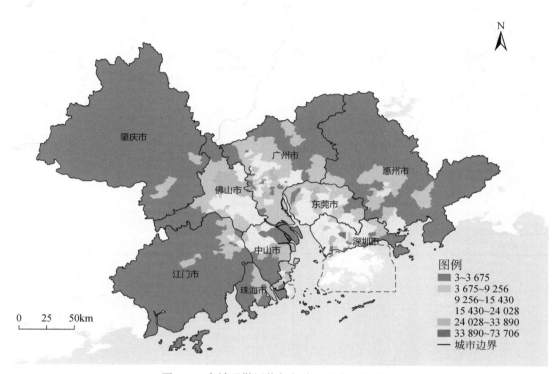

图 7-5　全域通勤网络加权中心出度空间分布

　　表 7-5 和图 7-6 展示了珠三角地区内部通勤网络各个村镇/街道的 PageRank 得分分布，一定程度表现出该村镇/街道在整个通勤网络中的重要性，其中排名前 20 的村镇/街道中佛山占据 7 个，深圳、江门各占据 3 个，广州、肇庆各占据 2 个，东莞、惠州、中山各占据 1 个。该排名和中心度排名有着较为明显的差异，显示出部分村镇/街道虽然在人口通勤总量上不占据绝对优势，但是在吸引较高层级村镇/街道人口上有着较大的辐射力。

表 7-5　全域通勤网络内 PageRank 得分前 20 的村镇/街道

排序	村镇/街道	PageRank 得分
1	佛山桂城街道	0.011 305
2	佛山大沥镇	0.010 352
3	中山火炬开发区	0.009 383
4	佛山狮山镇	0.008 644
5	肇庆黄岗街道	0.007 657
6	深圳龙华街道	0.007 648
7	佛山石湾街道	0.007 585
8	佛山祖庙街道	0.007 206
9	佛山大良街道	0.007 019

排序	村镇/街道	PageRank 得分
10	广州南村镇	0.006 366
11	惠州河南岸街道	0.006 068
12	肇庆城东街道	0.005 899
13	江门环市街道	0.005 745
14	江门长沙街道	0.005 709
15	深圳民治街道	0.005 697
16	佛山容桂街道	0.005 682
17	广州市桥街道	0.005 605
18	深圳南湾街道	0.005 455
19	江门会城街道	0.005 416
20	东莞东城街道	0.005 405

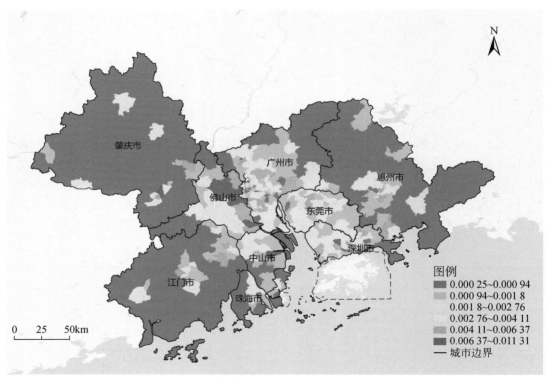

图 7-6　全域通勤网络 PageRank 排名空间分布

7.2.2　全域通勤网络的中观结构

图 7-7 展示了基于 Louvain 算法所得到的珠三角地区内部的社群分布结构，研究发现

珠三角地区内部被探测出 7 个社群：佛山和肇庆为主的社群 0，中山、珠海及江门部分村镇/街道的社群 1，东莞及惠州小部分村镇/街道的社群 2，广州为主的社群 3，惠州大部分村镇/街道的社群 4，深圳大部分村镇/街道的社群 5，江门大部分村镇/街道的社群 6。

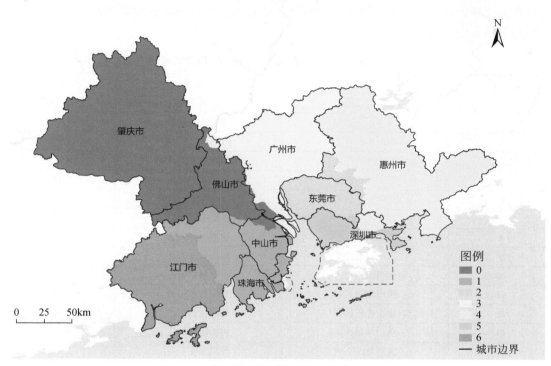

图 7-7　全域通勤网络内部村镇/街道社群分布

　　从上述分类可以发现，在全域通勤网络中，大部分社群分布呈现着明显的行政区域性，如社群 3 以广州村镇/街道为主，社群 4 以惠州地块为主，该类社群表明，城市内的通勤流动仍占据主要位置，跨市通勤的占比相对较小。同时一些社群分类出现了跨区划效应，即社群包含了多个城市间的村镇/街道，在社群 0 中肇庆和佛山的合并表明这两市通勤交往的密切程度，同样还有中山、珠海、江门为代表的社群 1，东莞、惠州为代表的社群 2，该类社群表明不同城市间联系的紧密程度，跨市通勤占比较高。在全域通勤网络的社群分布上，仍然表现出地理邻近性的特征，并没有"飞地"现象的存在。

7.3　珠三角城市间通勤网络结构特征

7.3.1　城市通勤网络的宏观微观特征

　　在珠三角全域通勤网络研究的基础上，进一步对筛选出的 285 个街道为代表的城市地区间的通勤网络进行分析。表 7-6 表明了城市通勤网络中排名前 30 的通勤流，主要分布在深圳、佛山和中山城市内部，根据图 7-8 对城市通勤网络的通勤流分布进行分析，发现在城市通勤网络中，高强度通勤主要分布在深圳、广州及佛山内部，而跨市通勤则主要分布在深圳—东莞、广州—佛山、中山—佛山、中山—珠海，周边城市（如肇庆、江门等）并没有完全融入通勤网络中。城市通勤网络在空间布局上形成广佛和深圳两个核心，城市通勤的头部集聚效应凸显。

表 7-6　城市通勤网络排名前 30 的村镇/街道间通勤流　　　（单位：人次）

排序	居住地	就业地	通勤流
1	佛山祖庙街道	佛山石湾街道	10 744
2	佛山祖庙街道	佛山桂城街道	10 072
3	中山东区街道	中山石岐区街道	8 204
4	深圳粤海街道	深圳西乡街道	7 992
5	深圳龙华街道	深圳民治街道	7 443
6	中山东区街道	中山火炬开发区	7 408
7	深圳新安街道	深圳西乡街道	7 216
8	深圳民治街道	深圳龙华街道	6 985
9	佛山石湾街道	佛山祖庙街道	6 920
10	惠州澳头街道	惠州淡水街道	6 905
11	佛山伦教街道	佛山大良街道	6 855
12	佛山大良街道	佛山伦教街道	6 600
13	佛山桂城街道	佛山祖庙街道	6 505
14	深圳粤海街道	深圳新安街道	6 411
15	深圳龙华街道	深圳坂田街道	6 349
16	深圳西乡街道	深圳新安街道	6 285
17	深圳粤海街道	深圳南头街道	5 878
18	惠州淡水街道	惠州澳头街道	5 808
19	佛山大良街道	佛山容桂街道	5 734
20	中山石岐区街道	中山东区街道	5 633
21	深圳龙岗街道	深圳龙城街道	5 427
22	东莞南城街道	东莞东城街道	5 327
23	深圳粤海街道	深圳南山街道	5 102
24	深圳龙城街道	深圳龙岗街道	5 099
25	深圳福海街道	深圳福永街道	5 091
26	深圳粤海街道	深圳桃源街道	5 071
27	东莞东城街道	东莞南城街道	5 049
28	深圳粤海街道	深圳沙河街道	4 916
29	深圳坂田街道	深圳龙华街道	4 885
30	珠海前山街道	中山火炬开发区	4 874

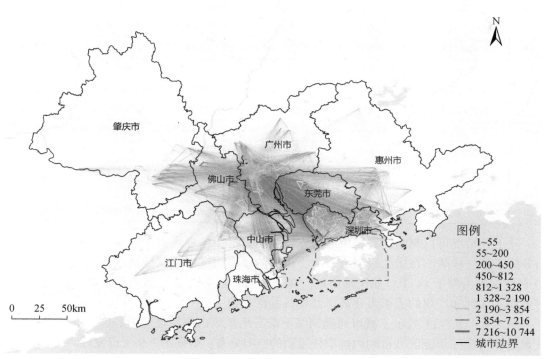

图 7-8　城市通勤网络通勤流空间分布

　　表 7-7 是珠三角城市通勤网络中前 20 街道的中心度排序。加权中心度前 20 的街道中深圳占据 14 个，广州占据 3 个，佛山占据 2 个，中山占据 1 个；入度排名前 20 的街道中深圳占据 15 个，广州、佛山各占据 2 个，中山占据 1 个；出度排名前 20 的街道中深圳占据 13 个，广州占据 5 个，佛山、中山各占据 1 个。

表 7-7　城市通勤网络中心度排名前 20 的村镇/街道

排序	街道	加权中心度	街道	加权入度	街道	加权出度
1	深圳粤海街道	94 076	深圳民治街道	48 893	深圳粤海街道	72 997
2	深圳龙华街道	90 011	深圳龙华街道	47 931	深圳福田街道	49 430
3	深圳福田街道	80 703	深圳西乡街道	43 893	深圳龙华街道	42 080
4	深圳民治街道	70 710	深圳新安街道	40 528	广州石牌街道	39 879
5	深圳西乡街道	66 917	深圳南湾街道	34 037	广州冼村街道	39 057
6	深圳新安街道	62 093	深圳福田街道	31 273	深圳园岭街道	32 481
7	深圳南湾街道	51 786	佛山桂城街道	27 171	深圳西丽街道	30 378
8	广州石牌街道	51 193	深圳桃源街道	26 700	深圳沙河街道	28 695
9	广州冼村街道	49 379	深圳龙岗街道	25 455	广州联和街道	25 467
10	深圳桃源街道	48 999	深圳布吉街道	24 825	广州五山街道	25 301

排序	街道	加权中心度	街道	加权入度	街道	加权出度
11	佛山桂城街道	46 968	中山火炬开发区	23 942	佛山祖庙街道	24 335
12	深圳沙河街道	46 769	深圳坂田街道	23 688	深圳沙头街道	23 485
13	深圳西丽街道	45 695	佛山石湾街道	21 262	深圳西乡街道	23 024
14	深圳龙岗街道	44 328	深圳粤海街道	21 079	深圳香蜜湖街道	22 715
15	深圳坂田街道	43 927	深圳梅林街道	20 773	深圳桃源街道	22 299
16	广州五山街道	43 659	深圳南头街道	20 701	深圳民治街道	21 817
17	佛山祖庙街道	42 652	深圳新桥街道	20 396	广州天河南街道	21 816
18	深圳沙头街道	39 827	广州棠下街道	20 225	深圳新安街道	21 565
19	深圳园岭街道	39 129	深圳龙城街道	19 671	中山东区街道	20 890
20	中山火炬开发区	39 001	广州赤岗街道	19 293	深圳莲花街道	20 768

从上述情况可以判断，在城市通勤人口吸引力上，深圳占据了绝对的首位，广州、佛山等处于第二梯队。在居住吸引力方面，深圳的吸引力远高于其他地区的街道，其排名前20名中深圳占据了14个，如民治街道、龙华街道、西乡街道及新安街道等；在就业吸引力方面，深圳和广州的吸引力要高于其他区县的街道。

图7-9～图7-11展示了城市通勤网络下珠三角地区内部街道的中心度分布，可以更加直观地分析珠三角地区城市间内部职住通勤的空间分布，根据图7-9可以发现，中心

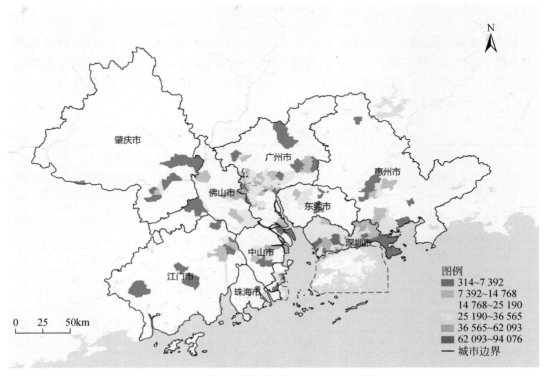

图7-9　城市通勤网络加权中心度空间分布

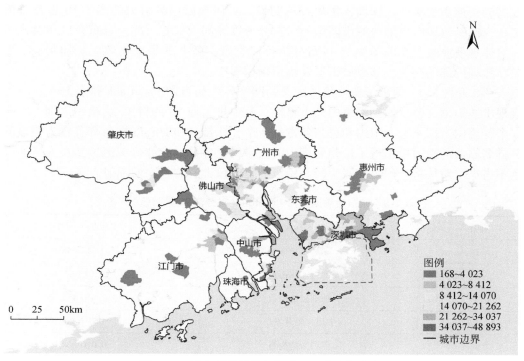

图 7-10　城市通勤网络加权中心入度空间分布

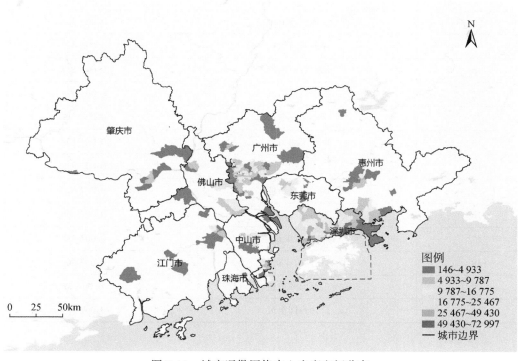

图 7-11　城市通勤网络中心出度空间分布

度较高的街道主要集中在深圳，集聚特征明显。对体现居住吸引力的图 7-10 进行分析可以发现，珠三角地区内部的城市网络的居住分布以深圳为核心，部分分布在广州及佛山内部。对体现就业吸引力的图 7-11 进行分析可以发现，就业的集聚化效应更加明显，主要分布在深圳内部的街道，如粤海街道及福田街道等。

表 7-8 和图 7-12 展示了珠三角地区通勤网络各个街道的 PageRank 排名分布，一定程度表现出该街道在整个通勤网络中的重要性，其中排名前 20 的村镇/街道中深圳、广州占据 6 个、佛山占据 4 个、中山和惠州各占据 2 个，该排名和中心度排名有着较为明显的差异，排名靠前的街道中出现了广州和佛山的大量街道，显示出部分街道虽然在人口通勤总量上不占据绝对优势，但是在吸引较高层级街道人口上有着较大的辐射力。

表 7-8　城市通勤网络内 PageRank 得分前 20 的村镇/街道

排序	街道	PageRank 得分
1	深圳龙华街道	0.013 688
2	佛山桂城街道	0.012 68
3	深圳民治街道	0.010 433
4	中山火炬开发区	0.010 26
5	深圳南湾街道	0.010 064
6	佛山祖庙街道	0.009 276
7	深圳西乡街道	0.009 236
8	广州市桥街道	0.009 003
9	深圳龙岗街道	0.008 816
10	佛山石湾街道	0.008 544
11	深圳新安街道	0.008 439
12	中山东区街道	0.008 217
13	广州洛浦街道	0.008 159
14	广州南洲街道	0.007 932
15	佛山大良街道	0.007 874
16	惠州淡水街道	0.007 568
17	广州白云湖街道	0.007 489
18	惠州河南岸街道	0.007 462
19	广州同和街道	0.007 44
20	广州赤岗街道	0.007 231

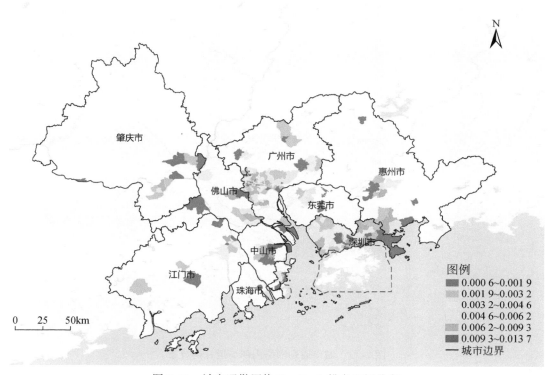

图 7-12　城市通勤网络 PageRank 排名空间分布

7.3.2　城市通勤网络的中观结构

图 7-13 展示了基于 Louvain 算法所得到的珠三角地区内部的社群分布结构，研究发现，珠三角地区内部被探测出 10 个社群：东莞为主的社群 0、佛山街道为主的社群 1、广州小部分街道的社群 2、广州大部分街道为主的社群 3、惠州大部分和深圳小部分街道的社群 4、江门街道为主的社群 5、深圳大部分村镇/街道的社群 6、深圳小部分街道的社群 7、中山和珠海为主的社群 8、肇庆街道为主的社群 9。

从上述分类可以发现，在城市通勤网络中，大部分社群在空间分布上更加破碎化，部分社群以单一城市行政单元为主，如在东莞、广州、深圳、江门以及肇庆内部均存在单一城市社群，在这类社群中，本市通勤仍占据主流，跨市通勤相对较少。同时一些社群分类也显示出同一个城市内部也开始分化出多个社群，如深圳内部分化出两个社群。还有部分社群则内部由多个城市街道组成，如惠深部分街道组成的社群 4、中山和珠海街道组成的社群 8。相较于全域通勤网络，城市通勤的社群分布更加离散化，跨市通勤在城市通勤中占比较高，城市内部也存在社群分化现象。

图 7-14 及图 7-15 分别展示了基于 WSBM 算法所呈现的珠三角城市网络社群分布及热力图矩阵。基于 WSBM 算法，在城市通勤网络中识别出多核心–边缘结构。其中分别以中

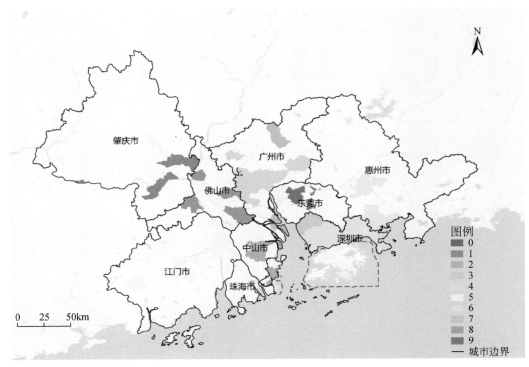

图 7-13　城市通勤网络内部街道社群分布

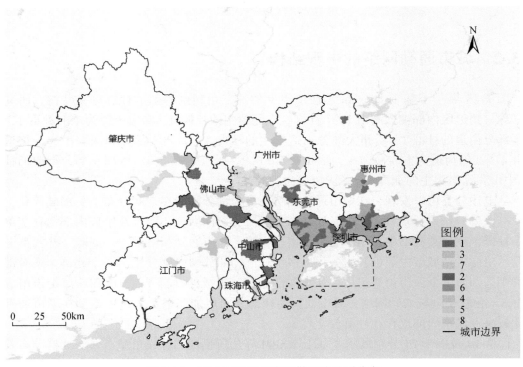

图 7-14　基于 WSBM 城市通勤网络社群分布

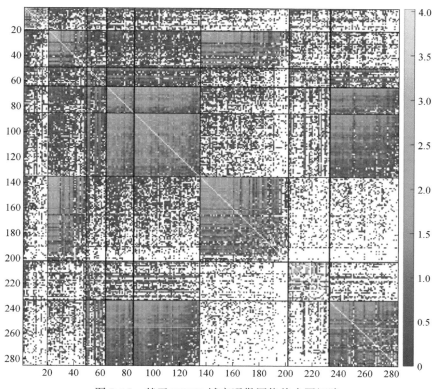

图 7-15　基于 WSBM 城市通勤网络热力图矩阵

山、珠海及佛山部分街道所构成的核心 1，社群 3 和社群 7 作为其边缘结构；深圳、东莞及惠州等构成的核心 2，由深圳、惠州及东莞部分街道构成的社群 6 组成其边缘部分；广州部分街道构成的核心 4，社群 5 和社群 8 作为其边缘部分。

图 7-15 中不同颜色表示所属组团，颜色深浅则代表其地位差异。在珠三角地区，主要形成了围绕深圳的东部组团、围绕广州的中部社群以及围绕中山珠海的西部组团，其整体在地理分布上呈现相互交错的状态。东部组团主要包含深圳、东莞及惠州全域街道并伴有部分佛山街道，其内部呈现出核心-边缘结构，四市的部分街道承担着核心作用，其他街道则在东部组团中呈现边缘结构；在中部社群中，其主要成员为广州内部各个街道，内部联系紧密呈现出社群结构；西部组团主要包含珠三角西部城市，如珠海、中山等，其内部呈现出明显的核心边缘结构，其中分别以珠海、中山及佛山部分街道为核心，江门及肇庆作为该组团的边缘结构。

7.4　珠三角村镇间通勤网络结构特征

7.4.1　村镇通勤网络的宏观微观特征

表 7-9 表明了村镇通勤网络中排名前 30 的村镇间通勤流，主要分布在佛山、东莞及

中山村镇内部，如佛山大沥镇到佛山狮山镇，根据图 7-16 分析发现，村镇网络高强度通勤主要分布在佛山、东莞、中山及珠海内部村镇之间。村镇网络通勤更多集中在本市和邻近市周边，而跨市间的村镇通勤分布则主要在深圳—东莞、广州—佛山、中山—佛山、中山—珠海。肇庆、江门等市的村镇通勤则呈现明显的破碎化分布，整体呈现发达地区乡镇网络化，边远地区乡镇破碎化的状态。

表 7-9　村镇通勤网络排名前 30 的村镇间通勤流　　　　　（单位：人次）

排序	居住地	就业地	通勤流
1	佛山大沥镇	佛山狮山镇	6220
2	佛山狮山镇	佛山大沥镇	5772
3	中山横栏镇	中山小榄镇	5572
4	中山东升镇	中山小榄镇	5504
5	中山小榄镇	中山东升镇	5064
6	佛山大沥镇	佛山里水镇	4386
7	佛山陈村镇	佛山北滘镇	4121
8	东莞长安镇	东莞虎门镇	4053
9	中山小榄镇	中山东凤镇	4016
10	佛山北滘镇	佛山陈村镇	3953
11	佛山里水镇	佛山大沥镇	3761
12	中山横栏镇	中山古镇镇	3599
13	东莞虎门镇	东莞长安镇	3530
14	佛山狮山镇	佛山里水镇	3432
15	中山东凤镇	中山小榄镇	3378
16	佛山龙江镇	佛山九江镇	3372
17	中山黄圃镇	中山南头镇	3371
18	佛山里水镇	佛山狮山镇	3336
19	佛山乐从镇	佛山龙江镇	3286
20	中山小榄镇	中山横栏镇	3189
21	中山横栏镇	中山东升镇	2999
22	中山南头镇	中山黄圃镇	2663
23	东莞清溪镇	东莞塘厦镇	2652
24	佛山南庄镇	佛山西樵镇	2585
25	中山东升镇	中山横栏镇	2571
26	佛山九江镇	佛山龙江镇	2522

排序	居住地	就业地	通勤流
27	珠海井岸镇	珠海白蕉镇	2483
28	佛山狮山镇	佛山丹灶镇	2471
29	珠海白蕉镇	珠海井岸镇	2382
30	东莞大朗镇	东莞常平镇	2368

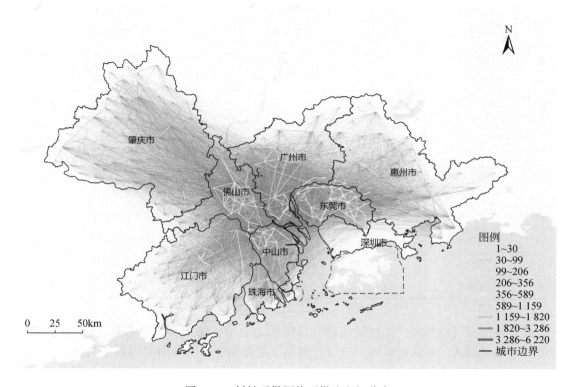

图 7-16　村镇通勤网络通勤流空间分布

　　表 7-10 是珠三角村镇通勤网络中前 20 的村镇的入度和出度排序。加权中心度前 20 的村镇中佛山、东莞占据 8 个，中山占据 4 个；入度排名前 20 的村镇中佛山占据 9 个，东莞占据 7 个、中山占据 4 个；出度排名前 20 的村镇中佛山占据 9 个、东莞占据 6 个、中山占据 5 个。在村镇间通勤网络中，佛山、东莞及中山的村镇处于核心地位。

表 7-10　村镇通勤网络中心度排名前 20 的村镇

排序	村镇/街道	加权中心度	村镇/街道	加权入度	村镇/街道	加权出度
1	佛山狮山镇	36 099	佛山狮山镇	18 321	佛山狮山镇	17 778
2	中山小榄镇	31 326	中山小榄镇	16 756	中山横栏镇	15 141

排序	村镇/街道	加权中心度	村镇/街道	加权入度	村镇/街道	加权出度
3	中山东升镇	28 597	中山东升镇	13 763	中山东升镇	14 834
4	佛山大沥镇	26 512	佛山大沥镇	13 145	中山小榄镇	14 570
5	中山横栏镇	24 137	东莞常平镇	12 318	佛山大沥镇	13 367
6	东莞常平镇	23 904	中山东凤镇	10 463	东莞常平镇	11 586
7	中山东凤镇	20 121	佛山里水镇	10 267	东莞大朗镇	10 449
8	佛山里水镇	19 253	东莞虎门镇	9 705	佛山乐从镇	9 677
9	东莞虎门镇	18 331	佛山北滘镇	9 131	中山东凤镇	9 658
10	东莞大朗镇	17 674	中山横栏镇	8 996	佛山里水镇	8 986
11	佛山乐从镇	17 511	东莞石龙镇	8 934	东莞虎门镇	8 626
12	佛山北滘镇	17 363	佛山龙江镇	8 143	佛山北滘镇	8 232
13	佛山龙江镇	15 945	佛山九江镇	8 043	东莞长安镇	8 074
14	东莞长安镇	15 148	佛山乐从镇	7 834	佛山龙江镇	7 802
15	东莞厚街镇	15 017	东莞桥头镇	7 761	东莞厚街镇	7 717
16	佛山九江镇	14 618	佛山西樵镇	7 637	佛山南庄镇	7 094
17	东莞石龙镇	14 544	东莞厚街镇	7 300	佛山西樵镇	6 872
18	佛山西樵镇	14 509	东莞大朗镇	7 225	中山黄圃镇	6 791
19	东莞桥头镇	14 248	东莞长安镇	7 074	东莞塘厦镇	6 757
20	东莞塘厦镇	13 672	佛山陈村镇	7 016	佛山陈村镇	6 595

从上述情况可以判断，在村镇通勤人口吸引力上中，佛山和东莞占据了绝对的首位，中山处于第二梯队。在居住吸引力方面，佛山、东莞和中山的吸引力远高于其他地区的村镇，三市排名最高的村镇分别为佛山狮山镇、中山小榄镇、东莞常平镇等；在就业吸引力方面，佛山、东莞和中山吸引力要高于其他区县的村镇，三市排名最高的村镇分别为佛山狮山镇、中山横栏镇和东莞常平镇。

图 7-17～图 7-19 展示了村镇通勤网络下珠三角地区内部村镇/街道的中心度分布，可以更加直观地分析珠三角地区村镇间职住通勤的空间分布，根据图 7-17 可以发现，湾区内部中心度较高的村镇主要集中在佛山及中山地区，核心集聚特征明显。对体现居住地辐射能力的图 7-18 进行分析可以发现，其空间分布特征同中心度分布类似，村镇居住地主要分布在佛山、东莞及中山等地。对体现就业地辐射能力的图 7-20 进行分析可以发现，就业的集聚化相对减弱，核心依旧以佛山、中山内部各村镇为主，但在周边城市（如珠海、惠州等地）也出现了次一级就业核心。

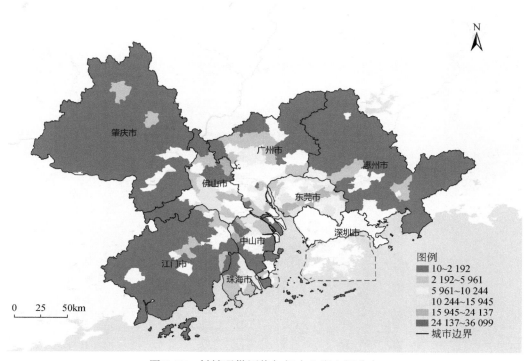

图 7-17　村镇通勤网络加权中心度空间分布

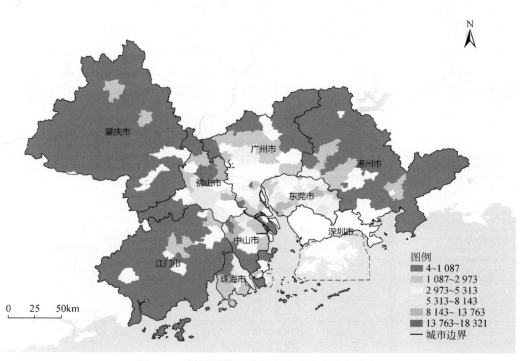

图 7-18　村镇通勤网络加权中心入度空间分布

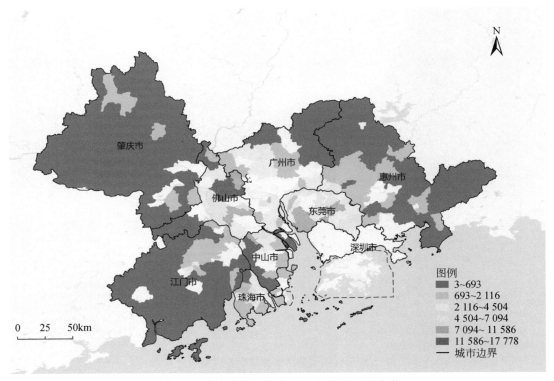

图 7-19　村镇通勤网络加权中心出度空间分布

表 7-11 和图 7-20 展示了珠三角地区村镇内部通勤网络各个村镇的 PageRank 分布，一定程度表现出该村镇在整个通勤网络中的重要性，其中排名前 20 的村镇中佛山占据 11个、中山占据 4 个、东莞占据 3 个、珠海和江门各占据 1 个，该排名和中心度排名有着较为明显的差异，排名靠前的村镇依旧以佛山等为主，但是在次一级核心中，部分村镇的重要性开始显现出来，且空间分布更加分散。

表 7-11　村镇通勤网络 PageRank 排名前 20 的村镇

排序	村镇	PageRank
1	佛山狮山镇	0.028 891
2	佛山大沥镇	0.021 347
3	佛山里水镇	0.015 572
4	中山小榄镇	0.015 338
5	中山东升镇	0.014 499
6	佛山北滘镇	0.013 205
7	东莞常平镇	0.012 269
8	佛山九江镇	0.011 793
9	佛山龙江镇	0.011 736

排序	村镇	PageRank
10	佛山西樵镇	0.011 666
11	佛山乐从镇	0.011 663
12	中山东凤镇	0.011 266
13	珠海井岸镇	0.010 656
14	佛山陈村镇	0.010 524
15	佛山丹灶镇	0.010 416
16	中山横栏镇	0.010 372
17	东莞石龙镇	0.010 168
18	东莞虎门镇	0.010 028
19	佛山南庄镇	0.009 8
20	江门水口镇	0.009 437

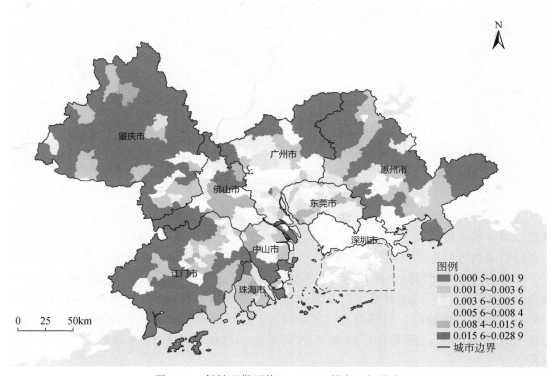

图 7-20 村镇通勤网络 PageRank 排名空间分布

7.4.2 村镇通勤网络的中观结构

图 7-21 展示了基于 Louvain 算法所得到的珠三角地区内部村镇网络的社群分布结构,

研究发现珠三角地区内部被探测出 9 个社群：部分东莞及小部分广州村镇为主的社群 0、佛山及部分肇庆村镇为主的社群 1、大部分广州村镇为主的社群 2、大部分中山村镇为主的社群 3、珠海及小部分中山村镇为主的社群 4、部分东莞及部分惠州村镇为主的社群 5、部分惠州村镇的社群 6、江门村镇的社群 7、大部分肇庆村镇为主的社群 8。

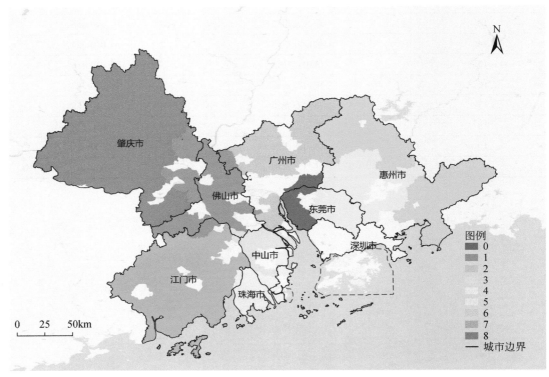

图 7-21　村镇通勤网络内村镇社群分布

　　从上述分类可以发现，在村镇通勤网络中，社群分布体现出更强的地理邻近性，部分社群以单一城市村镇为主，如在江门村镇的社群 7 以及肇庆村镇社群 8，该类社群中本市内部村镇通勤占据主流。同时一些社群分类显示，同一个城市内部也开始分化出多个社群，如惠州内部分化出两个社群。还有部分社群内部由多个城市村镇组成，具有代表性的为佛山肇庆村镇组成的社群 1 以及惠州东莞村镇组成的社群 5，该类社群表明部分村镇的跨市通勤占比较高，与邻市之间联系紧密。村镇通勤网络的社群分布表明，其整体遵循行政区划分布，但是在不同城市的交界处，村镇联系往往更加紧密，产生新的社群。

　　图 7-22 和图 7-23 分别展示了基于 WSBM 算法所测度出的珠三角村镇网络，其呈现出明显的单核心边缘结构，以佛山大部分村镇为主的核心 1，以广州、东莞及中山村镇所构成的次核心 2，其余社群作为边缘结构，村镇网络整体网络密度低于城市网络，联系强度较高的村镇多为城镇化率较高且离中心城市较近的村镇，边缘村镇间没有形成成规模的联系网络。

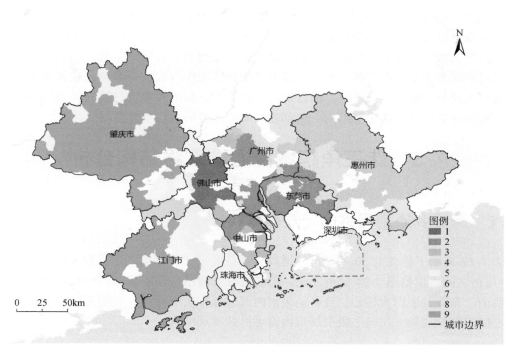

图 7-22 基于 WSBM 算法的村镇通勤网络社群分布

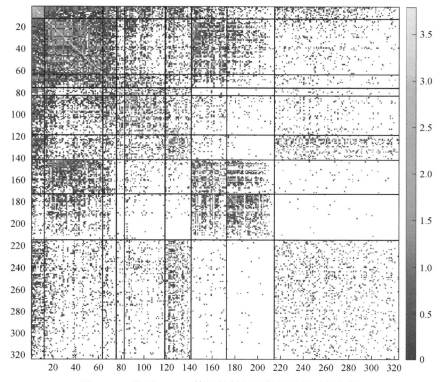

图 7-23 基于 WSBM 算法的村镇通勤网络热力图矩阵

图 7-23 中颜色深浅则代表其联系强度大小所呈现的地位差异。整个社群在珠三角地区地理分布上形成了以佛山为核心的圈层扩散结构，与其网络的核心-边缘中观结构相呼应。其中佛山市作为珠三角村镇网络的核心圈层，其内部联系紧密，且分别和东莞、广州及中山村镇联系密切，而广州、东莞、佛山三市村镇则作为次核心圈层，在保持自身内部紧密联系的同时辐射着周边地区。而以肇庆、江门及惠州绝大多数村镇为代表的边缘圈层则作为整体通勤网络中的边缘结构，内部联系和跨社群联系均十分薄弱。

7.5 珠三角跨城乡通勤网络结构分析

7.5.1 跨城乡通勤网络的宏观微观特征

表 7-12 表明了排名前 30 的城市间通勤流，主要分布在佛山、东莞和中山城市内部的村镇/街道之间，根据图 7-24 分析发现，跨层级城乡网络呈现明显多核心放射状分布，其中以佛山、东莞及中山为核心，且各地级市内部也存在次级核心，表明跨城乡通勤呈现出主核心吸引跨城通勤，次核心吸引城市内部通勤的双层结构。

表 7-12 跨城乡通勤网络排名前 30 的村镇/街道通勤流　　　（单位：人次）

排序	居住地	就业地	通勤流
1	中山沙溪镇	中山西区街道	5305
2	中山西区街道	中山沙溪镇	5157
3	佛山大沥镇	佛山桂城街道	4773
4	中山黄圃镇	佛山容桂街道	4188
5	东莞松山湖-生态园	东莞寮步镇	3939
6	东莞松山湖-生态园	东莞大朗镇	3886
7	佛山桂城街道	佛山大沥镇	3871
8	广州新塘镇	广州永宁街道	3707
9	东莞大朗镇	东莞松山湖-生态园	3662
10	惠州大岭镇	惠州平山街道	3649
11	佛山勒流街道	佛山杏坛镇	3587
12	东莞东城街道	东莞寮步镇	3519
13	广州永宁街道	广州新塘镇	3331
14	深圳平湖街道	东莞凤岗镇	3326
15	佛山北滘镇	佛山伦教街道	3308
16	中山西区街道	中山港口镇	3265
17	佛山狮山镇	佛山桂城街道	3249
18	东莞凤岗镇	深圳平湖街道	3232
19	东莞寮步镇	东莞东城街道	3126

续表

排序	居住地	就业地	通勤流
20	中山港口镇	中山西区街道	3108
21	惠州平山街道	惠州大岭镇	3078
22	东莞寮步镇	东莞松山湖-生态园	3058
23	中山港口镇	中山石岐区街道	3045
24	中山横栏镇	江门外海街道	2990
25	佛山容桂街道	中山黄圃镇	2929
26	中山石岐区街道	中山港口镇	2919
27	江门水口镇	江门长沙街道	2887
28	中山东升镇	中山西区街道	2880
29	中山火炬开发区	中山坦洲镇	2841
30	广州狮岭镇	广州新华街道	2834

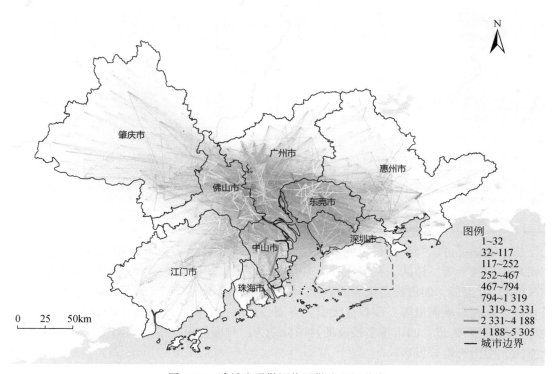

图 7-24　跨城乡通勤网络通勤流空间分布

　　表 7-13 是珠三角跨城乡通勤网络中 20 个村镇/街道的入度和出度排序。加权中心度度前 20 的村镇/街道中佛山占据 9 个、东莞占据 5 个、广州和中山各占据 3 个；入度排名前 20 的村镇/街道中佛山占据 7 个，东莞占据 5 个、广州和中山各占据 3 个；出度排名前 20 的村镇/街道中佛山占据 8 个、东莞占据 5 个、广州占据 4 个、中山占据 3 个。在珠三

角地区跨层级城乡通勤网络中，佛山、东莞及广州占据较高层级，其中广州南村镇及佛山大沥镇在跨层级网络中中心度及出入度分别排名第一、第二，表明其在城乡通勤中优势明显。

表 7-13　跨城乡通勤网络中心度排名前 20 的村镇/街道

排序	村镇/街道	加权中心度	村镇/街道	加权入度	村镇/街道	加权出度
1	广州南村镇	45 530	广州南村镇	24 773	广州南村镇	20 757
2	佛山大沥镇	40 755	佛山大沥镇	23 286	佛山大沥镇	17 469
3	佛山桂城街道	31 472	佛山桂城街道	17 379	东莞松山湖-生态园	16 684
4	中山火炬开发区	30 651	广州太和镇	16 118	中山火炬开发区	15 486
5	东莞松山湖-生态园	30 341	中山火炬开发区	15 165	东莞东城街道	14 160
6	东莞东城街道	28 184	东莞东城街道	14 024	佛山桂城街道	14 093
7	中山西区街道	27 043	中山西区街道	13 867	佛山狮山镇	13 494
8	广州太和镇	25 966	东莞松山湖-生态园	13 657	中山西区街道	13 176
9	佛山狮山镇	25 590	佛山容桂街道	13 370	东莞长安镇	10 574
10	中山港口镇	21 695	佛山狮山镇	12 096	中山港口镇	10 506
11	佛山容桂街道	21 466	广州新塘镇	11 940	广州太和镇	9 848
12	东莞长安镇	20 704	佛山石湾街道	11 522	佛山北滘镇	9 512
13	广州新塘镇	20 476	中山港口镇	11 189	佛山祖庙街道	8 776
14	佛山石湾街道	20 097	佛山陈村镇	10 246	佛山石湾街道	8 575
15	佛山陈村镇	18 304	东莞长安镇	10 130	广州新塘镇	8 536
16	东莞寮步镇	18 225	东莞寮步镇	9 697	东莞寮步镇	8 528
17	东莞凤岗镇	17 619	东莞凤岗镇	9 255	东莞凤岗镇	8 364
18	佛山北滘镇	17 255	广州新华街道	9 017	佛山容桂街道	8 096
19	佛山祖庙街道	16 980	佛山大良街道	8 677	佛山陈村镇	8 058
20	佛山大良街道	15 361	广州大龙街道	8 550	广州人和镇	7 572

从上述情况可以判断，在跨城乡通勤人口吸引力上，佛山占据了绝对的首位，东莞、广州和中山处于第二梯队。在居住吸引力方面，佛山、东莞、广州和中山吸引力高于其他地区的村镇/街道，四市排名最高的村镇/街道分别为广州南村镇、佛山大沥镇、中山火炬开发区、东莞东城街道等；在就业吸引力方面，佛山、东莞、广州和中山吸引力要高于其他区县的村镇/街道，四市排名最高的村镇分别为广州南村镇、佛山大沥镇、东莞松山湖-生态园、中山火炬开发区。

图 7-25 ~ 图 7-27 展示了跨城乡网络下珠三角地区内部街道/村镇的中心度分布，可以更加直观地分析珠三角地区城乡间内部职住通勤的空间分布，根据图 7-25 可以发现，粤港澳大湾区内部的城乡间职住通勤分布在佛山、东莞及中山等地，且中心度较高的街道/村镇主要集中在佛山，集聚特征明显。对体现居住地辐射能力的图 7-26 进行分析可以发现，入度和中心度分布的空间结构整体相似。对体现就业地辐射能力的图 7-27 进行分析可以发现，就业的空间分布更加分散，呈现以佛山、东莞和中山为核心的扩散圈状分布。

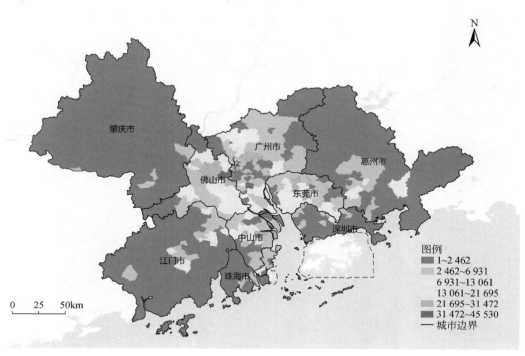

图 7-25 跨城乡通勤网络加权中心度空间分布

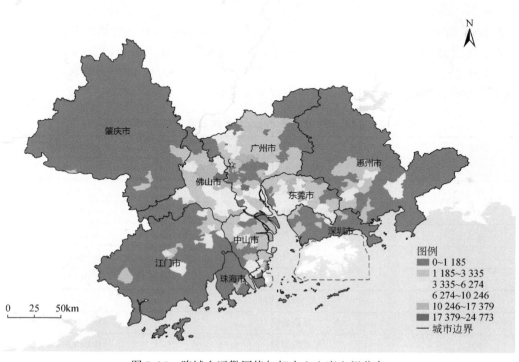

图 7-26 跨城乡通勤网络加权中心入度空间分布

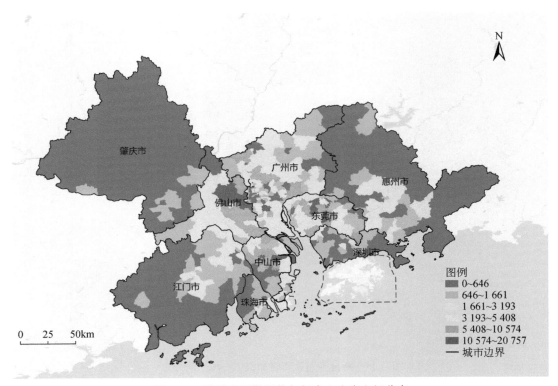

图 7-27　跨城乡通勤网络加权中心出度空间分布

表 7-14 和图 7-28 展示了珠三角地区跨层级通勤网络各个街道/村镇的 PageRank 分布，一定程度表现出该街道/村镇在整个通勤网络中的重要性，其中排名前 20 的街道/村镇中佛山占据 9 个、广州、东莞占据 4 个、中山占据 2 个、江门占据 1 个，该排名和中心度排名有着较为明显的差异，佛山村镇依旧占据主要地位。

表 7-14　跨城乡通勤网络 PageRank 排名前 20 的村镇/街道

排序	村镇/街道	PageRank 排名
1	佛山大沥镇	0.022 589
2	广州南村镇	0.019 044
3	佛山桂城街道	0.016 375
4	广州太和镇	0.012 66
5	中山火炬开发区	0.012 093
6	佛山狮山镇	0.011 206
7	东莞东城街道	0.010 86
8	广州新塘镇	0.010 804
9	东莞凤岗镇	0.010 648
10	佛山容桂街道	0.010 271

排序	村镇/街道	PageRank 排名
11	佛山石湾街道	0.009 676
12	佛山陈村镇	0.009 596
13	东莞松山湖-生态园	0.009 219
14	中山西区街道	0.008 925
15	东莞长安镇	0.008 389
16	佛山里水镇	0.008 016
17	广州大龙街道	0.007 557
18	佛山北滘镇	0.007 458
19	佛山大良街道	0.007 45
20	江门会城街道	0.007 421

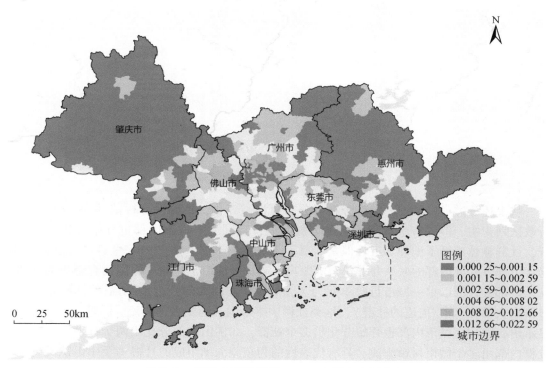

图 7-28　跨城乡通勤网络 PageRank 排名空间分布

7.5.2　跨城乡通勤网络的中观结构表

图 7-29 展示了基于 Louvain 算法所得到的珠三角地区内部的社群分布结构，研究发现

珠三角地区内部被探测出 9 个社群：部分佛山小部分中山为主的社群 0，东莞、深圳及小部分惠州为主的社群 1，部分佛山、小部分肇庆为主的社群 2，广州及小部分东莞、惠州的社群 3，惠州大部分的社群 4，部分江门及小部分肇庆的社群 5，江门大部分村镇/街道的社群 6，肇庆大部分村镇/街道的社群 7，中山、珠海为主的社群 8。

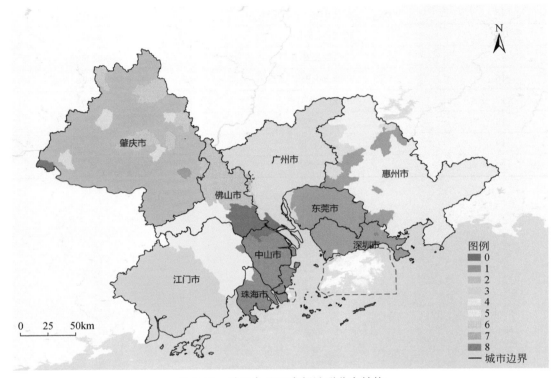

图 7-29　珠三角地区内部社群分布结构

　　从上述分类可以发现，大部分社群分布更加破碎化，社群内部村镇/街道以某个城市行政区划为主，但是跨城市间的通勤更加明显，且同一个城市内部也开始分化出多个社群，社群整体遵循了地理邻近性但是出现了"飞地"现象，并没有完全遵循邻近性原则。隐含了部分社群内部的联系并非单纯随距离衰减，可能由于产业等原因而有着更加密切的联系。部分社群以单一城市行政单元为主，如包含江门大部分村镇/街道的社群 6 以及包含肇庆大部分村镇/街道的社群 7，这类社群中本市内部通勤占据主流。同时一些社群分类显示出，同一个城市内部也开始分化出多个社群，如佛山内部分化出两个社群。还有部分社群内部由多个城市村镇组成，具有代表性的为东莞深圳组成的社群 1 及中山珠海为主的社群 8，这类社群表明这些城市之间联系紧密，跨市通勤占比较高。

7.6　本章小结

　　本章基于手机信令进一步计算出各村镇/街道间通勤的数据，依据不同城乡通勤类型，构建全域通勤网络、城市通勤网络、村镇通勤网络以及跨城乡通勤网络进行网络空间结构对比分析。通过复杂网络分析方法从微观、宏观和中观尺度来探究大湾区内部城乡通勤网络结构，其中微观尺度侧重于对具体节点及通勤的特征进行描述，宏观尺度侧重于对聚落空间网络的等级规模进行分析，并采用 PageRank 算法对节点重要性进行排序；中观结构分析是指通过判断城市等空间单元之间要素流动的特征和模式，采用 Louvain 算法识别区域社群结构，运用 WSBM 算法来测度真实中观结构，识别空间单元的角色和地位。

在通勤流的空间分布上，全域人口通勤网络中高强度通勤主要分布在深圳、广东及佛山内部，跨市通勤则主要分布在深圳—东莞、广州—佛山、中山—佛山、中山—珠海，周边城市（如肇庆、江门等）并没有完全融入通勤网络中；城市通勤网络中头部集聚效应凸显，主要形成广佛和深圳两个核心，高强度跨市通勤则集中在广佛、中山珠海之间；村镇通勤网络呈现出发达地区村镇网络化、边远地区村镇破碎化的结构，村镇通勤流主要分布在佛山、东莞及中山，通勤更多集中在本市和邻近市；跨城乡通勤网络中呈现出多核心放射状分布，城市地区等级分化，跨城乡网络通勤流主要分布在佛山、东莞和中山城市内部。

根据中心度的分析可以识别出珠三角城乡网络中各个村镇/街道的人口吸引力强度，并进一步对其就业和居住吸引力进行分析。在全域通勤网络中，深圳、佛山及广州整体人口吸引力较强。在居住吸引力方面深圳和佛山的吸引力高于其他地区，在就业吸引力方面深圳和广州显著高于其他地区；在城市通勤网络人口吸引力上，深圳占据了绝对的首位，广州、佛山等处于第二梯队。在居住吸引力方面，深圳的吸引力远高于其他地区，在就业吸引力方面，深圳和广州的吸引力要高于其他地区；在村镇通勤网络人口吸引力上，佛山和东莞占据了绝对的首位，中山处于第二梯队。在居住吸引力方面，佛山、东莞和中山的吸引力远高于其他地区的村镇，在就业吸引力方面，佛山、东莞和中山吸引力要高于其他地区；在跨城乡通勤网络人口吸引力上，佛山占据了绝对的首位，东莞、广州和中山处于第二梯队。在居住和就业吸引力方面，佛山、东莞、广州和中山吸引力高于其他地区。

在城乡通勤网络的社群分布上，全域人口通勤网络中社群划分呈现出明显的行政区划性，表明城市内部的通勤流动仍占据主要位置，肇庆、江门、珠海及中山等市社群则没有完全遵循行政区划，表明核心城市影响外溢；城市通勤网络中社群分布更加破碎化，跨城市间的通勤更加明显，同一个城市内部也开始分化出多个社群；村镇通勤网络中社群分布整体遵循地理邻近性的原则，东莞及惠州、佛山与肇庆在村镇网络尺度上联系强度更加突出；跨城乡通勤网络中社群分布较全域网络有着明显差异，社群划分出现"飞地"现象。

在此基础上进一步采用 WSBM 识别城市人口流动网络和村镇人口流动网络的潜在中观尺度结构。在城市通勤网络中形成了以深圳、广州及中山珠海为核心的多核心-边缘结构，在空间布局上形成了围绕深圳的东部组团、围绕广州的中部社群以及围绕中山珠海的西部组团，其整体在地理分布上呈现相互交错的状态。而在村镇通勤网络中则呈现出明显的单核心边缘结构，在地理分布上呈现出圈层扩散结构：以佛山大部分村镇为主的核心，以广州、东莞及中山村镇所构成的次核心，其余作为边缘结构。整个社群在珠三角地区地理分布上形成了以佛山为核心的圈层扩散结构，与网络的核心-边缘中观结构相呼应。

|第8章| 村镇聚落空间网络结构的形成
因素与作用机理

除了从村镇聚落内部的物质空间（如土地利用、居民点等）研究村镇聚落的空间形态变化外，乡村的社会、文化、经济空间作为村镇聚落空间的重要组成部分，需要更深入的研究。外部空间结构体现出了流的空间特征，如人口流动承载着村镇聚落的文化交流、社会资本网络、经济活动等众多要素，是村镇聚落社会文化空间的集中体现和载体，因此从人口流动联系角度来看，村镇聚落之间的空间联系提供了观察其内部变化以及流动空间变化机理的可靠工具。

回顾研究进展可以发现，现有的农村居民出行研究主要存在三方面不足：①主要集中在城市地区，对农村居民的出行特征关注不够，一般只在少数研究中依赖传统的调查数据。然而，传统的调查数据存在样本量有限、调查成本高、周期长等缺点，不支持对居民出行行为特征进行大尺度、长时间序列、细时间粒度的分析。本研究利用手机信令大数据，通过大数据挖掘技术和大数据分析技术，研究农村人口流动的驱动力，为粤港澳大湾区农村交通规划和建设重大战略提供新的、及时的决策依据。②目前对农村居民出行行为影响因素的研究比较少，只研究了农村地域系统的单一要素或内部交通运行系统，缺乏对内部交通运行系统、外部环境系统、地域系统整体互动过程的研究，导致影响因素分析不全面，可能夸大了某一要素的作用，在耦合机制方面，目前的研究侧重于农村空间对居民出行的影响，却忽视了农村空间与居民出行的动态互动。③对农村居民出行的未来演变进行预测和模拟的研究比较缺乏。系统模型是地球系统科学研究理论的高度浓缩和普遍表达，也是在了解现状的基础上预见未来趋势的客观需要。然而，农村居民出行模型的研发成果不多，进展缓慢，目前的模型理论主要基于交通工程和交通经济学理论，模型算法难以反映农村交通内部运行系统与外部农村空间系统相互作用的客观规律，对农村交通与农村空间的多层次耦合特征反映不足，因而对规划决策的技术支撑作用较弱。

本章在流动空间理论（Castells, 1996）的支持下，利用加权地理回归模型，结合手机信令、社会经济、文化等多维要素，探究流动空间的驱动因素及作用机理，可以很好地解决传统方法中连续性和距离衰减做法的不足，为宏观尺度的区域、全国乃至世界空间网络结构提供了较好的示范效果。本章从中观尺度——村镇聚落流动空间考察村镇聚落的空间网络结构变化，对村镇聚落网络结构的内在驱动因子以及作用机理进行分析，对理解村镇聚落的空间结构，揭示村镇聚落的演化规律，解释村镇聚落变化的驱动力具有重要意义。

8.1 珠三角村镇间人口流动网络
形成的影响因素分析

8.1.1 珠三角村镇聚落的数据与动力因子提取

1. 研究区域

除了香港和澳门，珠江三角洲目前包括广州等在内的 9 个地级市。广州拥有中国最早的对外贸易港口，且在珠三角占据了主导核心地位。最近 10 年，深圳逐渐成为该地区的另一个核心城市，围绕广州、深圳"两核"，接受外溢的地区发展较快，同时村镇聚落发展较为迅速。

农村地区是珠江三角洲的重要组成部分，占全域面积的 2/3 以上。广东省政府印发《广东省建立健全城乡融合发展体制机制和政策体系的若干措施》，提出"推进镇村融合"，建设"特色小镇"，珠三角地区对标建设世界级城市群。除深圳外，每个城市都有不同面积的农村，以佛山、东莞所辖村镇发展最为迅猛，镇域经济最为发达。

作为推进经济转型升级和新型城镇化的重要抓手，特色小镇近年来在广东得到较大发展。广东省因地制宜积极发挥小镇优势和特色，助力乡村振兴。广东省着力建设的特色小镇有 142 个，包括生态旅游型、时尚创意型、新兴产业型、历史文化型等，涵盖多个街镇，分别具有生态设计、田园童话、现代花卉、绿色健康、人工智能、音乐等文旅、生态、科技特色元素。数量位居前三的分别是佛山（31 个）、广州（21 个）、梅州（10 个）。另外，目前提交审议的《广东省乡村振兴促进条例（草案）》（简称"草案"），支持通过快递体系、教育等助力乡村振兴，实现共同富裕。由此，珠三角地区村镇样本丰富且一体化程度较高，区域联系紧密，形成了大量数据，是研究村镇聚落空间网络结构的绝佳样本。

2. 驱动因子变量选择与数据获取

本研究使用的数据包括两类：人口流动数据和其他用于解释变量的社会经济发展数据。为了测量粤港澳大湾区村镇空间网络，本研究使用中国电信的手机信令数据，中国电信是国内领先的移动通信运营商，用户基础广泛，数据具有较好代表性。该数据集包括 2018 年 4 月在珠三角生活和工作的不记名中国电信用户的位置信息。该数据集共有 1200 多万通勤者，其中广州占 24.76%，深圳占 21.26%，东莞占 14.37%，佛山占 13.97%，其余占 25.64%。原始数据的地理尺度分辨率为 500m，我们通过汇总梳理得到大湾区所有村镇聚落的人口流动情况。在所有通勤流中，85.31% 发生在同一区县范围内，本研究更多关注村镇聚落之间的外部联系，324 个乡镇为代表的乡镇，18 458 对有联系的村镇聚落之间的产生总流量为 1 718 068 人次。

就解释变量而言，本研究在参考已有文献基础上，结合数据获得性，以及村镇聚落的实际情况，主要从人口特征、经济发展、交通条件、城市化水平，以及流层面上的文化差异、区域可达性等方面选择了 18 个变量作为驱动力的待检验变量。其中，人口特征数据包括年龄结构（15~64 岁人口占比）、性别构成（男性人口占比）、人口密度（常住人口/总面积），数据通过全国第六次人口普查的直接数据经过初步计算得到。经济发展数据包括 GDP、住房价格、土地利用结构（农业用地占总用地面积的比例）、就业密度（企业 POI 数量/区域面积）。GDP 数据来源于《广东统计年鉴》，住房价格数据来源于安居客网站，爬取了镇域范围内的商品房小区在 2018 年 4 月时点价格，然后加权平均得到镇域范围内住房平均价格，土地利用结构数据来源于 2015 年《广东省国土资源年鉴》，地图 POI 数据来源于百度地图。交通条件数据包括路网密度（道路总长度/区域面积）、火车站可达性、到 CBD 距离，此类数据均来自百度地图。城市化水平数据包括产业结构（第一产业占比）、土地城市化（建成区面积/镇域总面积）、人口城市化（户籍人口占比）。各产业产值数据、建成区面积与总面积数据来源于《广东统计年鉴》，户籍人口数据来源于广东省第六次人口普查数据。在流层面，方言划分来自《广东省志·方言志》，根据哑变量赋值，两地之间方言相同设为 1，不同则为 0；边界分为区边界和市边界，根据赋值规则，属于相同区（市）设为 1，否则设为 0，数据来源于百度地图；高铁可达性和城际可达性分别表示两地之间是否通高铁或城际铁路（是＝1，否＝0），数据从中国铁路 12306 网站上爬取；汽车可达性指开车从出发地到目的地的时间，在百度地图上获取。

总而言之，本研究的因变量是人口流动，用手机信令数据识别到的往返村镇之间的人口流动总频次表示。自变量包括人口特征、经济发展、交通条件、城市化水平等，各变量的数据统计见表 8-1。

表 8-1　变量说明及数据描述性统计

类型	准则	变量名称	变量描述	最大值	最小值	均值	方差
因变量	人口流动	流的数量	被识别到的往返两地的人流频次/1000 人	25.81	0	11.22	72.63
自变量	地方层面的因素						
	人口特征	年龄结构	15~64 岁人口占比/%	62.59	0	10.94	12.32
		性别构成	男性人口占比/%	52.86	48.63	50.12	5.28
		人口密度	常住人口/总面积/（100 人/km²）	9.50	0.06	1.19	15.85
	经济发展	GDP	2018 年国内生产总值/1000 亿元	7.58	0.11	2.38	26.41
		住房价格	村镇住房平均价格/（1000 元/m²）	32.85	4.27	12.69	8.09
		土地利用结构	农用地/建设用地（农用地包括耕地、林地、草地）/%	0.99	0	0.84	0.21
		就业密度	企业 POI 数量/区域面积/（100 个/km²）	13.97	0.09	3.22	26.90

类型	准则	变量名称	变量描述	最大值	最小值	均值	方差
自变量	交通条件	路网密度	道路总长度/镇域面积/(km/km²)	0.64	0.15	0.21	0.18
		火车站可达性	去最近火车站的最短时间/min	97.03	1.48	17.92	13.81
		到 CBD 距离	到 CBD 的直线距离/m	45.41	0.00	15.41	8.74
	城市化水平	产业结构	第一产业占比/%	38.84	3.47	11.21	13.88
		土地城市化	建成区面积/镇域总面积/km²	1.00	0.16	0.83	0.55
		人口城市化	户籍人口占比/%	0.87	0.39	0.57	0.96
	流层面的因素						
	文化差异	方言	两个村镇方言是否相同（哑变量，是=1）	1.00	0	0.89	0.17
	边界效应	区边界	两个村镇属于同一个区（哑变量，是=1）	1.00	0	0.06	0.44
		市边界	两个村镇是同一个市（哑变量，是=1）	1.00	0	0.18	0.90
	区域可达性	高铁可达性	两地之间是否通高铁（是=1，否=0）	1.00	0	1.02	6.9
		城际铁路可达性	两地之间是否通城际铁路（是=1，否=0）	1.00	0	1.09	8.4
		汽车可达性	从某一村镇到另一村镇的最短驾车距离/min	97.03	1.48	17.92	13.80

3. 基于流的地理加权回归研究方法

校准空间互动模型的传统方法主要是基于流动模式在空间上是静止的假设的全球回归模型（如 OLS、泊松回归和负二项式回归）。然而，在区域范围内驱动交通流的社会经济系统表现出异质性的密度、强度和多样性。在地理学中，考虑空间非平稳性的局部回归方法有了新的发展，其中 GWR 已经成为最流行的方法之一。本书使用基于流的地理加权回归方法（flow-based Geographically weighted regression，FGWR）对所有变量进行多次回归，通过共线性检验等方法，逐步剔除部分变量，得到最终的模型。

8.1.2 珠三角村镇聚落间通勤流与非通勤流的不同驱动力比较

从表 8-2 可以看到，绝大多数自变量（包括人口特征、经济发展、交通条件、城市化水平、文化差异、边界效应和区域可达性）对村镇人口流动存在显著的影响，影响效果存在差异性，并且部分指标（如铁流可达性）对村镇人口流动反而是正向的影响，与一般的认识产生冲突，但是这个结果并不显著，说明不可信。许多关于农村流动性的文献，对社会经济和建成环境在城市背景下进行了大量讨论。不同的规模可能导致不同的结果，农村城镇之间的人口流动可能不同于城市地区，这在很大程度上被忽视。在广大农村地区，铁路等距离较远，村镇之间通铁路的情况极少，这是只有较大城市才有的配套，并不是乡村地区人们出行的常用交通工具，因此，村镇之间的铁路可达性对人口流动的影响并不显著是可以理解的。

表 8-2　FGWR 的结果

变量名称	模型 1：通勤			模型 2：非通勤		
	系数	t	P-value	系数	t	P-value
截距	8.425	−0.090	0.928	−6.387	−0.162	0.871
年龄	0.013	0.354	0.724	0.000	0.020	0.984
性别	−0.015	−0.408	0.683	0.002	0.081	0.935
房价	0.038	1.163	0.245	0.038	2.012	0.044
人口密度	0.052	0.602	0.110	0.006	0.327	0.743
道路密度	0.013	0.391	0.696	−0.022	−1.142	0.254
土地利用结构	−0.048	−1.492	0.136	−0.026	−1.353	0.176
方言	0.059	1.765	0.078	0.016	0.816	0.415
行政区划	0.187	5.581	0.000	0.231	12.2	0.000
市级边界	0.062	1.678	0.094	0.104	4.842	0.000
汽车可达性	−0.131	−3.972	0.000	−0.016	−0.724	0.469
高速铁路	0.020	0.450	0.653	0.043	1.981	0.048
城际铁路	−0.024	−0.527	0.598	0.005	−0.213	0.832

　　具体而言，从人口特征方面来看，15~64 岁的中青年人口数量占比对村镇之间人口流动具有正向影响，男性人口占比越高，流动性越强。相似研究表明，性别差异在通勤决策中起着调节作用。研究发现，男性员工（80.5%）比女性员工更愿意通勤，男性通勤时间比女性更长。城市化越高的地区，人口流动越活跃。农用地占比高，说明该村镇城市化程度低；建成区面积占比高，说明城市化水平高。因此，农用地占比对人口流动具有抑制作用；而建成区面积越高的地方人口流动越频繁，与经济发展规律一致。城市户籍人口占比高，说明流动人口较少，抑制人口流动。

　　此外，文化因素也影响村镇之间的人口流动。使用同种方言的村镇之间，人员交往更加密切。就行政区划而言，同一行政区的人员之间流动更加频繁，而同属一个市的人口却不一定。火车站的可达性对村镇人口流动的影响有限，而汽车可达性的影响较为显著，反映了当前村镇之间的交通方式以汽车为主，这主要是由出行距离和方便性等因素决定的。中国的乡村正在经历快速城镇化的过程，对居民出行产生了深远的影响。

　　从村镇之间联系的视角来看，文化差异、边界效应、区域可达性等对区域流动性有显著影响。以方言作为检验变量，结果表明在方言相同的地方，两地的交往更为密切，这反映了社会文化在乡村流动性的重要作用，验证了已有的研究（Wu et al.，2016）。两种不同类型的边界出现了异质性。其中，在同一行政区有利于人口的流动，而同属同一市辖区对人员流动的作用不明显，说明在同一行政区范围内对人口流动的积极作用更为显著。

8.1.3 优化村镇聚落空间结构的政策建议

本章从村镇聚落的非物质空间角度出发，聚焦于村镇聚落的人口流动空间，通过手机信令数据识别人口流动轨迹，统计珠三角地区 300 多个村镇聚落之间的流动频次，基于社会、经济、文化、环境等多源大数据，在现有文献基础上，从人口特征、经济发展、城市化、文化差异、边界效应、区域可达性 6 个方面探讨了村镇聚落空间网络的影响因素。利用基于流的 GWR 模型量化分析潜在的 12 个驱动因子的作用效果，并分析了显著因子的作用原理，为村镇聚落空间优化提供了政策参考。

1）就人口特征而言，15～64 岁人口比例越高，男性比例越高，流动性越强。经济发展对农村流动性具有混合方向效应。房价较高的农村地区的人口倾向于前往其他城镇。土地利用结构，特别是农业用地面积与工业用地面积之比，与农村日常流动性呈负相关。就业密度促进村镇聚落之间的人口流动。道路密度、火车站对农村流动性有显著影响，尤其是连接两个城镇的铁路可达性。产业结构的一个重要变量——初级部门的份额决定了劳动分工和就业地点，从而影响了居民的通勤方式。

2）在流层面，文化差异、边界效应和区域可达性对农村流动有显著的异质性影响。在方言相同的地方，两个城镇之间的交流更为密切。属于同一行政分区的城镇有利于人口流动，而城市边界对人员流动的影响不太明显，汽车可达性越高，两地之间的联系就越紧密。

据此，我们认为应从以下几个方面入手优化村镇聚落空间结构：①提高城市化水平。加大第二、第三产业发展，吸纳更多当地就业人口，拓展农民的流动空间；适当增大建成区面积，为农民提供更多的生产、生活空间。②提高户籍人口比例，建设完善的镇域交通体系。③提高基础设施互联互通水平，尤其是公路建设。农村地区特别是像珠江三角洲这样规模更大的大区域，农民的出行方式以驾车为主，公路是一种仅在较大城市可用的辅助设施，且它不是农村地区人们的常用交通工具。

8.2 珠三角不同行政单元间通勤流的驱动因素比较分析

在针对第 7 章各层级城乡通勤网络结构的分析异同上，本节进一步构建包含人口特征、经济发展、交通条件、城市化水平四类地方解释变量和区划通勤、交通可达性、城乡通勤及文化距离四类通勤流层面解释变量的数据集，并逐步构建交叉分类多层模型，针对不同城乡通勤类型的驱动因子差异进行分析。

8.2.1 城乡通勤驱动因子变量选择与数据获取

就解释变量而言，本研究在参考已有文献基础上，结合数据获得性，以及城乡通勤的实际情况，构建了针对城乡通勤的影响因素的解释变量集，分别从地方层面选取了包含人口特征、经济发展、交通条件、城市化水平四方面解释变量，从通勤流层面选取了基于区划通勤、交通可达性、城乡通勤及文化距离四类指标，各变量的数据统计见表8-3。

表8-3 城乡通勤影响因素变量说明

类型	准则	变量名称	变量描述
因变量	通勤流动	流的数量	被识别到的往返两地通勤人流频次/1000 人
自变量	地方层面因素（居住地及就业地）		
	人口特征	年龄结构	劳动人口（15~64 岁）占比/%
		性别构成	男性人口占比/%
		人口密度	常住人口/总面积/（人/km²）
	经济发展	GDP	2018 年国内生产总值/1000 亿元
		第三产业占比	2018 年第三产业产值占 GDP 比例/%
		住房价格	村镇住房平均价格/（元/m²）
		企业集聚	企业 POI 数量/区域面积/（100 个/km²）
	交通条件	路网密度	道路总长度/镇域面积/（km/km²）
		火车站可达性	去最近火车站的最短时间/min
		地铁可达性	地铁站点个数/个
		到 CBD 距离	到 CBD 的直线距离/m
	城市化	土地城市化	土地利用混合度
			建设用地面积占比/%
		人口城市化	户籍人口占比/%
	通勤流个体层面因素		
	区划通勤	本区通勤	居住地和就业地同属于同一个区（哑变量，是=1）
		跨区通勤	居住地和就业地属于同市不同区（哑变量，是=1）
		跨市通勤	居住地和就业地是不同市（哑变量，是=1）
	交通可达性	铁路可达性	连接两地的铁路（高铁、动车、地铁、普通列车）通勤最短时间/min
		公路可达性	连接两地的公路通勤最短时间/min
	城乡通勤类型	城市间通勤	居住地和就业地均为城市（哑变量，是=1）
		村镇间通勤	居住地和就业地均为村镇（哑变量，是=1）
		城乡间通勤	居住地为城市就业地为村镇（哑变量，是=1）
		乡城间通勤	居住地为村镇就业地为城市（哑变量，是=1）
	文化距离	方言相似性	居住地和就业地方言相似性（完全一致距离赋值0，相似距离为1，不同距离为2）

关于地方层面的各类变量主要包含居住地和就业地两大类，具体包括人口特征层面的劳动人口结构（15~64 岁人口占比）、性别构成（男性人口占比）、人口密度（常住人口/总面积）；经济发展层面包括 GDP、住房价格、企业集聚（企业 POI 数量/区域面

积）；交通条件方面包括路网密度（道路总长度/镇域面积）、火车站可达性、地铁可达性、到 CBD 距离；城市化水平层面包括建设用地面积占比、土地利用混合度及户籍人口占比。

地区层面具体指标包含通过全国第六次人口普查数据计算获取的劳动人口结构、性别构成和户籍人口占比；通过手机信令所识别的常住人口数量来计算本地人口密度；基于《2018 年广东统计年鉴》获取整理 GDP 及第三产业占比；通过安居客网站爬取 2018 年 4 月各个镇域范围内的商品房小区价格并加权求平均值得到住房平均价格；通过 2018 年版本百度地图 POI 数据分别计算企业集聚和土地利用混合度，其中企业集聚通过统计企业类型 POI 总量计算各个镇域范围内密度，而土地利用混合度则通过提取百度地图内包含餐饮、超市、公园、购物中心、医院、银行、学校和公服等 11 种 POI 数据，根据熵指数法计算各交通小区的土地利用混合度；通过路网数据分别计算路网密度和地铁站个数；通过于中国科学院资源环境科学与数据中心的中国土地利用现状遥感监测 2015 年数据来计算各村镇/街道内部建设用地占全域面积的比例；并通过百度地图批量算路服务（RouteMatrix API）批量计算起点和终点坐标计算路线规划距离和行驶时间，进一步计算出镇域前往最近火车站的时间。

通勤流层面的各类变量主要包括区划通勤、交通可达性、城乡通勤类型、文化距离，其中区划通勤包括本区通勤、跨区通勤及跨市通勤三类指标；交通可达性包括铁路可达性和公路可达性两类指标；城乡通勤类型包括城市间通勤、村镇间通勤、城乡间通勤及乡城通勤四类指标；文化距离则根据方言相似性来进一步划分。

通勤流个体层面指标获取和计算主要包括对于区划通勤的识别，通过界定居住地和就业地属于同一区/县，构建本区通勤哑变量并赋值为 1；通过界定居住地和就业地属于同市不同区/县，构建跨区通勤哑变量并赋值为 1；过界定居住地和就业地属于不同市，构建跨市通勤哑变量并赋值为 1。对于城乡通勤的识别，通过界定居住地和就业地均属于城市，构建城市间通勤哑变量并赋值为 1；通过界定居住地和就业地均属于村镇，构建村镇间通勤哑变量并赋值为 1；通过界定居住地属于城市且就业地属于村镇，构建城乡通勤哑变量并赋值为 1；通过界定居住地属于村镇且就业地属于城市，构建乡城通勤哑变量并赋值为 1。对于通勤流自身可达性的计算，主要通过并通过 RouteMatrix API，分别计算居住地和就业地之间最短公路通勤时间和铁路通勤时间。

而对于文化距离的界定，已有研究通过方言相似性来证明相似文化地区对于人口流动有着促进作用。本次研究选取《中国语言地图集》中关于广东省的汉语方言分布图进行电子化解译，来识别地区之间方言差异。《中国语言地图集》是由中国社会科学院语言研究所和澳洲人文科学院合作，组织方言研究人员在方言调查、资料整理分析的基础上，1987 年完成的中国各地区语言使用分布情况的地图集。本研究最终识别出珠三角九市内部包含有粤语片区、客家话片区以及粤语客家话混杂片区（图 8-1），并进一步对于文化距离进行赋值，其中两地如果同属一种方言片区，则文化距离赋值为 0，两地方言片区完全不一致则赋值为 2，两地方言片区包含相同方言则赋值为 1。

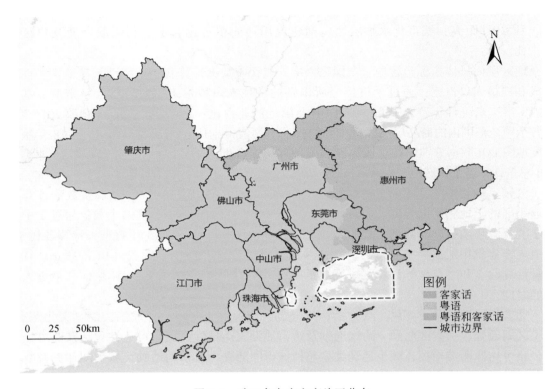

图 8-1　珠三角九市方言片区分布

8.2.2　城乡通勤交叉分类多层模型数据集处理

为满足多层交叉模型的数据要求，首先要对城乡通勤数据进行筛选处理，主要包括三个部分。由于部分地区统计数据的欠缺等状况，首先将解释变量指标包含缺失值的通勤流数据进行剔除，这一步骤后剩余通勤数据约 15 万条。其次是确定通勤数据阈值，在保证数据更好覆盖度的同时，本研究经对比分析将提取通勤人数的阈值设定为 5 人次。最后是对多层模型最小样本量的确认。由于最小样本量对多层模型的统计检验力（statistical power）有着明显影响，在模型分析基础上应进一步确定最小样本量。Hox（1998）在其研究中建议 level2 层面组数至少 50 组，每组包含样本不少于 20 个。同时根据模型研究关注点不同，最小样本量也存在差异，而 Hox 等（2017）中总结关注固定效应的统计检验力，level2 层面组数量应≥30 组，每组包含样本不少于 30 个；关注随机效应的统计检验力，level2 层面组数量应≥30 组，每组包含样本不少于 10 个。对此结合本研究数据特点和研究内容，选取 level1 层面的最小样本数为不少于 30 个，即筛选统计居住地 ID 和就业地 ID 内通勤数据≥30 次的作为研究数据样本，最终得到多层模型研究数据集。

表 8-4 为本研究数据集关于通勤流的基本统计分析，在剔除缺失值后的数据集中，通勤量平均值为 32.85 人次，跨市通勤占比为 17%，跨区通勤占比为 81%，城市间通勤占比为 26%，村镇间通勤占比为 24%，城乡间通勤占比为 50%。而在多层模型研究数据集

中，通勤量平均值为 187.05 人次，中位数为 17 人次，其中跨区通勤占比为 57%，跨市通勤占比为 33%，城市间通勤占比为 58%，村镇间通勤占比为 9%，城乡间通勤占比为 33%。

表 8-4　研究数据集描述性统计

变量名称	剔除缺失值后数据集 (N = 150 648)				多层模型研究数据集 (N = 23 634)			
	平均值	最小值	最大值	标准差	平均值	最小值	最大值	标准差
通勤量	32.85	0	66 313	609.07	187.05	5	66 313	1 507.9
公路通勤时间	68.55	0	266.9	41	23.74	0	147.8	19.1
铁路通勤时间	75.63	0.7	248.92	40.31	31.82	0.7	138.1	19.45
跨区通勤	0.17	0	1	0.37	0.57	0	1	0.49
跨市通勤	0.81	0	1	0.39	0.33	0	1	0.47
本区通勤	0.02	0	1	0.15	0.1	0	1	0.3
村镇间通勤	0.24	0	1	0.43	0.09	0	1	0.29
城市间通勤	0.26	0	1	0.44	0.58	0	1	0.49
乡至城通勤	0.25	0	1	0.43	0.16	0	1	0.37
城至乡通勤	0.25	0	1	0.43	0.16	0	1	0.37

而对提取后的分析数据集进一步划分，得到不同城乡通勤类型间的基本统计情况，城市间通勤样本数为 13 785 条，村镇间通勤样本数为 2217 条，城乡间通勤样本数为 7632 条，其中居住在城市在乡村就业（城至乡通勤）的通勤样本数为 3819 条，居住在村镇城市就业（乡至城通勤）的通勤样本数为 3813 条。

在城市间通勤样本中，平均通勤量为 192.35 人次，其中跨区通勤占比为 69%，跨市通勤占比为 18%，为四种城乡通勤类型中最低，平均通勤时间约为 18.5min。

在村镇间通勤样本中，平均通勤量为 594.08 人次，高于城市间通勤样本的平均值，但是村镇间通勤标准差明显大于城市间通勤样本，这一原因可能是在多层模型研究数据集筛选中，最小样本量的阈值（组内≥30 次）导致通勤量较小的村镇通勤被剔除，从而平均值提高。村镇平均通勤时间为 31.96min，远高于城市间通勤。

在城至乡通勤样本中，平均通勤量为 55.87 人次，其中跨区通勤占比为 42%，跨市通勤占比为 54%，平均通勤时间为 31.66min，且居住地和就业地间的各项指标差异较大，如居住地房价平均值约为 3.8 万元，远高于就业地 1.9 万元的平均房价，这些都符合现实中城市村镇之间差异情况。而在乡至城通勤样本中，平均通勤量为 62.63 人次，跨区通勤占比为 43%，跨市通勤占比为 53%，平均通勤时间约为 30min。

地区层面的各项指标中，城乡之间差异较大。将城市通勤数据集中城市各项属性和村镇通勤数据集中村镇各项属性进行对比，可以发现，人口密度、第三产业占比、房价、企业密度、道路密度、地铁站个数、建设用地占比等城市指标均远远高于村镇，和实际城乡现实差异相符。例如，在城市通勤数据集中，居住地人口密度平均值为 14 663 人/km²；而在村镇通勤数据集中，居住地人口密度平均值为 2312 人/km²；在劳动人口占比、男性占比、土地利用混合度等指标上，城乡差异较小。

8.2.3 城乡通勤交叉分类多层模型分析

1. 交叉分类多层模型的构建

根据多层模型的建立步骤,首先需要检验总样本数据集内通勤流之间的相关性,因此需要构建截距模型 M0(空模型),并基于 M0 的回归结果计算 ICC 来验证地区内个体相关性大小;其次进一步构建加入个体层面及区域层面的解释变量,分析影响通勤流大小的因素,建立随机截距模型 M1,通过模型回归系数以及个体层面误差项方差的变化,可以识别通勤流特征对地区内通勤流大小的解释作用。由于部分变量存在交互效应,在 M1 的基础上引入交互项构建模型 M2 来进一步分析结果(表 8-5)。

表 8-5 多层交叉回归模型 M0 ~ M2 回归结果

变量名称	M0	M1	M2
截距	187.209***	1634.801**	3531.682***
	(9.987)	(590.357)	(680.292)
公路通勤时间		-7.787***	-276.757***
		(1.050)	(5.599)
铁路通勤时间		-2.236*	-2.691*
		(1.091)	(1.061)
跨区通勤		-1124.816***	-2492.785***
		(32.543)	(49.066)
跨市通勤		-1403.219***	-3581.695***
		(42.994)	(60.966)
文化距离		-102.041***	-108.650***
		(17.497)	(17.295)
居住地劳动人口占比		-25.760	-0.325
		(189.473)	(228.584)
居住地男性占比		-77.278	219.412
		(656.583)	(751.978)
居住地人口密度		-0.008***	-0.011***
		(0.002)	(0.002)
居住地 GDP		0.006	0.008
		(0.008)	(0.009)
居住地第三产业占比		-686.455***	-822.301***
		(85.307)	(96.907)
居住地房价		-0.002*	-0.004**
		(0.001)	(0.001)

变量名称	M0	M1	M2
居住地企业密度		0.050	0.069
		(0.147)	(0.168)
居住地道路密度		87.797	93.784
		(84.617)	(96.828)
居住地至火车站时间		0.418	11.728 ***
		(3.018)	(3.401)
居住地地铁站个数		−66.751 *	−103.257 **
		(33.934)	(39.198)
居住地离市中心距离		3.957 ***	4.367 ***
		(1.130)	(1.293)
居住地建设用地占比		−31.884	−124.332
		(75.651)	(86.414)
居住地土地利用混合度		80.856	75.379
		(140.880)	(147.744)
居住地户籍人口占比		−173.261	−163.205
		(89.792)	(102.809)
就业地劳动人口占比		11.398	22.339
		(209.577)	(252.461)
就业地男性占比		914.328	1109.389
		(642.595)	(740.318)
就业地人口密度		−0.052	−0.049
		(0.047)	(0.055)
就业地 GDP		0.027 **	0.026 **
		(0.008)	(0.009)
就业地第三产业占比		−580.742 ***	−742.980 ***
		(89.773)	(102.877)
就业地房价		−0.004 **	−0.004 *
		(0.001)	(0.001)
就业地企业密度		0.299 *	0.353 *
		(0.139)	(0.163)
就业地道路密度		88.015	112.096
		(86.960)	(100.769)
就业地距火车站时间		0.875	11.950 ***
		(3.145)	(3.588)

变量名称	M0	M1	M2
就业地地铁站个数		−50.663 (36.082)	−69.484 (42.203)
就业地离市中心距离		2.643 (2.661)	1.315 (3.109)
就业地建设用地占比		−98.322 (80.774)	−237.391 * (93.323)
就业地土地利用混合度		660.405 *** (135.563)	424.968 ** (141.368)
就业地户籍人口占比		−85.529 (94.886)	−81.597 (109.898)
公路通勤时间–跨区通勤			249.449 *** (5.514)
公路通勤时间–跨市通勤			275.978 *** (5.623)
Marginal R^2	0.000	0.102	0.193
Conditional R^2	0.000	0.117	0.221
AIC	413 000.571	410 597.318	408 291.413
BIC	413 032.853	410 895.924	408 606.160
样本数量	23 634	23 634	23 634
ICC_{DID}	0	0.009 16	0.018 90
ICC_{OID}	0.000 33	0.007 46	0.015 36

注：表中显示的为非标准化回归系数，括号内为标准误差。

 * $P<0.05$；＊＊ $P<0.01$；＊＊＊ $P<0.001$。Marginal R^2 表示固定效应；Conditional R^2 表示固定效应+随机效应。

  M0 空模型用来验证通勤流的组间异质性是否存在，回归结果表明，ICC_{OID} 及 ICC_{DID} 的值较低，表明空模型中通勤流在各村镇/街道组间异质性相对较低。加入解释变量后的 M1 的回归结果 Conditional R^2 =0.117，通勤流的流层面变量中行政区划效应和公路通勤时间均是显著的。其中，跨区通勤变量的系数为−1124.816，表明城市内区级行政单元的边界会对通勤产生衰减效应。相对于区内通勤，跨区通勤量平均减少 1125 人次左右，跨市通勤系数分析可以发现，跨市通勤将导致通勤量平均降低约 1403 人次。而这一结果表明，在只考虑随机截距的多层模型 M1 中，行政区划对于通勤量影响有着明显的衰减效应。而通勤时间成本对通勤量也会产生衰减效应，具体来看，公路通勤时间每增加 1min，通勤量大约将会降低 7.8 人次，铁路通勤时间每增加 1min，通勤量大约将会降低 2.2 人次（$P<$ 0.05 显著）。而文化距离对于通勤量有着负向影响，即文化距离越远，通勤量越小。

  对 M1 中地区层面（居住地和就业地）解释变量进行分析，人口特征相关变量中，只有居住地人口密度和通勤量之间显著负相关，即居住地密度越高，通勤量越低；对经济水平相关变量的分析发现，居住地/就业地第三产业占比和房价对通勤量有显著负向影响，就业地的 GDP 及企业密度则和通勤量正相关；交通条件相关变量中，居住地地铁站个数对通勤量有显著负向影响，而居住地距市中心距离则对通勤量有显著正向影响，就业地各项变量则对就业地没有显著影响；对城市化水平相关解释变量分析发现，就业地土地利用混合度对通勤量有显著正向影响。

考虑到通勤时间的衰减效应可能会随通勤区划效应有着不同的衰减程度，针对此假设，在 M2 模型基础上进一步引入针对公路通勤时间和区划效应的随机交互项。M2 模型的回归结果表明，加入解释变量后的 Conditional $R^2 = 0.221$，相较于 M1 模型有了大幅提高。而将 M2 模型内解释变量系数和 M1 模型对比可以发现，大多数变量系数和显著性相似，但是在 M2 中跨区通勤、跨市通勤和通勤时间系数有着显著下降，考虑变量交互效应后，三个变量的真实固定效应对通勤量的衰减效应远高于 M1 模型。

图 8-2 为通勤时间与区划通勤交互效应斜率图，跨区通勤时，公路通勤时间每增加 1min，则会导致约 27.3 人次的衰减；跨市通勤时，公路通勤时间每增加 1min，则会导致约 0.8 人次的衰减；本区内部通勤，公路通勤时间每增加 1min，则会导致约 276.8 人次的衰减。针对这一对比可以发现，公路通勤时间的衰减效应在不同区划通勤的影响有着明显的差异。其中本区通勤中公路通勤时间对于通勤量的衰减效应最大，其次为跨区通勤，而在跨市通勤中，通勤时间导致的衰减效应最弱，这一结果表明，相较于较近距离的本区和跨区通勤，通勤时间成本对于日常通勤影响较大，而较远距离的跨市出行中，通勤居民则更少考虑出行时间的影响。

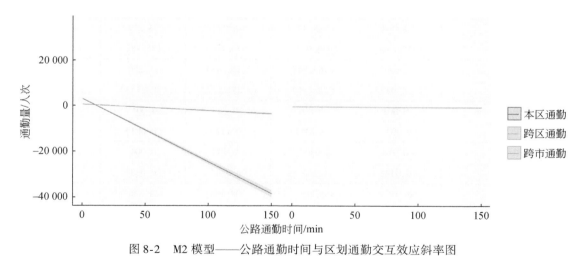

图 8-2　M2 模型——公路通勤时间与区划通勤交互效应斜率图

2. 通勤量影响因素差异分析：基于通勤流层面和地区层面

为更好地研究影响通勤量大小的影响因子在通勤量层面和地区层面之间的差异与大小，同时考虑公路通勤时间影响系数可能在地区层面具有差异，本研究将通勤时间的回归系数设定为随机系数构建 M3，进一步研究公路通勤时间在居住地/就业地这些地区层面随机效应，并在此基础上进一步划分构建不同城乡通勤类型下的 M3 多层模型，表 8-6 即为多层交叉回归模型 M3 回归结果。和 M2 结果相比，全域通勤模型 M3 的 Conditional R^2 = 0.492，显著高于 M2，表明考虑了公路通勤时间在地区层面的随机效应后的多层模型的解释度更高，模型准确率进一步提升。同时 M3 的 ICC_{DID} = 0.353 87，ICC_{OID} = 0.222 95，表明通勤量在地区间存在明显差异。

表 8-6　多层交叉回归模型 M3 回归结果

变量名称	M3 全域通勤	M3 城市间通勤	M3 村镇间通勤	M3 城至乡通勤	M3 乡至城通勤
截距	3 401.230 ***	5 816.543 ***	8 321.010 *	1 057.426 ***	566.844 *
	(668.543)	(1 422.178)	(3 687.446)	(226.784)	(275.222)
公路通勤时间	−307.792 ***	−350.890 ***	−657.357 ***	−50.452 ***	−56.511 ***
	(5.850)	(8.372)	(22.130)	(2.854)	(2.990)
铁路通勤时间	3.414 **	4.895 **	−0.210	−0.235	−0.457
	(1.097)	(1.546)	(5.559)	(0.318)	(0.359)
跨区通勤	−2 505.685 ***	−2 001.426 ***	−9 940.814 ***	−793.043 ***	−880.677 ***
	(47.084)	(50.241)	(344.244)	(38.024)	(41.976)
跨市通勤	−4 991.524 ***	−5 792.771 ***	−11 116.181 ***	−1 180.435 ***	−1 274.206 ***
	(66.600)	(100.918)	(332.962)	(39.413)	(43.308)
文化距离	−47.848 **	−130.773 ***	35.411	−9.935	−13.012 *
	(16.485)	(21.643)	(85.770)	(5.190)	(6.048)
居住地劳动人口占比	278.304	−785.307	−6.238	33.217	68.035
	(178.864)	(943.921)	(640.446)	(135.782)	(58.170)
居住地男性占比	87.634	−169.545	2 872.433	51.250	560.345
	(736.047)	(1 381.193)	(4 251.972)	(209.755)	(361.271)
居住地人口密度	−0.001	−0.001	−0.049	−0.001 *	0.011
	(0.003)	(0.004)	(0.113)	(0.001)	(0.010)
居住地 GDP	−0.014	0.039 *	−0.043	0.004	0.001
	(0.008)	(0.018)	(0.044)	(0.003)	(0.004)
居住地第三产业占比	−289.471 **	−468.103 **	108.500	−49.636 *	−30.018
	(95.258)	(151.248)	(794.391)	(23.345)	(65.248)
居住地房价	−0.003 **	−0.008 ***	−0.004	−0.001 *	0
	(0.001)	(0.002)	(0.017)	(0.000)	(0.001)
居住地企业密度	0.208	0.339	4.043	0.019	−0.287
	(0.226)	(0.301)	(4.624)	(0.052)	(0.407)
居住地道路密度	−81.430	46.746	608.588	−2.033	−158.728
	(123.331)	(181.270)	(1 335.663)	(29.041)	(112.930)
居住地至火车站时间	5.971 *	7.327	14.152	1.621	1.156
	(2.911)	(5.612)	(15.790)	(0.839)	(1.106)

续表

变量名称	M3 全域通勤	M3 城市间通勤	M3 村镇间通勤	M3 城至乡通勤	M3 乡至城通勤
居住地地铁站个数	−43.870 (39.100)	−102.442 (63.864)	−334.404 (277.007)	−13.042 (9.507)	−23.538 (24.222)
居住地离市中心距离	1.462 (1.599)	1.053 (2.231)	3.629 (20.954)	0.649 (0.371)	0.762 (1.819)
居住地建设用地占比	−78.678 (94.705)	−230.179 (146.465)	−339.901 (903.362)	3.412 (21.996)	80.030 (78.467)
居住地土地利用混合度	−15.830 (156.553)	342.289 (233.272)	725.039 (846.666)	17.710 (43.055)	−111.964 (64.683)
居住地户籍人口占比	189.522 (101.756)	−84.076 (229.106)	−167.159 (667.249)	−20.525 (34.222)	2.339 (56.146)
就业地劳动人口占比	333.376 (220.166)	−1 168.611 (1 051.765)	183.955 (630.861)	17.292 (43.003)	185.343 (145.763)
就业地男性占比	407.077 (740.298)	674.591 (1 380.207)	2 060.552 (3 709.555)	314.038 (258.853)	230.259 (191.845)
就业地人口密度	0.125 (0.077)	0.182 (0.110)	0.435 (2.884)	0.430 * (0.220)	−0.010 (0.016)
就业地 GDP	−0.007 (0.009)	0.052 * (0.020)	−0.061 (0.046)	0.001 (0.003)	0.007 * (0.003)
就业地第三产业占比	−281.994 ** (101.497)	−404.324 * (164.350)	−22.154 (781.584)	−83.664 (53.008)	−12.177 (25.082)
就业地房价	−0.003 (0.001)	−0.009 *** (0.002)	−0.010 (0.018)	0.001 (0.001)	−0.001 *** (0)
就业地企业密度	0.125 (0.202)	0.197 (0.282)	6.744 (4.706)	−0.065 (0.332)	0.004 (0.045)
就业地道路密度	−34.266 (130.605)	67.080 (197.539)	−5.337 (1 193.322)	−34.056 (82.225)	14.019 (28.626)
就业地距火车站时间	8.863 ** (3.216)	7.274 (6.561)	4.638 (16.040)	0.024 (1.009)	1.396 (0.918)
就业地地铁站个数	8.002 (44.885)	−45.436 (73.874)	−214.178 (287.222)	−35.129 (19.706)	9.233 (10.370)
就业地离市中心距离	−3.450 (3.969)	−7.495 (5.882)	−9.980 (76.689)	−9.825 (5.505)	0.712 (0.852)
就业地建设用地占比	−138.012 (108.531)	−268.249 (167.432)	−628.241 (893.127)	7.191 (65.657)	−9.256 (24.681)

变量名称	M3 全域通勤	M3 城市间通勤	M3 村镇间通勤	M3 城至乡通勤	M3 乡至城通勤
就业地土地利用混合度	13.908 (140.765)	203.053 (191.227)	−821.339 (868.793)	26.737 (44.209)	97.873 * (44.777)
就业地户籍人口占比	218.141 (114.049)	−86.253 (267.861)	−36.107 (631.708)	−49.644 (44.003)	9.202 (39.709)
公路通勤时间–跨区通勤	263.059 *** (5.328)	298.682 *** (7.898)	639.416 *** (22.576)	43.084 *** (2.670)	49.615 *** (2.909)
公路通勤时间–跨市通勤	335.055 *** (5.537)	396.072 *** (8.070)	674.604 *** (21.975)	52.264 *** (2.675)	58.964 *** (2.915)
MarginalR^2	0.213	0.209	0.399	0.209	0.280
ConditionalR^2	0.492	0.635	0.467	0.712	0.559
AIC	406 795.151	232 994.433	41 019.197	50 076.491	50 608.553
BIC	407 142.180	233 318.280	41 264.465	50 345.144	50 877.138
样本数量	23 634	13 785	2 217	3 819	3 813
ICC$_{DID}$	0.353 87	0.460 93	0.163 83	0.774 50	0.174 94
ICC$_{OID}$	0.222 95	0.232 16	0.146 36	0.094 27	0.535 91

注：表中显示的为非标准化回归系数，括号内为标准误差。

* $P<0.05$；** $P<0.01$；*** $P<0.001$。Marginal R^2 表示固定效应；Conditional R^2 表示固定效应+随机效应。

全域通勤模型 M3 中，在通勤流层面解释变量对通勤量的影响均为显著，其中跨区通勤的系数为−2505.685，跨市通勤的系数为−4991.524，表明行政单元边界会对通勤量产生显著负作用，且城市边界对通勤量的衰减效应远大于区级边界。而公路通勤时间成本对通勤量也会产生衰减效应。具体来看，公路通勤时间每增加 1min，通勤流大约将会降低 308 人次，相反铁路通勤时间每增加 1min，通勤流大约将会增加 3.4 人次。针对文化距离的系数分析可以发现，文化距离对通勤量有着显著负向影响，相较于文化相同地区（文化距离=0）来看，如果两地地区文化不同（文化距离=2），两地通勤量大约会降低 96 人次，而文化相似地区（文化距离=1）两地通勤量大约会降低 48 人次。

对全域通勤模型 M3 中地区层面（居住地和就业地）解释变量进行分析，人口特征中居住地/就业地劳动人口占比、性别构成和人口密度均对通勤量没有显著影响；而对地区经济水平相关解释变量进行分析可以发现，居住地和就业地第三产业占比对通勤量有着负向显著影响，表明第三产业占比越高的地区，两地之间通勤量越低。同时研究发现，居住地房价对通勤量也有着显著负向影响，表明居住地房价越高的地方，通勤量相对越低；在交通条件相关解释变量中，居住地/就业地的火车通勤时间则对通勤量显著正相关，表明距离火车站越远的地区，通勤量反而越高，而这一现象可能是由于火车站更多属于区位变量，一般分布在市中心或新区，而到火车站较远距离的地区一般在城市边缘，通勤量反而提升；在城市化特征层面，建设用地占比、土地利用混合度及户籍人口占比三个变量和通勤量之间没有显著相关性。

在此基础上分别对城市间通勤、村镇间通勤、城至乡通勤、乡至城通勤四种通勤数据集构建 M3 的多层模型，进一步分析不同城乡通勤间解释变量的影响差异。从表 8-6 对比不同模型 ICC 值可以发现，不同城乡通勤类型的通勤量和地区间影响因素的异质性差别较大。其中城市间通勤模型的 ICC 值均较高，而村镇间通勤模型的 ICC 值则很低，表明在城市间通勤的通勤量差异受地区层面影响较大，而村镇间通勤的通勤量差异则受地区层面影响相对较小。

图 8-3 为 M3 模型各解释变量固定效应系数的森林图，可以直观地对各解释变量的固定效应系数进行对比分析。对比发现，大多数的变量系数值差异不大，且系数方向一致，但是个别变量系数在不同模型间差异较大。例如，针对跨区系数和跨市系数的对比可以发现，在村镇间通勤中的跨区/跨市系数最小，表明村镇间通勤量受到跨区/跨市的衰减效应影响最大，而城至乡、乡至城的通勤量受区划效应的衰减最弱。在铁路通勤时间系数上，

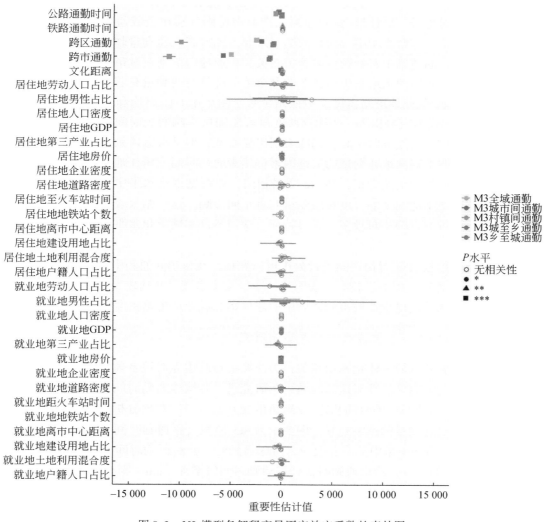

图 8-3　M3 模型各解释变量固定效应系数的森林图

模型的全域通勤和城市间通勤的系数为正且显著，表明在全域通勤和城市间通勤类型上，铁路通勤时间越长，通勤人数反而有一定程度的增长，而在其他城乡通勤模型中系数为负数且不显著。针对文化距离系数的对比发现，文化距离在全域通勤、城市间通勤及乡至城通勤中系数为负数且显著，表明城市间通勤及乡至城通勤会受到文化距离的影响，文化距离越近，通勤量越大。相反，在村镇间通勤和城至乡通勤中并不会受到文化距离的影响。

在地区层面的解释变量中，人口特征相关变量对通勤量并没有显著影响，只有在城至乡通勤类型中，居住地人口密度对通勤量有较显著的负向影响（$P<0.05$ 显著），就业地人口密度对通勤量有较显著的正向影响（$P<0.05$ 显著），表明在其他通勤类型的通勤量不受人口特征影响，但是在城至乡通勤中，居住地人口密度越低，就业地人口密度越高，两地间的通勤量则会相对提升；而在经济水平相关变量上，居住地/就业地 GDP 在城市间通勤中对通勤量有着正向显著影响（$P<0.05$ 显著），表明两地 GDP 越高，两地间通勤量则越高，但是在乡至城通勤中，就业地 GDP 对通勤量也有显著正向影响，表明就业地 GDP 越高，通勤量会相对提升。居住地/就业地第三产业占比则分别在全域通勤和城市间通勤中显著负相关，表明在这两类型中，两地的第三产业占比越高，通勤量越低。居住地房价则在全域通勤及城市间通勤中对通勤量显著负相关，就业地房价则在城市间通勤及乡至城通勤中显著负相关，表明两地通勤中所涉及的城市地区房价对通勤量有着负向影响；而在交通条件上，居住地/就业地道路密度、地铁站个数、距市中心距离均和通勤量之间没有显著关系，这和 M2 模型有些出入，表明这些变量可能间接影响通勤时间的差异，所以在未考虑通勤时间地区层面随机斜率时，仍能表现出显著性，但是考虑通勤时间随机斜率后其显著性消失，表明影响两地通勤量的关键因素仍然为通勤时间。居住地和就业地距火车站时间系数在全域通勤中仍然为正，和 M2 结果相同；而在城市化水平中，只有在乡至城通勤类型中，就业地土地利用混合度对通勤量有着正向影响。这一结果表明，两地经济水平相关变量对通勤量的影响相对较多，人口特征、交通条件和城市化水平上则因通勤类型影响各异。

对各变量的系数 95% 置信区间进行分析可以发现，在村镇间通勤中居住地和就业地的男性占比的 95% 置信区间宽度较大，表明这一变量在该模型中波动较大，参数估计值准确度较低，同样问题的还出现在城市间通勤中的居住地和就业地道路密度变量中。

3. 通勤时间成本与行政边界的交互影响研究

城乡融合发展和区域一体化密切相关，关注城市行政边界对城乡通勤影响有助于真正推动城乡要素的全面流动。针对这一问题，本研究进一步构建通勤时间和行政边界之间的交互模型 M3，针对公路通勤时间和跨区/跨市的交互效应进行对比分析，来探究不同城乡通勤下行政边界对通勤量的影响差异。图 8-4 为 M3 模型公路通勤时间和区划通勤交互效应图。在 M3 全域通勤模型中的交互效应，跨区通勤时，公路通勤时间每增加 1min，则会导致约 44.7 人次的衰减，跨市通勤时，公路通勤时间每增加 1min，则会导致约 27.3 人次的增长，而在本区通勤中，公路通勤时间每增加 1min，则会导致约 307.8 人次的衰减；在 M3 城市间通勤模型中的交互效应，跨区通勤时，公路通勤时间每增加 1min，则会导致约 52.2 人次的衰减，跨市通勤时，公路通勤时间每增加 1min，则会导致约 45.2 人次的增长,而在本区通勤中,公路通勤时间每增加 1min,则会导致约 350.9 人次的衰减;在 M3 村镇间通勤模型中的交互效应,跨区通勤时,公路通勤时间每增加 1min,则会导致约 17.9 人次的衰减,跨市通勤时,公路通勤时间每增加 1min,则会导致约 17.2 人次的增长,而在本区通勤中,公路通勤时间每增加 1min,则会导致约 657.4 人次的衰减;在 M3 城至乡通勤模型中的交互效应,跨区通勤时,公路通勤时间每增加 1min,则会导致约 7.4 人次的衰减,跨市通勤时,公路通勤时间每增加 1min,则会导致约 1.8 人次的增长,而在本区通勤中,公路通勤时间每增加 1min,则会导致约 50.5 人次的衰减;在 M3 乡至城通勤模型中的交互效应,跨区通勤时,公路通勤时间每增加 1min,则会导致约 6.9 人次的衰减,跨市通勤时,公路通勤时间每增加 1min,则会导致约 2.5 人次的增长,而在本区通勤中,公路通勤时间每增加 1min,则会导致约 56.5 人次的衰减。整体来看,跨区通勤和本区通勤两类通勤居民对于通勤时间成本更加敏感,通勤时间越长,通勤量越少,而跨市通勤的市民则较少考虑出行时间成本,更多集中在长时间通勤上,两地通勤时间越长,通勤量反而相对提升。

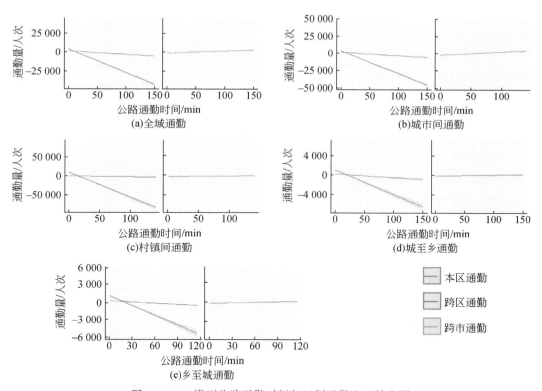

图 8-4 M3 模型公路通勤时间与区划通勤交互效应图

对多层模型 M3 中各城乡通勤间进一步对比发现,在本区通勤中,村镇间通勤受通勤时间衰减效应最大,而城至乡通勤和乡至城通勤受通勤时间衰减效应最小,这一结果表明,在村镇内部通勤对于通勤时间成本更加敏感,而城乡通勤的居民对于通勤时间成本最不敏感;在跨区通勤中,城市间通勤受通勤时间衰减效应最大,跨城乡的两类通勤受通勤时间衰减效应最小；在跨市通勤中，城市间通勤受通勤时间的推动作用最高，跨城乡通勤受通勤时间的推动作用最低。这表明，村镇间通勤在短距离的本区内通勤中对通勤时间更加敏感，衰减效应更高，而城市间通勤则对于较长时间跨市通勤敏感度最低。

4. 通勤时间成本在不同地区层面影响差异研究

在多层模型 M3 的基础上可以发现，通勤时间在地区层面存在随机性，说明公路通勤时间对于通勤流大小的影响在地区间存在明显差异，为了进一步探究地区层面影响公路通勤时间系数的解释变量，本研究进一步选取可能影响通勤时间系数的地区层面经济发展和建成环境相关解释变量，构建包含跨层交互项的模型 M4，并对 M4 跨层交互结果系数进行分析（表 8-7）。

表 8-7　多层交叉回归模型 M4 跨层交互回归系数

变量名称	M4 全域通勤	M4 城市间通勤	M4 村镇间通勤	M4 城至乡通勤	M4 乡至城通勤
公路通勤时间–居住地 GDP	-0.002 ** (0.001)	-0.007 *** (0.002)	0.001 (0.002)	-0.001 ** (0)	0 (0)
公路通勤时间–居住地第三产业比重	36.548 *** (7.412)	40.768 *** (10.930)	-5.757 (49.440)	1.687 (2.031)	2.648 (6.264)
公路通勤时间–居住地房价	0 (0)	0 ** (0)	0 (0.001)	0 * (0)	0 (0)
公路通勤时间–居住地企业密度	0.014 (0.015)	0.017 (0.020)	-0.906 ** (0.290)	0.006 (0.004)	-0.087 * (0.040)
公路通勤时间–居住地道路密度	-3.704 (7.886)	-3.090 (11.178)	-41.269 (64.015)	-2.839 (2.146)	-4.328 (8.741)
公路通勤时间–居住地地铁站个数	4.112 (3.260)	3.565 (4.887)	24.804 (16.910)	0.082 (0.895)	1.785 (2.126)
公路通勤时间–居住地离市中心距离	-0.052 (0.101)	-0.061 (0.140)	-1.977 (1.314)	-0.004 (0.027)	-0.320 (0.177)
公路通勤时间–居住地建设用地占比	-1.500 (7.064)	-4.918 (10.763)	113.504 * (50.179)	-0.613 (1.978)	15.547 * (6.804)
公路通勤时间–居住地土地利用混合度	-15.833 * (8.064)	12.358 (10.655)	-42.258 (44.392)	-2.437 (2.600)	-6.716 (3.832)
公路通勤时间–就业地 GDP	-0.002 *** (0.001)	-0.007 *** (0.002)	0.005 * (0.002)	0 (0)	-0.001 *** (0)
公路通勤时间–就业地第三产业比重	31.842 *** (5.632)	40.799 ** (13.469)	-0.929 (44.102)	7.598 (7.165)	4.842 ** (1.704)
公路通勤时间–就业地房价	0 (0)	0 * (0)	0.001 (0.001)	0 (0)	0 (0)

续表

变量名称	M4 全域通勤	M4 城市间通勤	M4 村镇间通勤	M4 城至乡通勤	M4 乡至城通勤
公路通勤时间-就业地企业密度	-0.008 (0.010)	-0.003 (0.023)	-1.091 *** (0.284)	-0.033 (0.049)	-0.001 (0.003)
公路通勤时间-就业地道路密度	-7.926 (5.974)	-13.573 (13.672)	-9.732 (67.448)	7.893 (10.602)	-1.310 (1.842)
公路通勤时间-就业地地铁站个数	5.197 * (2.493)	7.166 (6.062)	35.694 * (17.982)	2.497 (2.655)	0.125 (0.722)
公路通勤时间-就业地离市中心距离	0.101 (0.075)	0.102 (0.168)	-1.329 (1.340)	-0.359 (0.216)	0.004 (0.023)
公路通勤时间-就业地建设用地占比	-0.767 (5.429)	-4.683 (13.244)	82.984 (49.341)	4.569 (7.748)	-1.488 (1.668)
公路通勤时间-就业地土地利用混合度	-18.195 ** (6.908)	-4.259 (10.878)	75.033 (46.892)	1.219 (3.062)	-5.498 (2.999)
Marginal R^2	0.226	0.201	0.440	0.289	0.320
Conditional R^2	0.360	0.686	0.480	0.650	0.510
AIC	406 600.142	232 954.042	40 932.612	50 128.103	50 639.145
BIC	407 092.439	233 413.453	41 280.550	50 509.215	51 020.162
样本数量	23 634	13 785	2 217	3 819	3 813
ICC_{DID}	0.187 90	0.374 28	0.136 11	0.533 15	0.270 51
ICC_{OID}	0.521 96	0.274 75	0.107 53	0.218 01	0.397 78

注：表中显示的为非标准化回归系数，括号内为标准误差。

* $P<0.05$；* * $P<0.01$；* * * $P<0.001$。Marginal R^2 表示固定效应；Conditional R^2 表示固定效应+随机效应。

对比跨层交互回归系数发现，居住地房价分别在全域通勤、城市间通勤及城至乡通勤中对通勤量有着负向显著影响，而就业地 GDP 则在全域通勤、城市间通勤以及乡至城通勤中为负向影响，在村镇间通勤中为正向影响，表明就业地和居住地涉及城市间通勤类型中，当地 GDP 越高，通勤时间成本对通勤量的衰减效应会有一定程度的提高，但影响比较微弱；居住地第三产业占比交互系数则在全域通勤和城市间通勤中显著正相关，就业地第三产业占比则在全域通勤、城市间通勤以及乡至城通勤中有着显著正向影响，这一结果表明，在同一通勤时间水平下，城市地区第三产业占比的提升会吸引更多的通勤量；就业地和居住地房价在个别类型中有着显著影响，但系数较低；居住地企业密度在村镇间通勤、乡至城通勤中有着较显著的负向影响，而就业地企业密度则在村镇间通勤中有负向影响，在同一通勤时间水平下，村镇地区企业密度越高，通勤量相对会越低；而在交通条件上，居住地道路密度、地铁站个数以及离市中心距离均没有显著相关性，就业地地铁站个数则在全域通勤和村镇通勤中有助于降低通勤时间成本的衰减效应；而居住地建设用地占比越高，在村镇间通勤以及乡至城通勤中越有助于降低通勤时间成本的衰减效应；居住地土地利用混合度则在全域通勤中会进一步加强通勤时间的衰减效应。

通过上述分析发现，影响通勤时间衰减效应的地区变量在城乡之间呈现出明显的差异。城市间通勤中，影响通勤时间系数的主要集中在经济水平特征相关解释变量，第三产业水平越高，相同通勤时间下吸引通勤量越高；而村镇地区经济水平（企业密度、GDP）提升则会相对提高通勤时间的成本，交通条件（地铁站个数）则会降低通勤时间的成本；土地利用混合度在全域通勤中相对提高了两地的通勤时间成本。

图 8-5 为 M4 模型跨层交互回归系数森林图，可以更好地判断不同城乡通勤模式下系数的差异。进一步对比发现，大多数的变量系数值差异不大，且系数方向一致。但公路通勤时间-就业地 GDP 的交互系数在全域通勤、城市间通勤及乡至城通勤中为显著负相关，在村镇间通勤中则表现为显著正相关，表明就业地 GDP 对于通勤时间的影响在不同地区

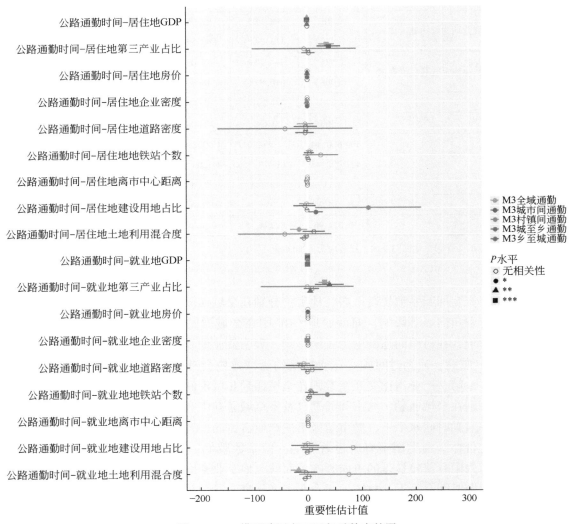

图 8-5   M4 模型跨层交互回归系数森林图

呈现出相反的效果。另外,有一些变量系数存在较大差异,如在公路通勤时间-居住地建设用地占比的交互系数中,村镇间通勤的值明显大于其他通勤类型,表明居住地建设用地占比对于村镇通勤的影响更加重要。

8.3　小　　结

　　本章通过提取大湾区内部村镇间人口流动网络以及城乡通勤网络驱动因子指标体系,分别从居住地和就业地两大类地方层面选取了包含人口特征、经济发展、交通条件、城市化水平四方面共计 28 个解释变量,同时在通勤流个体层面选取了可达性和区划通勤等四类解释变量,并针对村镇之间通勤和非通勤的流动、不同城乡通勤类型构建模型,主要解答了以下研究问题:影响村镇人口流动的因素显著性差异以及对通勤和非通勤的影响的差别;通勤流层面和地区层面(居住地和就业地)对于影响通勤量大小差异研究;区域一体化下,行政边界对于城乡通勤的影响差异和相关政策建议;相同通勤时间成本下地区建成环境和经济水平等对于通勤量的具体影响因素研究。

　　从基于流的地理加权回归模型研究结果来看,文化差异、边界效应、区域可达性等对区域流动性有显著影响。以方言作为检验变量,结果表明在方言相同的地方两地的交往更为密切,这反映了社会文化在乡村流动性的重要作用,说明两种不同类型的边界作用效果不同。其中,在同一行政区有利于人口的流动,而同属同一市辖区对人员流动的作用不明显,说明在同一行政区范围内对人口流动的积极作用更为显著。农民处于行政管理的最基层,更低的行政管理层级——区级对农民活动有直接影响,另外在交通不便利的农村地区,尽管属于同一市但是距离相对较远的村镇之间流动也会因此受阻,而村镇之间的距离一般大于自行车,汽车是最合适的交通工具,因此,汽车可达性越高,两地之间的连接也越强。

　　从通勤和非通勤对比来看,驱动因素的差异性表现在社会经济方面,如房价、方言、边界、汽车可达性和高速铁路等。具体来看,房价对通勤和非通勤都具有正向影响,对通勤的影响显著性更强;方言对通勤和非通勤都有正向影响,对非通勤的影响更大;行政区划和市级边界对通勤和非通勤都有正向影响,对非通勤的影响更大;汽车可达性对通勤和非通勤都有负面影响,开车时间越长,人口流动次数越少,对通勤的影响越大;高速铁路对通勤和非通勤有正向影响,对通勤的影响更加显著。

　　通过构建多层模型,对比不同城乡通勤模型的 ICC 比值发现,不同城乡通勤类型下,居住地和就业地层面对于通勤量带来的差异比例有着明显不同,如在全域通勤 M3 模型中,由就业地属性带来的差异比例为 35.4%,由居住地属性带来的差异比例为 22.3%,由通勤流属性带来的差异比例为 42.3%;对比不同城乡通勤类型发现,村镇间通勤受到地区层面属性的差异比例最小,城市间通勤受到地区层面属性的差异比例就相对较高。对通勤量及地区层面具体影响变量系数进行分析发现,在通勤流层面,公路通勤时间、跨区通勤和跨市通勤在所有通勤类型中对通勤量均有显著负向影响,表明通勤时间成本和行政边界是通勤流层面影响通勤的通用因素,且村镇通勤受其影响最大。而文化距离则在全域通勤、城市间通勤、乡至城通勤中呈现负向显著影响,表明城乡通勤对于文化距离影响的差异。铁路通勤时间则在全域通勤和城市间通勤中为正向显著，表明在城市间通勤中，居民往往倾向长距离铁路通勤；而在地区层面，人口特征、城市化水平、交通条件等大多数解释变量对通勤量的影响不太显著，而地区经济水平解释变量则对通勤量有着较为明显的影响作用，如居住地／就业地第三产业占比在许多通勤类型中对两地通勤量有着明显的负向影响，即两地第三产业占比越高，两地间的通勤量相对越少。相同通勤时间成本下，进一步探究地区层面建成环境和经济水平等对通勤量的具体影响因素。城市间通勤更多受经济建设相关解释变量影响，其中第三产业占比越高，两地通勤量越大；而村镇间通勤则受建成环境相关变量影响较多，其中当居住地建设用地面积越大、就业地地铁站个数越多时，村镇间通勤量将进一步增加。具体到政策层面，村镇间通勤对通勤时间最为敏感，村镇间通勤更应聚焦在交通设施建设和完善上，城市间通勤则更应关注经济建设层面，提升第三产业占比等均有利于提升通勤，而区域一体化对促进城乡通勤均有显著影响。

针对行政边界和通勤时间对城乡通勤的影响差异研究发现，区域一体化和交通一体化政策的推动对促进城乡间通勤有着重要作用。公路交通通勤时间（成本）和行政边界对通勤有着显著的负向影响，其中村镇间通勤受其影响最大。而对两者交互效应的进一步研究发现，在本区通勤中，村镇间通勤受通勤时间衰减效应最大，跨区通勤中城市间通勤受通勤时间衰减效应最大，跨市通勤中城市间通勤受通勤时间的推动作用最高。

具体到政策层面，建议政府扩大交通基础设施的供给，从组合政策效应的角度，城乡通勤特性要各有侧重，如加强交通设施建设对于推动村镇内部通勤有着明显的推动作用，推动城乡通勤的政策则应更多聚焦于区域一体化建设中，通过行政区和市之间政策衔接、制度协调等，减少行政边界的"隔离"作用，为跨地区人口流动创造条件。

第9章 村镇聚落个体空间重构的多主体博弈研究

《中华人民共和国土地管理法》第六十三条明确规定：农民集体所有的土地的使用权不得出让、转让或者出租用于非农业建设；但是，符合土地利用总体规划并依法取得建设用地的企业，因破产、兼并等情形致使土地使用权依法发生转移的除外。该类土地必须先被征收转化为国有性质后才可上市交易，农民对集体土地没有处分权，也就没有土地财产权，无法获得土地出让后的大部分增值收益，农民利益受损。在城市建设用地需求旺盛与农村集体建设用地闲置的比较利益的驱使下，集体建设用地流转出现了松动，存在着大量的内部流转和外部隐性非法流转，造成土地资源的浪费、农村人居环境破坏、农民土地收益分享权损失等问题。农村土地制度与社会主义市场经济体制不相适应的问题日益显现。

2013年11月，《中共中央关于全面深化改革若干重大问题的决定》首次提出，在符合规划和用途管制前提下，允许农村集体经营性建设用地出让、租赁、入股，实行与国有土地同等入市、同权同价，建立城乡统一的建设用地市场。2014年底，《关于农村土地征收、集体经营性建设用地入市、宅基地制度改革试点工作的意见》提出完善农村集体经营性建设用地产权制度，赋予农村集体经营性建设用地出让、租赁、入股权能；明确农村集体经营性建设用地入市范围和途径；建立健全市场交易规则和服务监管制度。2015年2月，集体经营性建设用地入市进入实质性试验阶段，国务院在北京市大兴区等15个县（市、区）进行农村集体经营性建设用地入市试点启动。2016年，《农村集体经营性建设用地使用权抵押贷款管理暂行办法》将农村集体经营性建设用地入市试点地区由原有15个县（市、区）扩大为33个县（市、区）。这些政策的颁布表明，农村集体经营性建设用地入市是我国全面深化改革的重大决定之一。

然而，农村集体经营性建设用地入市涉及规划管制、权属关系处置、市场交易监管等诸多环节，与之相关的利益群体众多，如何分析其间利益相关者的影响，有效平衡各自的利益诉求，成为该项改革试点能否顺利推进的重要问题。一些自然资源管理研究表明，组织或个人的权力和影响可能与其在社会网络中的地位及影响有关（Bodin and Crona，2009；Ernston et al.，2008；Ernstson，2011）。例如，社会网络中具有高中介性的行动者被称为"经纪人"，并在整个社区起到桥接作用（Burt，2003；Newman and Dale，2005），即使经纪人缺乏决策权，他们仍然可以在不同的行动者之间的信息传递中发挥重要作用（Newman and Dale，2005）。此外，网络特征的差异有助于实践策略的传播（Farr et al.，2018）。例如，在高度集权的地区，信息灵通和高度集中的参与者可以有效地传播信息和想法（Abrahamson and Rosenkopf，1997；Crona and Bodin，2006）。科学家可以使用社会网络分析来识别这些高度相关的参与者，直接联系这些人员交流信息和收集建议，利用这种信息流将信息传达给其他人。因此，主要行动者之间的信息流是土地利用决策中的一个重要因素（Hauck et al.，2016）。

社会网络分析已被认为是对利益相关者识别和参与的有效工具（Prell et al., 2009; Vance-Borland and Holley, 2011），它确定了政策实施的机遇和限制因素（Knight et al., 2010），有助于确保多种行动尺度的联系或协调（Guerrero et al., 2013），剖析了社会网络的关系模式和结构特征，对于促进（或阻碍）有效的治理过程、影响信息和知识转移至关重要（Bodin et al., 2006; Weiss et al., 2012）。但是，其运行机制和挑战还没有得到充分的探索。因此，通过识别农村集体经营性建设用地入市的利益相关者，能够促进政策制定者规范自己的行为，降低决策风险，强化利益相关者之间的协同合作，从而推动农村集体经营性建设用地的持续健康发展。

因此，本章以北京市的入市试点地区大兴区狼垡地区为研究对象，基于实地调研和问卷访谈数据，从社会网络分析的视角出发，对农村集体经营性建设用地入市的利益相关者的社会网络进行研究，研究内容包括整体网的性质、权力的量化、社会结构的量化、个体行动者对社会资本的控制力、信息交换的中间人识别和流向，借以观察和分析利益相关者的社会网络结构所潜藏的关系内涵，提出针对农村集体经营性建设用地入市的利益相关者的治理策略。

9.1 农村土地问题研究综述

9.1.1 利益相关者视角的农村土地问题研究

利益相关者视角的研究最初应用于分析企业组织管理中，Mitchell 等（1997）通过对利益相关者的定义的梳理，总结了利益相关者的特质为权力性、合法性和紧急性三种属性，在此基础上，众多学者对该利益相关者分析框架进行了实证验证和模型修正。通过使用 80 个美国大公司首席执行官（chief executive officer, CEO）提供的数据，实证验证了利益相关者的这三种属性和显著性之间的强烈关系（Alge et al., 1999），对利益相关者的识别和显著性模型进行扩展，增加了利益相关者第四种属性：接近度（Driscoll and Starik, 2004）；将利益相关者分析框架应用于异质机构投资者中，阐明了不同层次的利益相关者显著性（Ryan and Schneider, 2003）。

农村土地问题产生在复杂的社会文化环境中，制度建设是解决农村问题必不可少的路径，有效采纳政策或实践研究必须建立在积极的知识交流和利益相关者的支持的基础上（Phillipson et al., 2012; Lange et al., 2015），为使政策能够高效推行，有必要将政策的制定与人类的需求结合起来。因此，合理认识利益相关者的诉求是政策合理推行的关键要素和必要保障，它可以促进对新事物的认知识别、了解政策推行的可能性和障碍、使利益相关者群体间产生信任并对政策的实施予以支持。

利益相关者视角的农村土地问题研究受到了学者的广泛关注。自然资源管理（Posthumus et al., 2008; Ricart and Clarimont, 2016; Nguyen et al., 2018）、土地利用方案制定（Pérez-Soba et al., 2018; Wang et al., 2018b）、生态景观保护（Matilainen and Lähdesmäki, 2014; Ileana Pătru-Stupariu et al., 2016; Trædal and Vedeld, 2018）、农村规划（Tress and Tress, 2003; Kerselaers et al., 2013; Derak et al., 2017）是近年来学者普遍关注

的问题。Reed 等（2009）提出了自然资源管理的利益相关者分析类型学，更有效地识别和分类利益相关者，并帮助理解他们的相互关系；Iniestaarandia 等（2014）通过访谈确定了西班牙东南部两个半干旱流域的生态系统服务的五类利益相关者群体，提出将社会文化评估与利益相关者的看法联系起来是推进生态系统服务评估的有效方法。由于利益相关者的利益差异很大，且对规划部门缺乏信任，规划难以反映现状和获得当地村民认可，情景可视化（Tress and Tress，2003）、了解在制定农村规划中的优点和缺点（Kerselaers et al.，2013）、将利益相关者的生态服务理念整合到土地利用规划中（Derak et al.，2017），可以发现农村集体经营性建设用地入市规划中的问题，促进规划的制定和实施。

这些研究多基于问卷调查和半结构化访谈的方法来收集信息，提供描述性分析的资料来源，也有少数学者在问题分析中加入模型、矩阵和 GIS 分析。学者通过驱动力–压力–状态–影响–响应（DPSIR）模型构建，从不同角度分析利益相关者的看法，全面认识利益相关者的诉求，从而提出问题的响应机制，促进利益相关者参与管理，如 Cao 等（2017）通过 DPSIR 模型更深入地了解关于矿区土地征用补偿的流程和利益相关者的观点，并制定出更好的控制问题的方法；Nguyen 等（2018）列出了反映 DPSIR 模型的 20 个问题和 20 条陈述，通过调查问卷用德尔菲法评估利益相关者群体之间的共识，以分析沿海乡镇气候变化的危害和适应能力的影响，提出将开发可持续生态系统、提升新农村规划、制定可再生能源战略作为当地适应气候变化危机的主要手段。矩阵分析也是学者常用的分析方法，它是多种影响因素的辅助决策工具。Posthumus 等（2008）运用决策支持矩阵（decision support matrix，DSM）分析了土地管理和洪水案例的利益相关者的看法，使农民参与洪水风险管理；Ricart 和 Clarimont（2016）用双向矩阵评估农村灌溉用水和管理的看法与偏好，并分析法国南部大型灌溉系统中的利益相关者态度。此外，也有学者将 GIS 分析结果与利益相关者的观点结合起来，以更深入地了解景观变化（Ileana Pătru- Stupariu et al.，2016）。Wang 等（2018b）提出参与式三角化（triangulation in participation）的方法，适应于农村土地利用决策中科学与实践相互作用的动态调整。

可以看出，利益相关者分析可以在一定程度上认识和识别利益相关者对事件的看法与对利益的诉求，提出最有效的具体化问题解决方案，在解决方案中，利益相关者参与是学者普遍倡导的管理策略。学者通过情景技术模拟倡导政策的采纳需要利益相关者参与，Soliva 等（2008）通过使用土地利用变化的情景技术的评估和模拟倡导利益相关者参与，避免土地利用冲突，倡导以生产为导向，多功能和环境友好的农业，保持景观和生物多样性；Dougill 等（2010）基于利益相关者参与和适应性学习的研究框架，模拟英格兰北部峰区国家公园的农村变化。也有学者从信息共享和交流的角度讨论利益相关者参与的重要性，如 Phillipson 等（2012）发现知识交流的机制和方法以及利益相关者的利益分配之间存在着密切的关系，倡导政策的采纳需要重视知识交流和利益相关者的参与；Derak 等（2018）基于知识共享、信任和积极的利益相关者参与所有森林恢复步骤，开发了森林恢复框架，增强了我们对社会接受和恢复项目支持背后因素的理解。

不可否认的是，识别利益相关者及其利益诉求是政策考量的基础，从这个角度上来说，从利益相关者的视角分析农村土地政策的研究（特别是农村集体经营性建设用地入市政策）十分缺乏。因此，利益相关者分析是对现有文献的补充，能够为解决农村集体经营性建设用地入市问题和困境提供一个新的分析视角，有利于管理者深入了解利益相关者的利益诉求，实行合理的行动。

9.1.2　社会网络分析视角的农村土地问题研究

通过探讨正式和非正式结构如何影响土地管理者的观点和行为，社会网络分析表明基于个人沟通联系的社会网络的非正式结构对利益相关者的影响力更大（Prell et al.，2010）。成功的农业实践需要创新与合作（Lubell et al.，2011），社会网络分析方法还被用来比较参与农业发展项目的农民知识网络结构，理解农民的网络结构对于有效的农业发展干预措施的重要性，从而改进有效的和可持续的农业土地管理实践的信息交流模式（Cadger et al.，2016）。土地利用变化的网络结构特征也同样值得关注（Isaac and Matous，2017），外部的桥梁关系推动了新的土地利用类型的引入，从而促进土地利用多样化的增加，因此可以通过拓展外部的联系增加土地的抵御能力。

社会网络是社会资本的重要组成部分（Grootaert and van Bastelaer，2001），社会资本被定义为促进协调与合作以实现互利共赢的社会组织，如网络、规范和社会信任等（Rohe，2004），许多学者对农村的社会资本存量进行了研究，发现随着市场经济的冲击和农村的贫富差距的拉大，农村的社会资本存量越来越少，人际关系观念逐渐淡薄，相互之间的交流与互相帮助越来越少，农村的社会资本不断流失。社会关系网络及其与土地利益的关系而发生的变化，是土地权属制度的基本属性，社会网络分析可以将复杂的人地关系和人人关系可视化（Barry and Asiedu，2016），通过将快速变化的土地利益可视化，发现土地所有权关系的迅速变化可能造成滥用权力来抢夺土地，整体管理（holistic management）可以通过学习小组的社会网络将个人决策者与集体决策联系起来，使得土地管理者更积极地参与研究小组，从而提升土地管理者适应不稳定的波动条件的能力（Villiers et al.，2014）。

由此可以看出，社会网络分析的研究为农村保护行动和保护区规划提供了有效的管理实践经验，也通过对土地管理者、农民等单一群体的网络特征的分析促进了农业发展和土地利用，同时对农村社会资本的流动的分析也引起土地管理者和学者对农村问题的关注与研究。然而，多个参与者类型，如农业部门的非政府组织和推广机构，可以为生产者提供一系列的资源（信息和资本）（Prell et al.，2009；Demiryurek，2010；Klerkx et al.，2010），为代表组织的个体生产者和个人之间的交换发挥着信息交流的桥梁纽带作用（Spielman et al.，2009）。因此，社会网络中的利益相关者的多样性可以不同程度地影响决策。然而，目前的研究缺乏关于这种网络特征如何与局部的土地利用政策相关的微观经验的网络数据，这对于完善土地利用政策至关重要（Munroe et al.，2013）。

9.1.3　农村集体经营性建设用地入市的研究

从近年来的研究成果看，学者对农村集体经营性建设用地入市的研究较为缺乏，当前研究集中从产权、定价、资源配置、制度体系等角度分析入市的利弊、障碍、实施方案等定性研究。通过回顾农村建设用地的政策措施，讨论制度变迁的驱动力和影响，提出改革农村集体建设用地应该赋予其财产属性、将农村建设用地使用权与其所有权分离以便于市场交易（Guo et al.，2015）。通过分析建立城乡一体化建设用地市场需要解决的问题及障碍，通过建立城乡统一的交易价格形成机制，实现增量效益的统一分配机制和统一的城乡统筹分配机制等方式提出农村集体经营性建设用地入市推进机制（Yiping，2015；Jinlong，2015）。然而，在农村集体经营性建设用地入市过程中，涉及农民、集体组织政府、媒体和网民等多个利益主体。不同利益相关者的相互联系和利益诉求等使农村集体经营性建设用地入市的试点工作变得更加复杂。而问题和困境的解决方式的基础是"以人为本"的政策和制度设计，即符合利益相关者的短期和长远利益考察下的综合考量。

9.2 案例研究

9.2.1 研究区域概况

2015 年 2 月，集体经营性建设用地入市进入实质性试验阶段，国务院在北京市大兴区等 15 个县（市、区）进行农村集体经营性建设用地入市试点启动。北京市大兴区作为国家首批农村集体经营性建设用地入市的试点地区，在全国率先提出了集体经营性建设用地入市"镇级统筹"模式——以镇为基本实施单元，锁定土地总量，优化总体布局；降低土地存量，提高用地质量；明晰土地产权，完善股权设置。采取"以人入股、以地入股和人地混合"等模式，合理考虑各村集体土地面积、区位、规划用途以及人口等权重设计股权结构。通过进行乡镇土地资源公平配置的统筹，确保了镇域内各村土地发展权共享和收益平衡。该模式打破原有的"村自为战"的格局，将原有各村分散持有的工业大院使用权集中起来，成立跨村统一性的新供地主体，进行集中入市，有效解决了单个农户、单个村庄发展无法独自解决的土地利用与产业发展等问题。

2016 年 3 月，大兴区政府授权黄村镇实施狼垡地区集体经营性建设用地入市试点项目至今，试点已进行两年有余且改革卓有成效，黄村镇将以狼垡地区农村集体经营性建设用地入市试点为契机，深化产业定位研究，积极招商引资，推进工业园、产业园区转型升级。结合调研可行性和试点成熟度，将样本调查地区选择北京市大兴区黄村镇狼垡地区。

狼垡，位于北京市大兴区黄村镇西北部，西界永定河与房山区相望，是卫星城与北京市区连通的重要区域，原为狼垡公社，后并入芦城乡，现属于黄村镇（2000 年并入）。北部是铁道部动车段，以及生活区。北京铁路信号工厂、北京公交驾校也在此区域，是目前北京五环内最大的城中村。

狼垡地区分为一村至四村，其中的长丰园社区包括长丰园一区、二区、三区、四区、五区、新区等小区，长丰园一区～四区也称狼二新村，其中大部分为商品房，有本地居民居住的回迁房，也有很多是出租房。狼垡地区人口较多，主要原因为外地人口众多，导致狼垡地区的居住人员组成情况十分复杂。狼垡村外地人口占比较大，但主要是从事小微型商业的外地居民。狼垡地区社会经济条件较好，该地区广大村民在村基层党组织率领下坚持以经济建设为中心，以第二、第三产业为主导，以富裕农民为主线，以产业结构调整为重点，在各项工作中取得了一些成绩，加快了该地区的城市化进程。狼垡村共有 4 个自然村，人均年收入 8500 元，第二、第三产业发达。依托大兴新城、新城西片区和丰台科技园在新媒体、科教文化、生产性服务业、高新技术产业等方面的资源优势，发挥交通便利、生态良好的区位优势，着力形成紧邻中心城和大兴新城的、独具特色的花园式集体产业示范园区和综合服务配套区。

截至 2015 年，狼垡村居民点用地总面积 2300 亩，其中，宅基地 1230 亩，公共配套设施用地 720 亩（含道路用地 365 亩、绿化用地 80 亩，水塔、学校、市场、邮政、文体等公建用地 275 亩），居民点闲置土地 350 亩。全村房屋 97% 以上为平房，住房总建筑面积 162 700m²，人均住房建筑面积 29.05m²，人均居民点用地 273.33m²，人均宅基地用地 146.43m²，户均占地 504m²。

从用地现状看，狼垡地区用地结构呈现出城郊型的特点，居民点用地面积大，占比高，总体上较粗放。目前，土地利用现状中存在的主要问题：一是村庄用地布局松散，农民住宅多为松散凌乱的独院式平房，住宅建筑容积率仅为 0.2，院落间距长短不一，形成许多难以利用的边角空地，土地闲置浪费严重，集约化程度低；二是村庄建设缺乏统一规划，建设标准低，市政与公建等基础设施配套不完善，公建用地仅占居民点用地的 12%，绿化用地仅 3%，居住区环境欠佳，极不适应农村现代化的需要；三是用地功能布局混乱，生产与生活双重性明显，大量存在的家庭作坊式个体经济不利于居民点用地的功能区分，景观效果差；四是建新不拆旧，一户多处居住用地、房屋闲置和"空心村"的现象较为普遍。

狼垡地区作为正处于拆迁改造过程的居住社区具有一定的代表性。在这个地区当中，有一部分已经完成拆迁改造，村民们变身为居民住进了回迁房；另外一部分居民还住在低矮的平房区，以城中农民的身份继续生活。外来的人口就与这些本地农民杂居在社区中。因为地区较为成熟，政府对本地居民的保障较为充分，村集体还有一定的分红，本地村民们能有一个较为稳定的生活。

目前，结合北京市集体经营性建设用地入市试点工作，编制了《狼垡地区规划集体产业用地控制性详细规划》，规划期限近期为 2015~2020 年，并已启动狼垡地区（单元）拆除腾退工作，农村集体经营性建设用地入市试点分三期进行拆除腾退，一期拆除腾退 280hm²，二期腾退 315hm²，三期腾退 60hm²，共计拆除腾退集体土地面积 655hm²，共有企业 710 家，从业人员 4.7 万人，建筑面积 500 万 m²，规划 88hm² 集体产业用地，剩余 567hm² 均作为城市绿地，且规划的 88hm² 集体产业用地以办公、科研、人才公寓为主，着力打造科技型企业的办公花园和汽车特色休闲产业，没有高耗能、高污染产业。

9.2.2　利益相关者及其角色

农村集体经营性建设用地入市的整个过程较为复杂，涉及土地规划、用途管制、土地出让、利益分配等多个环节，牵涉众多的利益相关者。本节从农村集体经营性建设用地入市的流程入手，识别不同阶段的利益相关者。农村集体经营性建设用地入市的流程、涉及的利益相关者及职能划分如图 9-1 所示，通过对入市过程的分析，我们发现入市的利益相关者的作用存在差异（表9-1）。

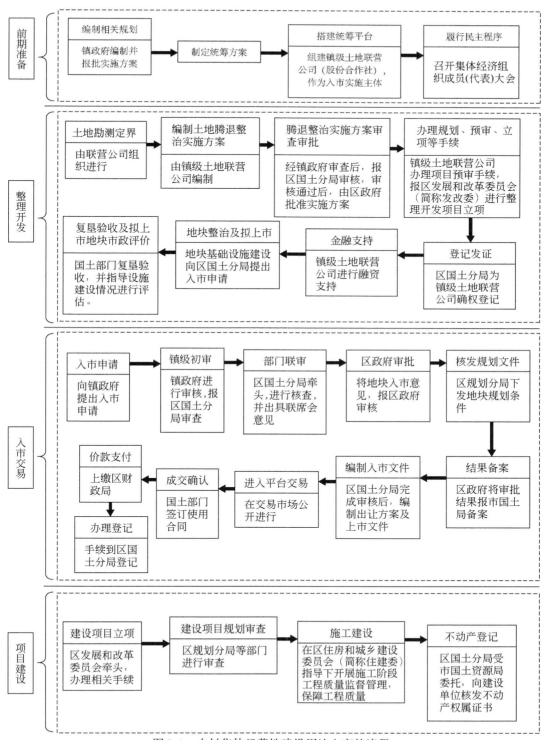

图9-1　农村集体经营性建设用地入市的流程

表 9-1　农村集体经营性建设用地入市过程中利益相关者的作用

利益相关者	前期准备	入市前的整理开发	入市中的交易	入市后的项目建设
市政府	—	完成评价报告	—	—
市国土局	—	审核增减挂钩方案，下达增减挂钩指标	对入市文件的审批结果进行备案	—
区政府	—	对审核通过后的腾退整治实施方案进行批准	审核某地块的入市意见；将审批结果报市国土局备案	—
区国土分局	—	审核腾退整治实施方案；为镇级土地联营公司确权登记；地块整治及拟上市；复垦验收及拟上市地块市政评价	牵头进行部门联审；编制入市文件；签订使用合同；办理土地变更登记手续	向建设单位核发不动产权属证书
区发改委	—	对项目预审手续进行整理开发项目立项	区国土分局牵头进行部门联审，并出具联席会意见；提出编制入市文件意见	牵头办理相关手续，完成建设项目立项
区住建委	—	—	区国土分局牵头进行部门联审，并出具联席会意见	指导开展施工阶段工程质量监督管理
区经济和信息化委员会（简称经信委）、区财政局、区环境保护局（简称环保局）、区新兴产业促进服务中心（简称产促中心）			区国土分局牵头进行部门联审，并出具联席会意见；提出编制入市文件意见	—
区规划分局	—	—	区国土分局牵头进行部门联审，并出具联席会意见；核发规划文件	出具建设工程规划许可证
区交通局、农村工作委员会（简称农委）、经管站、审计委员会（简称审计委）、文物局	—	—	区国土分局牵头进行部门联审，并出具联席会意见	—
区园林绿化局、区民防局	—	—	—	对设计方案、园林工程、民防工程进行审查
镇政府	编制并报批实施方案	初步审核腾退整治实施方案并报区国土分局审核	审核入市申请，并报区国土分局审核	—
镇级土地联营公司	作为入市实施主体，搭建统筹平台；履行民主程序	进行土地勘测定界；编制土地腾退整治实施方案；办理项目预审手续，报区发改委；进行融资支持		

　　根据 Freeman（1979）的利益相关者定义，农村集体经营性建设用地利益相关者可以理解为：在农村集体经营性建设用地直接进入土地交易一级市场的行为发生全过程中，所

涉及的社会、组织和个体。按照入市的流程设计和具体实践，涉及原产权者、行政管理者、拟使用者、其他参与者四类人群，总计 22 个利益相关者（表 9-2）。

表 9-2　利益相关者的分类

分类	利益相关者
原产权者	农村/乡镇集体经济组织、普通村民、抵制型村民、原土地使用权人
行政管理者	县人民政府、县国土资源局、县规划局、县发改委、县经信委、县建设局、县环保局、县财税局、县公共资源交易中心、乡镇人民政府（开发区管委会）、乡镇党政联席会议或乡镇长办公会议等相关部门
拟使用者	竞得人
其他参与者	评估机构、相关专家和成员代表等组成议价小组、新闻媒体、普通群众、抵触型群众、非政府组织（non-governmental organization，NGO）

9.2.3　网络数据获取

本研究以狼垡地区单元集体经营性建设用地入市案例为研究对象，搜集相关研究资料并运用社会网络分析方法解构该地区的网络结构，针对该地区入市所涉及的利益相关者进行社会网络和入市政策的深度访谈，探寻其涉及的利益相关者的互动关系，以质化资料来佐证量化资料的不足，寻求全方位识别现阶段农村集体经营性建设用地入市的症结，为入市的困境破解和有序推进提供参考。

为了避免初始群体构成带来的偏差，确定样本总体界限的操作方法为，在系统梳理农村集体经营性建设用地入市的流程的基础上，对涉及的利益相关者进行分类，筛选出村民 5 人、村委会委员 1 名、区县国土局 2 人、媒体 1 人四类利益相关者群体共计 9 人进行半结构化访谈，通过对来自每个利益相关者类别的个人或组织进行访谈，以表示不同利益主体的观点，访谈的目的是评估项目提出的目标，以确保其侧重于研究问题并确定利益相关者的分类。

有时我们无法对研究涉及的所有成员都调查，因此采用不断扩大的滚雪球抽样的方法（Doreian and Woodard，1992），对参与访谈的利益相关者进一步提名，通过询问"您是否与任何个人或组织进行过有关农村集体经营性建设用地入市的沟通，请最多列出五个名称（按紧密程度从高到低填写）"，又增加了来自土地联营公司（×公司）、镇政府、村民代表等 31 个利益相关者，共计 47 个利益相关者，根据这些个人和组织在农村集体经营性建设用地入市中的角色，连续的访谈可以使得利益相关者的类别进行增加和细分，直到涉及入市利益相关者提名的个人和组织的名称开始重复。

确定的四类利益相关者群体和 47 名调查访问对象见表 9-3，其中区级行政管理者 16 人，占总体的 34.1%；镇级行政管理者 1 人，占总体的 2.1%；公司 1 人，占总体的 2.1%；媒体 2 人，占总体的 4.3%；村委会委员 4 人，占总体的 8.5%；村代表 5 人，占总体的 10.6%；村民 18 人，占总体的 38.3%。基于五点量表的李克特量表（Likert，1932），通过询问"您多久与这个人进行沟通？（每天、每周、半个月、一个月、一个月以上）"测度这些利益相关者之间的联系强度。有时需要回答者提供关于所选选项的具体解释，主要考虑受访者对农村集体经营性建设用地入市的整体评价和他们的参与度；个人和组织的角色及拥有的权力与利益；受访者个人和组织对拥有的权力与利益的洞察力，其他利益相关者的满意度和他们对信息获取、合作关系和信息共享等内容的想法。为表达简便，用 L1、L2、L3、L4 分别代表狼垡一村至四村。

表 9-3　访谈的利益相关者分类

分类	利益相关者
产权者	L1 村村委会、L1 村代表、L1 村民 a、L1 村民 b、L1 村民 c、L1 村民 d、L2 村村委会、L2 村代表、L2 村民 a、L2 村民 b、L2 村民 c、L2 村民 d、L3 村村委会、L3 村代表、L3 村民 a、L3 村民 b、L3 村民 c、L3 村民 d、L3 村民 e、L3 村民 f、L4 村村委会、L4 村代表 1、L4 村代表 2、L4 村民 a、L4 村民 b、L4 村民 c、L4 村民 d
行政管理者	区人民政府、区国土资源局、区发改委、区经信委、区住建委、区财政局、区环保局、区产促中心、区规划分局、区交通局、农委、经管站、审计委、文物局、区园林绿化局、区民防局、镇政府、镇级土地联营公司（×公司）
其他参与者	新闻媒体 1、新闻媒体 2

9.3　社会网络结果分析

9.3.1　权力的量化

1. 群体集中化趋势研究结果分析

测算群体的集中化趋势，分别从点出度（outdeg）、点入度（indeg）、标准化点出度（noutdeg）、标准化点入度（nindeg）、整个网络标准化的点出度中心势（out-centralization）、整个网络标准化的点入度中心势（in- centralization）六个方面进行分析。不同利益相关者表现出不同的点出度和点入度。点出度表示关系从该点直接发出的其他点的个数，即利益相关者关注别人的程度，点出度越高说明该利益相关者在社会网络中拥有更高的积极性和能动性去传播信息；点入度则表示关系进入该点的其他点的个数，即某个利益相关者被关注的程度，点入度越高说明该利益相关者发布的消息更容易受到他人的关注，因此他们在网络信息的传输中居于核心地位，拥有较大的影响力。整个网络标准化的点出度中心势和点入度中心势在一定程度上表示群体的集中化趋势，即中心势越接近于 1，说明"关注"或者"被关注"的群体的集中化趋势更强。

为了更直观地展示每个节点的中心性的大小，将每个点的中心性数值赋给节点，使得节点随着中心性的大小而变化，如图 9-2 所示。测算结果表明，镇政府和区国土局的点出度（60 和 59）和点入度（76 和 54）均最高，区级部门（编号 1～16）普遍具有较高的点出度和点入度（除区园林绿化局和区民防局的点出度外均大于 20），说明在入市信息的发布和传递过程中，区级和镇级部门与组织拥有绝对的影响力，扮演着信息的接收者和传递者的角色，他们对网络的连通性起着至关重要的作用，一旦离开甚至会导致整个群体分离成若干个子群体。此外，通过对 L1、L2、L3、L4 村委会的点出度的比较发现，相较于其他村委会，狼堡一村村委会的信息发布和接收工作较其他三个村的村委会突出，特别是点出度，明显高于其他三个村委会，说明其承担着重要的信息发布的工作任务；在信息接收方面，狼堡四村村委会的点入度明显高于点出度，说明四村村委会在接收有效信息方面做得很出色，L2 村委会的点入度只有 L1 村委会的一半，表明 L2 村委会的信息发布受到关注的程度较低；在对村代表的点度中心性进行分析的过程中，L1、L3、L4 的村代表在信息接收和传递中都起着重要的承上启下的连接作用，点入度和点出度都较高，L2 村代表几乎不发挥信息沟通和共享的功能。各村村民几乎处于该社会网络的边缘地位，在信息沟通和交流中明显要少于其他角色，说明村民对农村集体经营性建设用地入市的事情关注不够或者获得的信息不多。

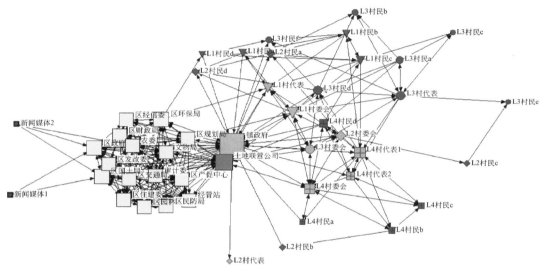

图 9-2　基于点度中心性的网络社群图

整个网络标准化的点出度中心势和点入度中心势分别为 0.0349 和 0.0491，可以看出整个网络的内部成员之间的联系不够紧密，在信息沟通、交流、共享的过程中联系不够频繁，因此成员间加强对农村集体经营性建设用地入市的关注和重视将有利于整个网络更加紧密和行政效率的提高。

2. 行动者不受他人控制程度的结果分析

使用接近中心性测算行动者不受他人控制的程度，图 9-3 为将接近中心性的数值赋给各节点后的网络社群图。镇政府接近中心度的点出度最高，说明其发布的消息传递到其他所有成员的距离之和为 69，该成员获取其他所有成员的信息的距离较远，为 254，但相较于其他成员来说，除 L3 村民 f（235）、L2 村民 d（238）、L3 村民 e（240）以外，镇政府获取信息的能力是最高的，说明这些成员获取信息的能力不易受到他人控制，个体独立性较强。

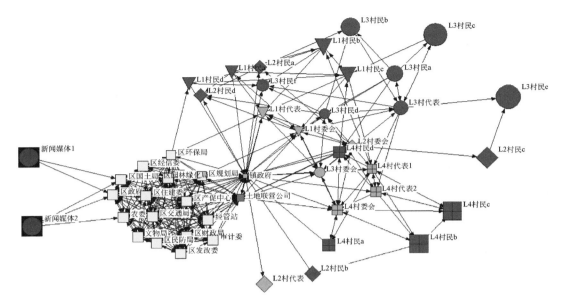

图 9-3 基于接近中心性的网络社群图

从发布信息的难易程度来看，L3 村民 f（2162）、L2 村民 d（2162）、L3 村民 e（2162）、L2 村民 c（2116）发布信息到其他各个利益相关者的难度明显大于其他人，说明这些成员在信息发布过程中更加受控于他人，而在获取信息的难易程度上，各个利益相关者之间获取信息的困难程度差别不大，距离集中在 300 左右。通过对整个网络的接近中心性的比较，可以明显看出，除个别成员外，该入市网络成员间发布信息的困难程度要明显易于获取信息的困难程度，说明该社会网络群体需要增强入市信息的获取能力，及时关注与入市相关的有效信息。

3. 对资源的控制能力的结果分析

使用中介中心性测算个体行动者对资源的控制能力。将中介中心性数值体现到网络社群图的各个节点中如图 9-4 所示。镇政府的中介中心性最大，为 678.615，远高于排名第二的土地联营公司（305.760），表明这两个成员在入市的社会网络中的信息获取、交流和共享占据着结构洞的位置，处于优势地位，对其他成员的信息获得起着重要的枢纽作用。排名 3~7 位的成员均为村委会或者村代表，表明村委会和村代表能够保证网络中信息的流通与共享。而 L3 村民 e、区园林绿化局、L2 村代表、L3 村民 f、L2 村民 d、L2 村民 d、L4 村民 a 的中介中心性均为 0，表明这些利益相关者处于边缘地位，参与入市网络的知识交流的能力和意愿不足，无法在网络中扮演着信息传递的角色，对网络的连接不起关键性的作用，也不能控制其他成员的有效交流。因此，这些成员应该加强对入市信息的了解和沟通，促进成员彼此之间的有效联系，从而减少网络中存在的结构洞，适当削弱镇政府、土地联营公司的核心地位和绝对支配权力。整个网络的中介中心势为 31.52%，中介中心度并不是很大，即在整个网络中大部分节点的利益相关者不需要通过别的节点作为桥（即两点之间的关系的连接），便可以得到网络中的信息。

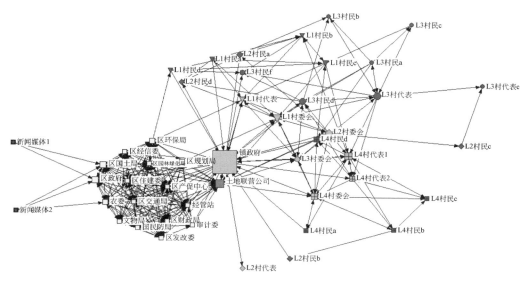

图 9-4　基于中介中心性的网络社群图

9.3.2　社会结构的量化

1. 利益相关者群体分类

由表 9-4、表 9-5 和图 9-5、图 9-6 可以看出，入市网络的利益相关者可以分为四个子群，四个子群的具体成员见表 9-4。我们可以初步发现，第一子群成员为区级部门，第二子群成员为镇政府、土地联营公司和新闻媒体，第三子群成员除了 L3 村代表外均为 L1 村和 L2 村村委会、村代表和村民，第四组成员均为 L3 村和 L4 村村委会、村代表和村民。因为是赋值矩阵，会出现密度大于 1 的情况，如第一排第一列和第二排第二列，由表 9-5 可知，第二子群的密度系数最大，为 2.167，说明第二子群成员镇政府、土地联营公司和新闻媒体之间的联系与其他子群成员之间的沟通更加紧密，区镇部门就农村集体经营性建设用地入市的事务商讨和交流比较多，新闻媒体的报道对象更多的为镇政府和土地联营公司成员。第三、第四子群成员间的联系都较少，密度系数仅为 0.511 和 0.519，说明产权人之间的联系和沟通少于管理者与新闻媒体，L3 和 L4 村的联系的频繁程度要稍多于 L1 和 L2 村之间的联系。

表 9-4　块模型分析的利益相关者子群

子群	利益相关者
1	1 区政府、2 区国土局、3 区发改委、4 区经信委、5 区财政局、6 区住建委、7 区产促中心、8 区环保局、9 区交通局、10 农委、11 经管站、12 文物局、13 审计委、14 区园林绿化局、15 区民防局、16 区规划局
2	17 镇政府、18 土地联营公司、46 新闻媒体 1、47 新闻媒体 2

子群	利益相关者
3	19 L1 村委会、20 L2 村委会、21 L3 村委会、23 L1 村代表、24 L1 村民a、25 L1 村民b、26 L1 村民c、27 L1 村民d、28 L2 村代表、29 L2 村民a、30 L2 村民b、31 L2 村民c、32 L2 村民d、33 L3 村代表
4	22 L4 村委会、34 L3 村民a、35 L3 村民b、36 L3 村民c、37 L3 村民d、38 L3 村民e、39 L3 村民f、40 L4 村代表1、41 L4 村代表2、42 L4 村民a、43 L4 村民b、44 L4 村民c、45 L4 村民d

表9-5　入市网络的密度矩阵表

子群	1	2	3	4
1	2.008	0.703	0.031	0
2	0.828	2.167	0.679	0.212
3	0	0.714	0.511	0.298
4	0	0.269	0.170	0.519

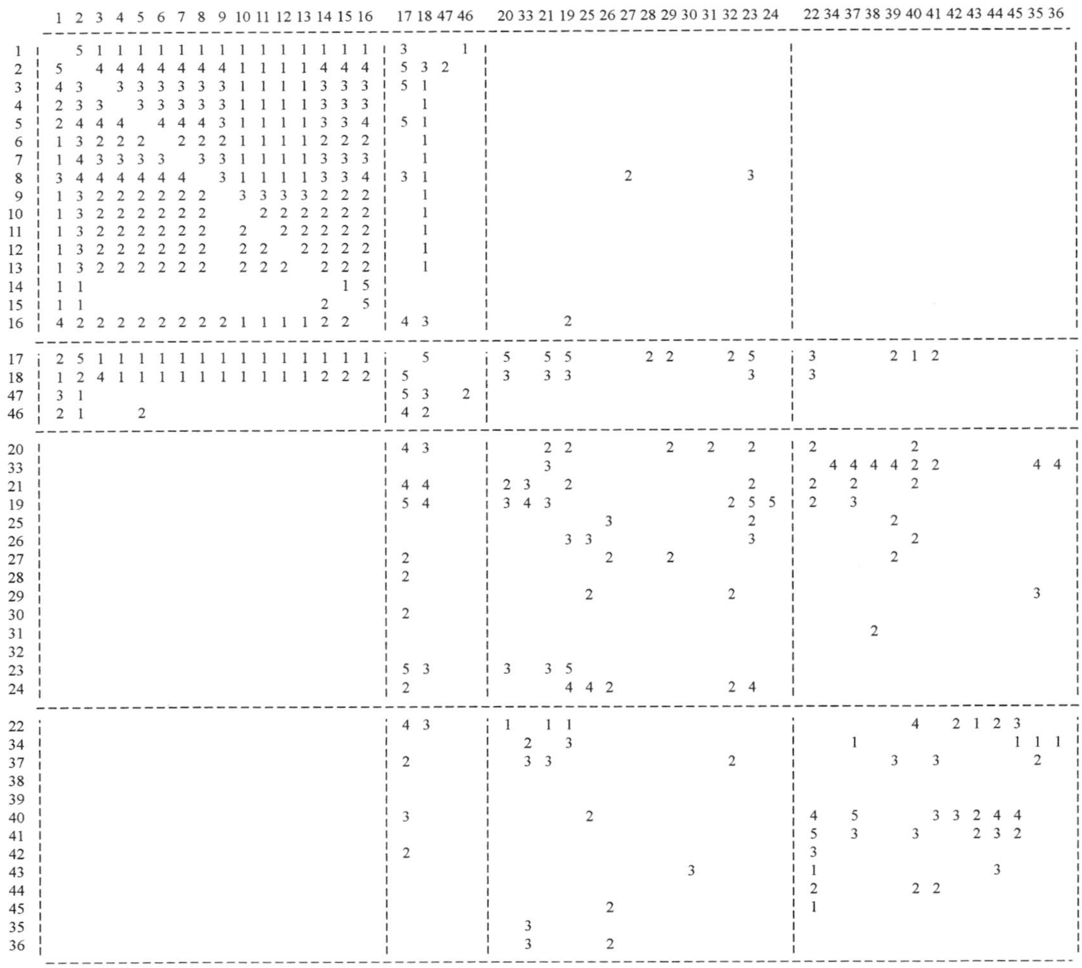

图9-5　入市网络的分块矩阵

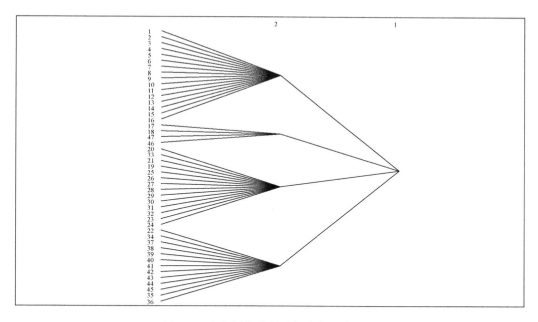

图9-6 入市网络的利益相关者的分区图

从子群间的联系密度我们可以看出，第一、第二子群间的联系最为密切，说明镇政府、土地联营公司和新闻媒体这一子群与区级部门的联系较为频繁，且第二子群与第一子群的联系更为主动（密度为0.828，高于0.703）。第三子群和第四子群成员同为产权人，但第二子群与第三子群的联系（0.714和0.679）要明显高于与第四子群的联系（0.269和0.212），且第三子群与第四子群的联系（0.298）要高于其他子群与第四子群的联系，说明镇政府、土地联营公司和新闻媒体构成的第二子群与狼垡一村、二村的联系要比与三村、四村的联系更为紧密，第四子群（L3和L4村）与其他子群成员的联系较少，处于相对被动和边缘的位置。值得关注的是，第三、第四子群的产权人与第一子群的区级部门没有直接的联系（密度为0），只有区级部门与狼垡一村、二村的第三子群有少量的联系（密度仅为0.031）。

2. 群体成员的地位

通过计算每个利益相关者的核心度，并将核心度从大到小进行排列，从表9-6中我们可以发现，以编号1区政府为界，区政府的核心度及其以上为区级部门、镇政府、土地联营公司，低于区政府核心度的所属成员均为村委会、村代表和村民。有近一半的成员的核心度在0.05以下，约1/4成员的核心度在0.2以上，说明成员的核心度差异明显，我们可以初步预测，行政管理者（编号1~18）在入市的社会网络中居于高度核心的地位，而产权人和新闻媒体（编号19~47）处于边缘地位，尤其是大部分的村民几乎不关心入市的事情或者不被群组中的群体所关注。

表9-6　入市网络利益相关者的核心度测算结果

编号	利益相关者	核心度	编号	利益相关者	核心度
2	区国土局	0.371	41	L4 村代表 2	0.069
8	区环保局	0.292	22	L4 村委会	0.068
17	镇政府	0.270	27	L1 村民 d	0.057
16	区规划局	0.267	46	新闻媒体 1	0.054
3	区发改委	0.267	39	L3 村民 f	0.045
5	区财政局	0.265	28	L2 村代表	0.044
4	区经信委	0.240	43	L4 村民 b	0.044
15	区民防局	0.235	35	L3 村民 b	0.042
7	区产促中心	0.233	42	L4 村民 a	0.040
18	土地联营公司	0.200	20	L2 村委会	0.039
9	区交通局	0.186	26	L1 村民 c	0.038
6	区住建委	0.175	32	L2 村民 d	0.037
14	区园林绿化局	0.168	44	L4 村民 c	0.035
10	农委	0.155	34	L3 村民 a	0.033
13	审计委	0.146	29	L2 村民 a	0.033
11	经管站	0.145	30	L2 村民 b	0.031
12	文物局	0.140	31	L2 村民 c	0.031
1	区政府	0.133	25	L1 村民 b	0.028
37	L3 村民 d	0.110	45	L4 村民 d	0.028
19	L1 村委会	0.108	38	L3 村民 e	0.025
23	L1 村代表	0.083	36	L3 村民 c	0.023
24	L1 村民 a	0.079	40	L4 村代表 1	0.019
21	L3 村委会	0.078	33	L3 村代表	0.016
47	新闻媒体 2	0.078			

　　我们进一步将各个利益相关者划分到核心边缘区域中，结果见表9-7，由计算结果可知，该网络的核心边缘初始矩阵与理想矩阵的相关系数为0.7509，表明实际的矩阵与理想矩阵的模型十分相似，因而该核心边缘结构模型更为显著。可以发现，网络中联系比较频繁、处于核心地位的群体有区政府、区国土局、区发改委、区经信委、区财政局、区住建委、区产促中心、区环保局、区交通局、农委、经管站、文物局、审计委、区规划局、镇政府、土地联营公司；联系比较松散、处于边缘地位的群体有区园林绿化局、区民防局、L1 村委会、L2 村委会、L3 村委会、L4 村委会、L1 村代表、L1 村民 a、L1 村民 b、L1 村民 c、L1 村民 d、L2 村代表、L2 村民 a、L2 村民 b、L2 村民 c、L2 村民 d、L3 村代表、L3 村民 a、L3 村民 b、L3 村民 c、L3 村民 d、L3 村民 e、L3 村民 f、L4 村代表 1、L4 村代表 2、L4 村民 a、L4 村民 b、L4 村民 c、L4 村民 d、新闻媒体 1、新闻媒体 2。尽管与理想矩阵的差别不大，我们仍然可以发现，区级部门、镇政府和土地联营公司在农村集体经营性建设用地入市的推动中具有高度的话语权、影响力和主导地位，而村级成员和媒体处于此事件的边缘地位，对整个网络群体的影响力较小，较容易被忽视，这一分析结果与之前

的核心度的分析结果完全一致。

表 9-7　核心–边缘结构分析的分派结果

分派	利益相关者
核心	区政府、区国土局、区发改委、区经信委、区财政局、区住建委、区产促中心、区环保局、区交通局、农委、经管站、文物局、审计委、区规划局、镇政府、土地联营公司
边缘	区园林绿化局、区民防局、L1 村委会、L2 村委会、L3 村委会、L4 村委会、L1 村代表、L1 村民 a、L1 村民 b、L1 村民 c、L1 村民 d、L2 村代表、L2 村民 a、L2 村民 b、L2 村民 c、L2 村民 d、L3 村代表、L3 村民 a、L3 村民 b、L3 村民 c、L3 村民 d、L3 村民 e、L3 村民 f、L4 村代表 1、L4 村代表 2、L4 村民 a、L4 村民 b、L4 村民 c、L4 村民 d、新闻媒体 1、新闻媒体 2

注：核心边缘初始矩阵与理想矩阵的相关系数 = 0.7509。

　　为了进一步观察核心群体中的结构特征，将 16 个核心利益相关者抽出来，单独进行二次核心–边缘结构分析（图 9-7），所得结果见表 9-8 和表 9-9。二次分析的矩阵结果与

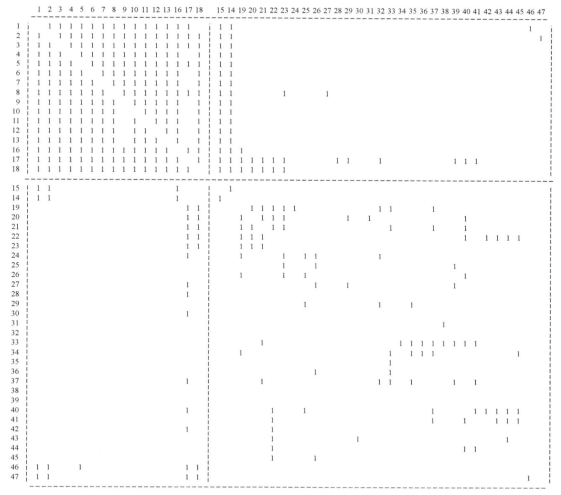

图 9-7　核心–边缘结构分析的分块结果

理想矩阵的相关系数为 0.6007，低于之前的相关系数，表明之前模型比该模型更为显著。在"马太效应"进一步强化后，我们发现原本的核心群体进一步分化成新的核心群体和边缘群体，结果将区交通局、农委、镇政府从核心群体中筛选出来成为边缘群体，说明区交通局、农委、镇政府相对于核心群体成员来说在群体中扮演的角色相对较为边缘化，与其他成员之间的互动交流较为薄弱。

表 9-8 核心群体的核心-边缘分析的分派结果

分派	利益相关者
核心	1 区政府、2 区国土局、3 区发改委、4 区经信委、5 区财政局、6 区住建委、7 区产促中心、8 区环保局、11 经管站、12 文物局、13 审计局、16 区规划局、18 土地联营公司
边缘	9 区交通局、10 农委、17 镇政府

注：核心边级初始矩阵与理想矩阵的相关系数 = 0.6007。

表 9-9 核心群体的核心-边缘结构分析的分块结果

	利益相关者	1	2	3	4	5	6	7	8	13	16	11	12	18	9	17	10
1	区政府	1	1	1	1	1	1	1	1	1	1	1	1	1	1	1	1
2	区国土局	1	1	1	1	1	1	1	1	1	1	1	1	1	1	1	1
3	区发改委	1	1	1	1	1	1	1	1	1	1	1	1	1	1	1	1
4	区经信委	1	1	1	1	1	1	1	1	1	1	1	1	1	1	1	1
5	区财政局	1	1	1	1	1	1	1	1	1	1	1	1	1	1	1	1
6	区住建委	1	1	1	1	1	1	1	1	1	1	1	1	1	1	1	1
7	区产促中心	1	1	1	1	1	1	1	1	1	1	1	1	1	1	1	1
8	区环保局	1	1	1	1	1	1	1	1	1	1	1	1	1	1	1	1
13	审计委	1	1	1	1	1	1	1	1	1	1	1	1	1	1	1	1
16	区规划局	1	1	1	1	1	1	1	1	1	1	1	1	1	1	1	1
11	经管站	1	1	1	1	1	1	1	1	1	1	1	1	1	1	1	1
12	文物局	1	1	1	1	1	1	1	1	1	1	1	1	1	1	1	1
18	土地联营公司	1	1	1	1	1	1	1	1	1	1	1	1	1	1	1	1
9	区交通局	1	1	1	1	1	1	1	1	1	1	1	1	1	1	1	1
17	镇政府	1	1	1	1	1	1	1	1	1	1	1	1	1	1	1	1
10	农委	1	1	1	1	1	1	1	1	1	1	1	1	1	1	1	1

9.3.3 个体行动者对社会资本的控制力

在该社会网络中，区国土局、区产促中心、镇政府、土地联营公司、L1 村委会、L4 村代表 1 的结构洞数量均大于 100，占有较多的结构洞，特别是镇政府和土地联营中心所占的结构洞数量远高于其他利益相关者，分别为 879 个和 276 个，且镇政府和土地联营公司的有效规模最大，分别为 28.440 和 16.519，表明这两个利益相关者在社会网络群体中处于核心地位，与此相对应的是，这两位利益相关者在网络交流中的限制度也是很小的，分别为 0.139、0.205。L2 村代表和 L4 村民 a 没有结构洞，说明这两位利益相关者不具有任何信息优势和控制优势，为建立网络群体间的联系没有发挥作用。有四位成员分别为 L2 村代表、L2 村民 b、L2 村民 c、L3 村民 e 的节点度数（degree）是最低的（为 1 或 2），说明这些利益相关者与外界的联系几乎处于孤立状态，部分成员处于农村集体经营性建设用地入市的社会网络中的边缘位置。从等级属性来看，有三位成员等级大于 0.4，分别为区住建委（0.471）、L2 村代表（1.000）、L3 村民 a（0.404），这些等级较高的成员受到更多的限制，也处于边缘位置。有五名成员的效率最高，均大于 0.8，分别为镇政府（0.813）、L1 村民 c（0.848）、L1 村民 d（0.800）、L2 村民 a（0.886）、L3 村代表（0.856），说明这些成员在社会网络中对其他成员的影响程度较大。

9.3.4 信息交换的中间人识别和流向

从整体来看，第一子群中的区国土局和区政府、第二子群中的镇政府和土地联营公司、第三子群中的 L1 村委会、第四子群中的 L4 村委会扮演中间人的次数均超过了 50 次，说明这些利益相关者在子群内外的信息交流和传递中发挥着重要的作用，对农村集体经营性建设用地入市事件的推动有着较高的影响力和积极性。

个体原来所属的社会群体单位整体（农村集体经营性建设用地入市的社会网络）不再是考察的主要维度，在入市中以不同中间人为核心和纽带的小群体的网络与分类逐渐形成。

第一子群共包含 16 个利益相关者，其中区政府、区国土局分别扮演了中间人的 4 个角色，并且扮演角色的次数居于该组前两位，特别是协调人、守门人和代理人的角色均达到了 25 次以上，说明区政府和国土局在组内信息流通、信息的组间获取和传递的能力很强。区规划局、区环保局、区财政局、区发改委扮演中间人角色的次数也相对较多，特别是区环保局代理人的角色扮演在该子群内最高，达到 35 次，说明区环保局在将子群内信息向外传递的过程中发挥着重要作用。此外，该组中只有区环保局扮演了与其他三组之间的联络人的角色，说明第一子群的大多数成员缺乏跨越两个以上群体交流的能力和影响力。

第二子群共包括 4 个利益相关者，分别是镇政府、土地联营公司、新闻媒体 1 和新闻媒体 2，镇政府扮演中间人角色的次数达到了整个群体的最高，为 409 次，远远超过其他所有子群的利益相关者，在扮演的 4 个角色中，镇政府扮演代理人和联络人角色的次数最多，分别为 55 次和 305 次，说明镇政府处于群体间信息流通的关键地位，吸收传递信息、扮演桥梁作用的能力相对较强，但镇政府缺乏协调人角色，说明镇政府更加关注子群的组间交流，在子群内部的交流中发挥的作用较小。土地联营公司同时承担了四个中间人的角色，扮演角色的次数高达 194 次，仅次于镇政府居于第二位，说明土地联营公司在子群内外的沟通和交流中都扮演着极为重要的角色，特别是联络人角色扮演了 145 次，表明土地联营公司更容易从其他群组获取信息并向另一群组输出信息。而该组其他成员（新闻媒体

1、新闻媒体2）扮演的角色次数只有 3 次，说明新闻媒体处于整个网络的边缘位置，在第二子群内外交流中更加依靠镇政府和土地联营公司的影响力与信息的传播能力。

第三子群共包含 14 个利益相关者，其中 L1 村委会、L3 村委会扮演了中间人的 5 个角色，扮演角色的次数也位居组群内的前列，但相较于其他三组，该组群内部的成员扮演中间人角色的次数比较均衡，但仍有 L2 村代表、L2 村民 b、L2 村民 c、L2 村民 d 在与群组内外的信息沟通和共享中几乎没有扮演任何中间人角色。

第四子群共包含 13 个利益相关者，其中 L4 村委会、L4 村代表 1、L3 村民 d 和 L4 村代表 2 承担了该群体在子群内对外交流的重要任务，其中 L3 村民 d 是该子群中唯一扮演了 5 个中间人的利益相关者，L4 村委会主要负责第四子群内部的沟通（协调人角色次数为 15 次）以及扮演从群组内信息向外传达（代理人次数为 28 次）的角色，L4 村代表 1 的代理人、顾问、联络人角色的次数组内最多，分别为 28 次、3 次、3 次，说明该成员在组内获取信息并传达至其他群组以及在不同群组间传递消息的能力比较突出。该子群的其他的利益相关者扮演的中间人角色很少。

区政府所扮演的 80 个角色中，属于第一子群内部的中间人角色有 26 个，属于第一子群向第二子群传递的中间人角色有 25 个，属于第二子群向第一子群传递的中间人角色有 27 个，属于第二子群内部的中间人角色有 2 个。对其他点的分析以此类推。下面重点来分析区政府、区国土局、镇政府、土地联营公司、L1 村委会、L4 村委会、L1 村代表这 7 个扮演中间人角色次数较多的利益相关者是如何在群组内外发挥作用的。

区政府和区国土局主要发挥协调员、守门人（由本子群内向第二子群传递）和代理人（由第二子群向本子群内传递）的作用，说明区政府和区国土局在信息接收和传递过程中与第二子群成员的联系较为密切。镇政府位于第二子群，主要发挥着代理人、顾问和联络人的作用，扮演将第一子群的信息与第三、第四子群相互传达的联络人角色的次数最多，分别为 128 次、64 次、40 次和 24 次，说明镇政府是区级与村级的重要交流媒介，负责将区级的信息传达到村级，同时也善于将村级的信息反馈到区级；扮演将本子群的信息向第一子群传达的代理人角色的次数很多，为 27 次，同时也善于将第三、第四子群的信息在第三、第四子群内部传递，由于第三、第四子群均为村级组织成员，说明镇政府很好地扮演了将村级组织成员的信息传递的顾问角色。土地联营公司位于第二子群，其更多地扮演着第一子群与第三子群的联络人角色，其中扮演将第一子群信息传达到第三子群的中间人角色的次数为 50 次，将第三子群信息传达到第一子群的中间人角色的次数为 64 次，说明与镇政府的角色有相似之处的是，土地联营公司也同样承担着区级与村级互动交流的媒介作用。在四个村的村委会的比较中，L1 和 L4 村的村委会发挥的作用较为突出，虽处于不同子群，不仅负责子群内信息传递的协调人（16 次和 15 次）的作用，而且负责将本子群信息向外传达以及搜集其他子群的信息并向所在子群成员传递的作用。同样地，村代表中，L1 村代表在入市中扮演的角色相对重要，该成员具有更高的积极性和责任意识负责信息的上传下达，如该子群内部信息传达的协调人角色的次数为 7 次、第三子群信息向第二子群传递的代理人角色的次数为 5 次，由第一子群搜集来的信息向本子群内传递的守门人角色的次数为 3 次。

9.4 利益相关者的地位和网络

虽然入市涉及的利益相关者的内部联系不够频繁，但网络成员可以比较方便地实现信息的沟通和交流，根据网络的利益相关者联系的紧密程度不同，入市网络共划分为四个子群体，其中区级部门和镇政府联系的紧密程度最高。各利益相关者在网络中的地位有所不同，区级部门、镇政府和土地联营公司处于高度核心的地位，村级成员和新闻媒体处于边缘位置，在高度核心地位的利益相关者中，区国土局、区政府、镇政府、土地联营公司、狼垡一村村委会、狼垡四村村委会和村代表 1 扮演的中间人次数最多，在传播和共享入市信息等功能上发挥着更好的积极性和能动性，特别是镇政府和土地联营公司对信息资源的控制力最高，对入市事件的推动有着高度的影响力和控制力。

具体来看，各利益相关者的地位和在网络中发挥的作用如下：

1）镇政府在农村集体经营性建设用地入市过程中处于绝对的支配和领导地位，与区级部门联系紧密。在整个入市的社会网络中，镇政府拥有绝对的权力，一方面体现在镇政府在入市信息的上传下达和信息的接收中有着更高的积极性与影响力，特别是在对资源和信息的控制能力方面尤为突出；另一方面体现在镇政府承担着"镇级统筹"的跨村统权性任务，从镇级层面统一规划统筹布局，集中解决村级的土地利用和产业发展等问题。

2）土地联营公司是权力仅次于镇政府的一个真正的市场化运作主体。土地联营公司与镇政府保持着密切的联系，它与镇政府一样处于入市网络的核心位置，对入市的推动作用较强，这也许与土地联营公司负责拆除腾退、土地开发、收益分配等重要业务有关。土地联营公司在发布信息时不易受到他人的控制，同时又掌握着对其他主体获取信息的控制能力，但与区级部门的联系相对较少，联系方式主要是办理项目预审手续报区发改委审批。

3）区级部门在整个入市网络中处于半边缘的位置，不具有较高的控制力和影响力，区级部门之间的联系尤为紧密，不同部门发挥的作用大小有所差别。具体表现为区级部门整体对资源的控制能力也相对较弱，虽然有着更高的积极性去传播消息，且其发布的消息更容易被关注，但信息的发布和获取在一定程度上受到其他成员的控制，受限程度要明显高于镇政府和土地联营公司，这也许与区级部门和村集体、村代表和村民这些产权人主体的联系相对较弱有关。该群体扮演的中间人角色差别较大，其中区政府、区国土局、区环保局、区财政局在入市网络的子群体间的交流中发挥着重要的沟通桥梁作用，而区园林绿化局和区民防局没有扮演任何中间人的角色。

4）村委会在入市网络中虽不处于核心地位，却是村内成员和各村之间信息传递与沟通的重要媒介。四个村的村委会在信息的发布获取和对资源的控制力方面是仅次于镇政府和土地联营公司的强势主体，但四个村的村委会都不处于关注和被关注的焦点位置。各村委会之间的联系有所区别，狼垡一村和二村、狼垡三村和四村分别形成交流互动较多的子群体，狼垡一村和四村扮演中间人的角色要多于其他两个村委会发挥的作用，狼垡三村虽然扮演中间人角色的次数比较少，但是唯一一个扮演了五个中间人角色的利益相关者，狼垡二村村委会在信息沟通共享中发挥的作用较弱。

5）除狼垡二村村代表外，其他各村村代表在信息传递和接收过程中都很好地扮演了村委会与村民之间的桥梁作用，表达出较高的积极性和能动性。村代表在群体中的地位弱于区级部门、镇政府和土地联营中心，但比绝大部分村民要高。各代表在获取信息的难易程度上差别不大，狼垡一村的村代表在群体中相较于其他村代表具有一定的话语权和影响力，狼垡三村村代表和狼垡四村村代表1在其所在的子群体中都扮演着重要的中间人角色，狼垡二村村代表没有扮演任何中间人角色，处于孤立的边缘状态，说明狼垡二村的村代表并没有履行好向村委会直接反映村民们的意见和建议及将参会并共同商议决定的涉及村民利益的信息向村民传达的义务。

6）村民是入市网络中的边缘群体，处于弱势地位，对农村集体经营性建设用地入市的认识不清，其利益诉求尚未得到足够关注和保护。狼垡一村村民对资源的控制能力较强，且比狼垡四村村民对入市信息具有更高的认知度和参与度，这是由于狼垡一村对入市信息基本了解，而狼垡四村的村民对入市政策持质疑态度，二村和三村的不同村民对入市信息的认知和参与程度也不甚相同，具体体现在二村村民对入市的事情不太了解，三村普遍知晓此事但对具体内容不太清楚，使得狼垡二村和三村村民传递与获取信息的困难程度普遍较高。村民扮演中间人角色的次数普遍较低，且多集中在子群体内部之间收集和传播信息以及将子群体内的信息并向子群体外部传递。

7）新闻媒体同样处于入市网络的边缘位置，其在网络中的影响力和信息传播能力较低。新闻媒体的群体虽然集中化趋势较低，不具有对信息的控制优势，处于入市网络的边缘地位，但其发布和获取消息的困难和受限程度也相对较低。新闻媒体虽与土地联营公司和镇政府位于同一子群体，但群体内部的联系紧密程度很低，且新闻媒体在该子群体中扮演中间人角色的次数很少，主要依靠镇政府和土地联营公司的信息传递与获取的媒介作用。

为了促进农村集体经营性建设用地入市网络的有效运行，我们依据社会网络分析的结果，从利益相关者的视角提出以下发展策略：

1）发挥入市网络中核心成员的作用，提高利益相关者的信息沟通和共享能力，加强与村级边缘群体的联系。发挥镇政府和土地联营公司的支配与领导地位，加强其与村级产权人之间的沟通；村委会与村代表需要建立起密切的联系，定期开展村民或村民代表会议，宣传和沟通入市信息，建立合理的收益分配机制，有效的反馈基层意见，共同为村级发展出谋划策；村代表积极履行义务，向村委会反映村民们的意见和建议，并将村中决议的重大事件向村民及时反馈。

2）适度运用镇政府和土地联营公司的领导与实施主体的地位，以维护村级产权人的利益和合法权利为重要保证。在保持参与入市的能动性和积极性的同时，明确自己管理者和服务者的职能，为农村集体经营性建设用地入市搭建统筹平台、履行民主程序、编制实施方案、遵循审批流程，向村集体还权赋能，抵制滥用私权和谋取个人利益，避免将个人的主观意识渗入信息传播的渠道中，影响网络中其他利益相关者的客观判断，指导农村集体经营性建设用地的合理入市。

3）实现土地股份化，提高产权人参与入市的积极性，维护自身的合法权利。通过建立股份合作社，明晰村级内部的土地产权结构，提高村民对入市的关注度和参与度，通过健全和完善股份合作社的监督管理机制与村民自治的制度，切实保障产权人共享农村集体经营性建设用地入市的红利，避免产权人因参与度和认知度的不足而处于入市网络的边缘群体位置。

4）充分发挥新闻媒体作为入市的监督者和观察者的角色与作用，积极做好入市的宣传工作，提高入市网络内外群体对入市政策的了解和关注。新闻媒体是公众了解入市政策和进展的重要渠道，报道内容应力求真实、客观和公正地反映入市信息，对入市出现的问题进行第一时间的捕捉和提炼，通过社会舆论的监督作用来指导政府工作，解决入市问题。

9.5 小 结

本章通过试点地区的实地调研和访谈，为农村集体经营性建设用地入市的利益相关者的进一步研究提供了第一手资料，将社会网络分析的方法引入农村集体经营性建设用地入市的管理决策分析中，构建农村集体经营性建设用地入市的社会网络模型，对利益相关者进行权力量化、社会结构量化、资本的控制能力、信息交换的中间人的识别和流向等方面的研究，探讨网络整体特征及个体成员在入市进展中的影响能力。不可否认的是，由于全国农村集体经营性建设用地入市试点仍在进行中，各试点地区正在探索创新性的管理模式，并试图具有一定的普适性，然而由于各地的自然和人文环境都有所不同，狼垡地区的案例也同样具有一定的特殊性。此外，利益相关者集合的构成虽然基于理论上的考虑和充分的准备工作，但也依赖于实践的抽样操作，有些利益相关者没有包括在研究的样本中在所难免，因此该研究结果具有相对意义。尽管如此，本研究具有一定的学术和实践价值。以狼垡地区为例，它回答了以下问题：①农村集体经营性建设用地入市涉及了哪些利益相关者；②农村集体经营性建设用地入市的利益相关者的网络结构是什么；③利益相关者在其形成的社会网络中分别扮演着怎样的角色，他们之间的关系是什么。考虑到社会网络结构为网络成员的思想和行为提供重要信息，本研究将农村集体经营性建设用地入市的政策管理与涉及的利益相关者的网络特征相关联，通过可视化的剖析方法，对农村集体经营性建设用地入市的社会网络进行量化，并对网络的特点和结构成因进行深入分析，对改善利益相关者交流网络的结构、推动入市的政策推进具有一定意义。

参 考 文 献

阿尔弗雷德·韦伯. 1997. 工业区位论 [M]. 北京：商务印书馆.

巴雅尔，敖登高娃，马安青，等. 2005. 历史时期内蒙古 LUCC 时空过程及其驱动机制 [J]. 人文地理，20（5）：122-127.

柴彦威. 1996. 以单位为基础的中国城市内部生活空间结构——兰州市的实证研究 [J]. 地理研究，15（1）：30-38.

陈百明，张凤荣. 2011. 我国土地利用研究的发展态势与重点领域 [J]. 地理研究，30（1）：1-9.

陈培培，张敏. 2015. 从美丽乡村到都市居民消费空间——行动者网络理论与大世凹村的社会空间重构 [J]. 地理研究，34（8）：1435-1446.

陈伟，刘卫东，柯文前，等. 2017. 基于公路客流的中国城市网络结构与空间组织模式 [J]. 地理学报，72（2）：224-241.

陈晓华. 2009. 城市流动人口子女教育问题的调查研究 [D]. 上海：上海交通大学.

陈修颖. 2003. 区域空间结构重组：理论基础、动力机制及其实现 [J]. 经济地理，23（4）：445-450.

陈修颖. 2005. 基于城乡互动的衡阳市城市空间结构重组：理论与实践 [J]. 地理科学，5（3）：3288-3293.

陈彦光，刘继生. 2002. 基于引力模型的城市空间互相关和功率谱分析——引力模型的理论证明、函数推广及应用实例 [J]. 地理研究，21（6）：742-753.

陈永林，谢炳庚. 2016. 江南丘陵区乡村聚落空间演化及重构：以赣南地区为例 [J]. 地理研究，35（1）：184-194.

陈娱，许珺. 2013. 考虑地理距离的复杂网络社区挖掘算法 [J]. 地球信息科学学报，15（3）：338-344.

陈泽东，赵旭剑，张晖，等. 2019. 面向开放式信息抽取系统的知识推理验证 [J]. 西南科技大学学报，34（4）：72-80.

陈志军. 2008. 区域旅游空间结构演化模式分析——以江西省为例 [J]. 旅游学刊，23（11）：35-41.

程必定. 2015. 中国区域空间结构的三次转型与重构 [J]. 区域经济评论，（1）：34-41.

程明，周伊利，李琪，等. 2021. 乡村住区下垫面表面温度实测及影响因素分析——基于冬季红外热成像航拍实验数据 [J]. 住宅科技，41（9）：58-62.

崔功豪. 2006. 中国区域规划的新特点和发展趋势 [J]. 现代城市研究，（9）：4-7.

邓子健，李旭. 2021. 县域村镇体系空间结构特征识别与优化策略 [C]//面向高质量发展的空间治理——2020 中国城市规划年会论文集（18 小城镇规划）：245-253.

杜国明，匡文慧，孟凡浩，等. 2015. 巴西土地利用/覆盖变化时空格局及驱动因素 [J]. 地理科学进展，（1）：73-82.

杜相佐. 2016. 基于空间相互作用的村域农村居民点空间重构研究 [D]. 重庆：西南大学.

杜相佐，王成，蒋文虹，等. 2015. 基于引力模型的村域农村居民点空间重构研究——以整村推进示范村重庆市合川区大柱村为例 [J]. 经济地理，35（12）：154-160.

段禄峰，张鸿. 2011. 我国城乡空间一体化协调发展的区域空间结构演进研究 [J]. 安徽农业科学，2011，39（06）：3684-3687.

封志明，刘宝勤，杨艳昭．2005. 中国耕地资源数量变化的趋势分析与数据重建：1949～2003［J］. 自然资源学报，20（1）：35-43.

冯长春，刘明，沈昊婧，等．2014. 土地发展权视角下农村集体建设用地流转问题研究——以河南省新乡市为例［J］. 城市发展研究，21（3）：19-22.

冯健．2012. 乡村重构：模式与创新［M］. 北京：商务印书馆．

冯健，张琦楠．2021. 城市社会空间结构及分异——基于武汉的实证研究［J］. 城市发展研究，28（9）：66-78，86，49.

冯健，钟奕纯．2020. 基于居住环境的常州城市居民生活质量空间结构［J］. 地理学报，75（6）：1237-1255.

冯健，周一星．2003. 北京都市区社会空间结构及其演化（1982—2000）［J］. 地理研究，22（4）：465-483.

冯仕超，高小红，亢健，等．2012. 西宁市30多年来土地利用/土地覆被变化及城市扩展研究［J］. 干旱区研究，29（1）：129-136.

傅廉蔺．2021. 形态框架视角下村镇聚落对周边道路形成的影响分析［D］. 北京：北京大学．

高鹏，何丹，宁越敏，等．2019. 长江中游城市群社团结构演化及其邻近机制——基于生产性服务企业网络分析［J］. 地理科学，39（4）：578-586.

葛全胜，赵名茶，郑景云．2000. 20世纪中国土地利用变化研究［J］. 地理学报，（6）：698-706.

顾朝林．1999. 改革开放二十年来中国城市地理学研究进展［J］. 地理科学，19（4）：32-33.

顾朝林，克斯特洛德C．1997. 北京社会空间结构影响因素及其演化研究［J］. 城市规划，（4）：12-15.

顾朝林，王法辉，刘贵利．2003. 北京城市社会区分析［J］. 地理学报，58（6）：917-926.

关小克，王秀丽，李昕，等．2016. 山区农村居民点演变的地貌分异与分类调控研究［J］. 河南农业大学学报，50（3）：396-403.

郭力君．2008. 知识经济时代的城市空间结构研究［M］. 天津：天津大学出版社：8.

郭腾云，徐勇，马国霞，等．2009. 区域经济空间结构理论与方法的回顾［J］. 地理科学进展，28（1）：111-118.

国家统计局，国务院第七次全国人口普查领导小组办公室．2021-05-12. 第七次全国人口普查公报～（［1］）（第七号）［N］. 中国信息报，（004）．

海贝贝．2014. 快速城市化进程中城市边缘区聚落空间演化研究［D］. 开封：河南大学．

韩非，蔡建明．2011. 我国半城市化地区乡村聚落的形态演变与重建［J］. 地理研究，30（7）：1271-1284.

韩昊英，于翔，龙瀛．2016. 基于北京公交刷卡数据和兴趣点的功能区识别［J］. 城市规划，40（6）：52-60.

韩会然，杨成凤，宋金平．2015. 北京市土地利用变化特征及驱动机制［J］. 经济地理，（5）：148-154.

韩增林，刘天宝．2010. 大连市城市空间结构形成与演进机制［J］. 人文地理，（3）：67-71.

贺艳华，李民，宾津佑，等．2017a. 近10年来中国城乡一体化空间组织研究进展与展望［J］. 地理科学进展，36（2）：219-230.

贺艳华，周国华，唐承丽，等．2017b. 城市群地区城乡一体化空间组织理论初探［J］. 地理研究，36（2）：241-252.

黄宝荣，张慧智，王学志．2014. 城市扩张对北京市城乡结合部自然和农业景观的影响——以昌平区三镇为例［J］. 生态学报，34（22）：6756-6766.

黄端，李仁东，邱娟，等．2017. 武汉城市圈土地利用时空变化及政策驱动因素分析［J］. 地球信息科学学报，19（1）：80-90.

黄宏杰 . 2017. 南宁市淡村一组城中村综合改造项目质量管理研究 ［D］. 南宁：广西大学 .

江曼琦 . 2001. 知识经济与信息革命影响下城市空间结构 ［J］. 南开学报，2001，（1）：26-31.

焦世泰，龚维进 . 2018. 空间依赖与滇黔桂省际边界区域的新区划 ［J］. 地域研究与开发，37（3）：
　　28-33.

柯文前，陈伟，陆玉麒，等 . 2019. 基于高速公路流的江苏省城市网络空间结构与演化特征 ［J］. 地理科
　　学，39（3）：405-414.

雷振东 . 2005. 整合与重构 ［D］. 西安：西安建筑科技大学 .

李琛，成升魁，陈远生 . 2007. 区域旅游协作态势下的承德市旅游空间重构 ［J］. 城市问题，（6）：
　　43-48.

李传武，梁双波，车前进 . 2015. 主体功能区视角下芜湖市乡村聚落空间分类与重构 ［J］. 长江流域资源
　　与环境，24（10）：1736-1743.

李国平，吴爱芝，孙铁山 . 2012. 中国区域空间结构研究的回顾及展望 ［J］. 经济地理，32（4）：6-11.

李红波，张小林 . 2012. 国外乡村聚落地理研究进展及近今趋势 ［J］. 人文地理 27（4）：103-108.

李红波，张小林，吴启焰，等 . 2015. 发达地区乡村聚落空间重构的特征与机理研究——以苏南为例 ［J］.
　　自然资源学报，30（4）：591-603.

李君 . 2009. 农户居住空间演变及区位选择研究 ［D］. 开封：河南大学 .

李强，杨开忠 . 2007. 旅游系统的空间结构：一个具有不对称特点的垄断竞争的空间模型 ［J］. 系统工程
　　理论与实践，（2）：76-82.

李小建 . 1999. 经济地理学研究中的公司访谈定性分析方法及其应用实例 ［J］. 经济地理，（3）：2-7.

李秀彬 . 1999. 中国近 20 年来耕地面积的变化及其政策启示 ［J］. 自然资源学报，14（4）：329-333.

李震，顾朝林，姚士媒 . 2006. 当代中国城镇体系地域空间结构类型定量研究 ［J］. 地理科学，26（5）：
　　5544-5550.

李智，张小林，李红波 . 2019. 县域城乡聚落规模体系的演化特征及驱动机理——以江苏省张家港市为例 ［J］.
　　自然资源学报，34（1）：140-152.

刘传喜，唐代剑 . 2016. 浙江乡村流动空间格局及其形成影响因素——基于淘宝村和旅游村的分析 ［J］.
　　浙江农业学报，28（8）：1438-1446.

刘大均，胡静，陈君子，等 . 2014. 中国传统村落的空间分布格局研究 ［J］. 中国人口·资源与环境，
　　24（4）：157-162.

刘纪远，匡文慧，张增祥，等 . 2014. 20 世纪 80 年代末以来中国土地利用变化的基本特征与空间格局 ［J］.
　　地理学报，69（1）：3-14.

刘继生，陈彦光 . 2000. 分形城市引力模型的一般形式和应用方法——关于城市体系空间作用的引力理
　　论探讨 ［J］. 地理科学，（6）：528-533.

刘建国，张妍，黄杏灵 . 2019. 中国人文地理学区域空间结构研究的主要领域及展望 ［J］. 地理科学，
　　39（6）：874-885.

刘金巍，靳甜甜，刘国华，等 . 2014. 新疆玛纳斯河流域 2000—2010 年土地利用/覆盖变化及影响因素 ［J］.
　　生态学报，34（12）：3211-3223.

刘康，李月娥，吴群，等 . 2015. 基于 Probit 回归模型的经济发达地区土地利用变化驱动力分析——以南
　　京市为例 ［J］. 应用生态学报，26（7）：2131-2138.

刘立平，穆桂松 . 2011. 中原城市群空间结构与空间关联研究 ［J］. 地域研究与开发，30（6）：164-168.

刘艳军，李诚固，孙迪 . 2006. 城市区域空间结构：系统演化及驱动机制 ［J］. 城市规划学刊，（6）：
　　73-78.

龙花楼 . 2012. 论土地利用转型与乡村转型发展 ［J］. 地理科学进展，31（2）：131-138.

龙花楼 . 2013. 论土地整治与乡村空间重构 [J]. 地理学报, 68 (8): 1019-1028.

龙花楼, 李秀彬 . 2001. 长江沿线样带土地利用格局及其影响因子分析 [J]. 地理学报, 56 (4): 417-425.

龙花楼, 屠爽爽 . 2018. 土地利用转型与乡村振兴 [J]. 中国土地科学, 32 (7): 1-6.

陆大道 . 1985. 京津唐地区的区域发展与空间结构 [J]. 经济地理, 5 (1): 37-43.

陆玉麒 . 2002a. 区域双核结构模式的形成机理 [J]. 地理学报, 57 (1): 85-96.

陆玉麒 . 2002b. 中国区域空间结构研究的回顾与展望 [J]. 地理科学进展, 21 (4): 468-476.

路紫, 匙芳, 王然, 等 . 2008. 中国现实地理空间与虚拟网络空间的比较 [J]. 地理科学, (5): 601-606.

罗震东, 何鹤鸣, 耿磊 . 2011. 基于客运交通流的长江三角洲功能多中心结构研究 [J]. 城市规划学刊, (2): 16-23.

马晨, 李瑾, 赵春江, 等 . 2022. "互联网+"现代种业发展战略研究 [J/OL]. 中国工程科学, 24 (4): 44-52.

马晓冬, 李全林, 沈一 . 2012. 江苏省乡村聚落的形态分异及地域类型 [J]. 地理学报, 67 (4): 516-525.

冒亚龙 . 2006. 知识经济和信息时代城市空间结构的演变——以重庆市为例 [J]. 建筑, 24 (8): 97-99.

孟斌, 王劲峰, 张文忠, 等 . 2005. 基于空间分析方法的中国区域差异研究 [J]. 地理科学, (4): 11-18.

闵婕, 杨庆媛, 唐璇 . 2016. 三峡库区农村居民点空间格局演变——以库区重要区万州为例 [J]. 经济地理, (2): 149-158.

明立波, 汪成刚 . 2009. 交通影响下的江苏沿江地区空间重构研究 [J]. 浙江大学学报 (理学版), 36 (3): 352-357.

宁越敏 . 1995. 从劳动分工到城市形态 (二) ——评艾伦·斯科特的区位论 [J]. 城市问题, (3): 14-16, 20.

钮心毅, 丁亮, 宋小冬 . 2014. 基于手机数据识别上海中心城的城市空间结构 [J]. 城市规划学刊, (6): 61-67.

钮心毅, 岳雨峰 . 2020. 移动定位大数据支持乡村规划研究: 进展、困难和展望 [J]. 城乡规划, (2): 67-75.

彭一刚 . 1994. 传统村镇聚落景观分析 [M]. 北京: 中国建筑工业出版社 .

钱慧, 姚秀立 . 2007. 关中城市群地区区域空间分异与重构研究 [J]. 西北师范大学学报 (自然科学版), (3): 92-96, 106.

沈惊宏 . 2013. 改革开放以来泛长江三角洲空间结构演变研究 [D]. 南京: 南京师范大学 .

史利江, 王圣云, 姚晓军, 等 . 2012. 1994-2006 年上海市土地利用时空变化特征及驱动力分析 [J]. 长江流域资源与环境, 21 (12): 1468-1479.

史培军, 陈晋, 潘耀忠 . 2000. 深圳市土地利用变化机制分析 [J]. 地理学报, 55 (2): 151-160.

宿瑞, 王成, 李颢颖 . 2018. 基于村域空间网络化的农村居民点布局优化 [J]. 江苏农业科学, 46 (6): 353-357.

孙燕, 林振山, 刘会玉 . 2006. 中国耕地数量变化的突变特征及驱动机制 [J]. 资源科学, 28 (5): 57-61.

汤放华, 陈立立, 曾志伟, 等 . 2010. 城市群空间结构演化趋势与空间重构——以长株潭城市群为例 [J]. 城市发展研究, 17 (3): 65-69, 85.

唐子来 . 1997. 西方城市空间结构研究的理论和方法 [J]. 城市规划汇刊, (6): 1-11, 63.

陶玉霞 . 2014. 乡村游客文化取向与乡村重构 [J]. 浙江农业学报, 26 (3)：830-836.

田文祝，周一星 . 1991. 中国城市体系的工业职能结构 [J]. 地理研究, (1)：12-23.

万幼，刘耀林 . 2019. 基于地理加权中心节点距离的网络社区发现算法 [J]. 武汉大学学报（信息科学
版）, 44 (10)：1545-1552.

汪德根 . 2013. 武广高速铁路对湖北省区域旅游空间格局的影响 [J]. 地理研究, 32 (8)：1555-1564.

王合生，李昌峰 . 2000. 长江沿江区域空间结构系统调控研究 [J]. 长江流域资源与环境, (3)：
269-276.

王介勇，刘彦随，陈秧分 . 2013. 农村空心化程度影响因素的实证研究——基于山东省村庄调查数据 [J].
自然资源学报, 28 (1)：10-18.

王力，牛铮，尹君，等 . 2006. 基于遥感技术的小城镇土地利用变化分析——以黄骅镇为例 [J]. 资源科
学, 28 (5)：68-75.

王圣云，宋雅宁，张玉，等 . 2020. 交通运输成本视角下长江中游城市群城市网络空间关联机制 [J].
经济地理, 40 (6)：87-97.

王心源，范湘涛，邵芸，等 . 2001. 基于雷达卫星图像的黄淮海平原城镇体系空间结构研究 [J]. 地理
科学, (1)：57-63.

王新涛 . 2009. 城市空间结构演变动力系统分析 [J]. 北方观察, (6)：33-35.

王雪微，王士君，宋飏，等 . 2015. 交通要素驱动下的长春市土地利用时空变化 [J]. 经济地理, (4)：
155-161.

王垚，钮心毅，宋小冬 . 2017. "流空间" 视角下区域空间结构研究进展 [J]. 国际城市规划, 32 (6)：
27-33.

王勇，李广斌 . 2011. 苏南乡村聚落功能三次转型及其空间形态重构——以苏州为例 [J]. 城市规划,
35 (7)：54-60.

王凯 . 2006. 50 年来我国城镇空间结构的四次转变 [C] //规划 50 年——2006 中国城市规划年会论文集
（上册）：93-99.

魏伟，叶寅 . 2013. 中国省际工业发展的空间格局演化及分析 [J]. 经济地理, 33 (3)：118-124.

沃尔特·克里斯塔勒 . 2000. 德国南部中心地 [M]. 北京：商务印书馆 .

吴骏莲，顾朝林，黄瑛，等 . 2005. 南昌城市社会区研究——基于第五次人口普查数据的分析 [J]. 地理
研究, 24 (4)：611-619.

吴启焰 . 2001. 城市空间结构研究的回顾与展望 [J]. 地理学与国土研究, (2)：46-50.

吴昕晖，袁振杰，朱竑 . 2015. 全球信息网络与乡村性的社会文化建构——以广州里仁洞 "淘宝村" 为例 [J].
华南师范大学学报：自然科学版, 47 (2)：115-123.

席建超，王新歌，孔钦钦，等 . 2014. 旅游地乡村聚落演变与土地利用模式——野三坡旅游区三个旅游村
落案例研究 [J]. 地理学报, 69 (4)：531-540.

肖思思，吴春笃，储金宇 . 2012. 1980—2005 年太湖地区土地利用变化及驱动因素分析 [J]. 农业工程学
报, 28 (23)：1-11.

谢作轮，赵锐锋，姜朋辉，等 . 2014. 黄土丘陵沟壑区农村居民点空间重构——以榆中县为例 [J]. 地
理研究, 33 (5)：937-947.

邢谷锐，徐逸伦，郑颖 . 2007. 城市化进程中乡村聚落空间演变的类型与特征 [J]. 经济地理, (6)：
932-935.

邢兰芹，王慧，曹明明 . 2004. 1990 年代以来西安城市居住空间重构与分异 [J]. 城市规划, 28 (6)：
68-73.

熊浩 . 2017. 社会资本视角下的乡村空间重构 [D]. 广州：华南理工大学 .

熊黑钢，张雅．2008．石河子市土地利用变化及主要地类驱动力研究［J］．人文地理，23（5）：32-36.

徐昀，汪珠，朱喜钢，等．2009a．南京城市社会区空间结构——基于第五次人口普查数据的因子生态分析［J］．地理研究，28（2）：484-498.

徐昀，朱喜钢，李唯．2009b．西方城市社会空间结构研究回顾及进展［J］．地理科学进展，28（1）：93-102.

许光洪．1999．区域经济联系理论与实证研究［D］．北京：中国科学院．

许家伟．2013．乡村聚落空间结构的演变与驱动机理［D］．开封：河南大学．

许可双．2013．交通可达性视角下山东省区域空间重构研究［D］．上海：华东师范大学．

许学强，胡华颖，叶嘉安．1989．广州市社会空间结构的因子生态分析［J］．地理学报，44（4）：385-399.

宣国富，徐建刚，赵静．2006．上海市中心城社会区分析［J］．地理研究，25（3）：526-538.

闫闪闪，靳诚．2019．基于多源数据的市域旅游流空间网络结构特征——以洛阳市为例［J］．经济地理，39（08）：231-240.

阎小培．1999．信息产业与城市发展［M］．北京：科学出版社．

杨桂山．2002．长江三角洲耕地数量变化趋势及总量动态平衡前景分析［J］．自然资源学报，17（5）：525-532.

杨俊，李月辰，席建超，等．2014．旅游城镇化背景下沿海小镇的土地利用空间格局演变与驱动机制研究——以大连市金石滩国家旅游度假区为例［J］．自然资源学报，（10）：1721-1733.

杨庆媛，潘菲，李元庆．2015．城镇化快速发展区域农村居民点空间重构路径及模式研究——重庆市长寿区实证［J］．西南大学学报：自然科学版，37（10）：1-8.

杨新军，马晓龙．2004．区域旅游：空间结构及其研究进展［J］．人文地理，19（1）：76-81.

叶超，陈明星．2008．国外城乡关系理论演变及其启示［J］．中国人口·资源与环境，（1）：34-39.

叶庆华，刘高焕，田国良，等．2004．黄河三角洲土地利用时空复合变化图谱分析［J］．中国科学（D辑：地球科学），34（5）：461-474.

叶兴庆，徐小青．2014．从城乡二元到城乡一体——我国城乡二元体制的突出矛盾与未来走向［J］．管理世界，（9）：1-12.

尹贻梅，陆玉麒，邓祖涛．2004．国内旅游空间结构研究述评［J］．旅游科学，（4）：49-54，61.

虞蔚．1986．城市社会空间的研究与规划［J］．城市规划，（6）：25-28.

喻冰洁，崔叙，张秋仪，等．2021．大城市空间交互网络的多中心结构特征及形成机制研究——基于流动空间与空间效应的成都实证［J］．规划师，37（21）：66-74.

喻定权，尹长林，陈群元，等．2008．城市空间形态与动态预测系统研究［M］．长沙：湖南大学出版社．

袁鹰．2008．全球化视角下的城市空间研究——以上海郊区为例［M］．北京：中共建筑工业出版社．

约翰·冯·杜能．1993．孤立国同农业和国民经济的关系［M］．北京：商务印书馆．

湛东升，张文忠，孟斌，等．2017．北京城市居住和就业空间类型区分析［J］．地理科学，37（3）：356-366.

张成扬，赵智杰．2015．近10年黄河三角洲土地利用/覆盖时空变化特征与驱动因素定量分析［J］．北京大学学报：自然科学版，（1）：151-158.

张国坤，邓伟，张洪岩，等．2010．新开河流域土地利用格局变化图谱分析［J］．地理学报，65（9）：1111-1120.

张惠远，赵昕奕，蔡运龙，等．1999．喀斯特山区土地利用变化的人类驱动机制研究［J］．地理研究，18（2）：136-142.

张慧杰，王蓉，陈斌，等．2018．基于轨迹和兴趣点数据的城市功能区动态识别与时变规律可视分析［J］．

计算机辅助设计与图形学学报, 30 (9): 1728-1740.

张捷, 周寅康. 1997. 长江下游地区近五百年洪涝序列的 R/S 分析 [J]. 自然灾害学报, (2): 80-86.

张蕾. 2010. 国外城市形态学研究及其启示 [J]. 人文地理, 25 (3): 90-95.

张利, 雷军, 张小雷, 等. 2012. 乌鲁木齐城市社会区分析 [J]. 地理学报, 67 (6): 817-828.

张鹏, 陈雯, 袁丰, 等. 2021. 区域一体化与绿色化视角下江苏沿江地区的制造业空间重构研究 [J]. 长江流域资源与环境, 30 (2): 257-268.

张庭伟. 2001. 90 年代中国城市空间结构的变化及其动力机制 [J]. 城市规划, (7): 7-14.

张文佳, 谢森锴, 仝德, 等. 2020-11-24. 村镇聚落的空间演化分析方法、装置、设备及存储介质 [P]. 中国, 202010834570. 6.

张文佳, 牛彩澄, 朱建成. 2022. 行为网络视角下区域空间结构研究进展 [J]. 地理科学进展, 41 (8): 1504-1515.

张洵, 欧向军, 叶磊, 等. 2013. 中心城市为依托的区域空间重构分析——以江苏省为例 [J]. 地理与地理信息科学, 29 (2): 54-59.

张镱锂, 聂勇, 吕晓芳. 2008. 中国土地利用文献分析及研究进展 [J]. 地理科学进展, 27 (6): 1-11.

张有全, 宫辉力, 赵文吉, 等. 2007. 北京市 1990～2000 年土地利用变化机制分析 [J]. 资源科学, 29 (3): 206-213.

章波, 濮励杰, 黄贤金, 等. 2005. 城市区域土地利用变化及驱动机制研究——以长江三角洲地区为例 [J]. 长江流域资源与环境, 14 (1): 28-33.

章春华, 王克林. 1997. 四川盆地城市体系 [J]. 长江流域资源与环境, (4): 31-36.

赵渺希, 徐颖. 2019. 村镇聚落网络联系的手机信令探索——以中山三乡镇为例 [J]. 上海城市规划, (6): 38-45.

钟琦. 2016. 存量视角下产业结构变化对珠三角地区小城镇影响的规划实践 [D]. 重庆: 重庆大学.

周春山, 刘洋, 朱红. 2006. 转型时期广州市社会区分析 [J]. 地理学报, 61 (10): 1046-1056.

周佳宁, 毕雪昊, 邹伟. 2020. "流空间" 视域下淮海经济区城乡融合发展驱动机制 [J]. 自然资源学报, 35 (8): 1881-1896.

周青, 黄贤金, 濮励杰, 等. 2004. 快速城镇化农村区域土地利用变化及驱动机制研究——以江苏省原锡山市为例 [J]. 资源科学, 26 (1): 22-30.

周锐, 苏海龙, 王新军, 等. 2012. CLUE-S 模型对村镇土地利用变化的模拟与精度评价 [J]. 长江流域资源与环境, 21 (2): 174-180.

周一星, 孟延春. 1998. 中国大城市的郊区化趋势 [J]. 城市规划汇刊, (3): 22-27, 64.

朱会义, 何书金, 张明. 2001. 环渤海地区土地利用变化的驱动力分析 [J]. 地理研究, 20 (6).

朱俊成. 2009. "两型社会" 视域下武汉城市圈区域空间重构与公共政策研究 [C] //中国地理学会百年庆典学术论文摘要集: 299.

朱晓翔, 朱纪广, 乔家君. 2016. 国内乡村聚落研究进展与展望 [J]. 人文地理, 31 (1): 33-41.

朱永. 2021. 城市化地区聚落空间形态演变特征研究——以深圳市为例 [D]. 北京: 北京大学.

Abbott A. 1984. Event sequence and event duration: Colligation and measurement [J]. Historical Methods: A Journal of Quantitative and Interdisciplinary History, 17: 192-204.

Abrahamson E, Rosenkopf L. 1997. Social network effects on the extent of innovation diffusion: a computer simulation [J]. Organ Sci 8: 289-309.

Adam A G. 2014. Informal settlements in the peri-urban areas of Bahir Dar, Ethiopia: An institutional analysis [J]. Habitat International, 43 (4): 90-97.

Agle B R, Mitchell R K, Sonnenfeld J A. 1999. Who matters to Ceos? An investigation of stakeholder attributes and salience, corpate performance, and Ceo values [J]. Academy of Management Journal, 42 (5): 507-525.

Alderson A S, Beckfield J. 2004. Power and position in the world city system [J]. American Journal of Sociology, 109 (4): 811-851.

Anselin L, Getis A. 1992. Spatial statistical analysis and geographic information systems [J]. The Annals of Regional Science, 26 (1): 19-33.

Anselin L. 1995. Local indicators of spatial association-LISA [J]. Geographical analysis, 27 (2): 93-115.

Aral S, Walker D. 2012. Identifying influential and susceptible members of social networks [J]. Science, 337 (6092): 337.

Aicher C, Jacobs A Z, Clauset A. 2015. Learning latent block structure in weighted networks [J]. Journal of Complex Networks, 3 (2): 221-248.

Barabasi A L, Albert R. 1999. Emergence of scaling in random network [J]. Science, 286: 509-512.

Barnes J A. 1954. Class and committees in a Norwegian island parish [J]. Human Relations, 7 (1): 39-58.

Barnett T P, Adam J C, Lettenmaier D P. 2005. Potential impacts of a warming climate on water availability in snow-dominated regions [J]. Nature, 438 (7066): 303-309.

Barry M, Asiedu K. 2016. Visualising changing tenure relationships: the talking titler methodology, data mining and social network analysis [J]. Empire Survey Review, 49 (352): 66-76.

Batty M. 1993. The geography of cyberspace [J]. Environment and Planning B: Planning and Design, 20 (6): 615-616.

Benodikt. 1991. Cyberspace: first steps [M]. Massachusetts: MIT Press.

Berihun M L, Tsunekawa A, Haregeweyn N, et al. 2019. Exploring land use/land cover changes, drivers and their implications in contrasting agro-ecological environments of Ethiopia [J]. Land Use Policy, 87: 104052.

Berry B J L, Rees P H. 1969. The factorial ecology of Calcutta [J]. American Journal of Sociology, 74: 445-491.

Bhat C, Zhao H. 2002. The spatial analysis of activity stop generation [J]. Transportation Research Part B: Methodological, 36 (6): 557-575.

Bittner C, Sofer M. 2013. Land use changes in the rural-urban fringe: An Israeli case study [J]. Land Use Policy, 33 (4): 11-19.

Blondel V D, Guillaume J L, Lambiotte R, et al. 2008. Fast unfolding of communities in large networks [J]. Journal of Statistical Mechanics: Theory and Experiment, 10 (2008): 10008.

Bodin R, Crona B, Ernstson H. 2006. Social networks in natural resource management: what is there to learn from a structural perspective? [J]. Ecology & Society, 11 (2): 473-482.

Bodin Ö, Crona B I. 2009. The role of social networks in natural resource governance: what relational patterns make a difference [J]. Global Environ. Change, 19: 366-374.

Bonini T, Caliandro A, Massarelli A. 2016. Understanding the value of networked publics in radio: employing digital methods and social network analysis to understand the twitter publics of two italian national radio stations [J]. Information Communication & Society, 19 (1): 40-58.

Bott E. 1957. Family and Social Network: Roles, Norms, and External Relationships in Ordinary Urban Families [M]. Abingdon, OX: Routledge.

Bradbury I, Kirkby R. 1996. Development and environment: The case of rural industrialization and small-town growth in China [J]. Ambio, 25 (3): 204-209.

Brenner N. 1999. Beyond state-centrism? space, territoriality, and geographical scale in globalization studies [J].

Theory and Society, 28 (1): 39-78.

Brown L A, Holmes J. 1971. The delimitation of functional regions, nodal regions, and hierarchies by functional distance approaches [J]. Journal of Regional Science, 11 (1): 57-72.

Bryan B A, Meijaard E, Mallawaarachchi T, et al. 2017. Mixed policies give more options in multifunctional tropical forest landscapes [J]. Journal of Applied Ecology, 54 (1).

Burgess E W, McKenzie R D, Wirth L. 1925. The City [M]. Chicago: University of Chicago Press.

Burt R S. 1992. Structural Holes: the Social Structure of Competition [M]. Cambridge, MA: Harvard.

Burt R. 2003. The social capital of structural holes [C] //Guillen M F, Collins R, England P, et al. The New Economic Sociology: Developments in an Emerging field. New York, NY: Russell Sage Foundation: 148-189.

Cadger K, Quaicoo A, Dawoe E, et al. 2016. Development interventions and agriculture adaptation: a social network analysis of farmer knowledge transfer in ghana [J]. Agriculture, 6 (3): 32.

Cai Y L. 1999. Geographical study on sustainable agriculture and rural development [J]. Advance in Earthences, (6): 602-666.

Cai Y S. 2003. Collective ownership or cadres' ownership? The non-agricultural use of cultivated land in China [J]. China Quarterly, 175 (175): 662-680.

Cao Y, Dallimer M, Stringer L C, et al. 2017. Land expropriation compensation among multiple stakeholders in a mining area: explaining "skeleton house" compensation [J]. Land Use Policy, 74: 97-110.

Castells M. 1996. The Rise of the Network Society [M]. London: Blackwell Press.

Castillo A, Magaña A, Pujadas A, et al. 2005. Understanding the interaction of rural people with ecosystems: a case study in a tropical dry forest of mexico [J]. Ecosystems, 8 (6): 630-643.

Castells M. 2007. Communication power and counter-power in the networksociety [J]. International Journal of Communication, 1: 238-266.

Chen C, Gao J, Chen J. 2017. Institutional changes, land use dynamics, and the transition of rural settlements in suburban China: A case study of Huishan District in Wuxi city [J]. Habitat International, 70: 24-33.

Chung Y S. 2013. Factor complexity of crash occurrence: An empirical demonstration using boosted regression trees [J]. Accident Analysis and Prevention, 61: 107-118.

Coffey R D, Cromwell G L. 1995. The impact of environment and antimicrobial agents on the growth response of early-weaned pigs to spray-dried porcine plasma [J]. Journal of Animal Science, 73 (9): 2532-2539.

Coombes M G, Dixon J S, Goddard J B, et al. 1979. Daily urban system in Britain: from theory to practice [J]. Environment and Planning A, 11: 565-574.

Crona B, Bodin R. 2006. What you know is who you know? communication patterns among resource users as a prerequisite for co-management [J]. Ecology & Society, 11 (2): 473-482.

Daniels P. 1995. Services in a shrinking world [J]. Geography: Journal of the Geographical Association, 80 (2): 97.

Demiryurek K. 2010. Analysis of information systems and communication networks for organic and conventional hazelnut producers in the Samsun province of Turkey [J]. Agricultural Systems, 103 (7): 444-452.

Dear M. 2002. Los Angeles and the Chicago School: invitation to a debate [J]. City & Community, 1 (1): 5-32.

Derak M H, Segarra J C, Taïqui L. 2017. Integration of stakeholder choices and multi-criteria analysis to support land use planning in semiarid areas [J]. Land Use Policy the International Journal Covering All Aspects of Land Use, 64: 414-428.

Derak M, Cortina J, Taiqui L, et al. 2018. A proposed framework for participatory forest restoration in semiarid areas of north africa ［J］. Restoration Ecology, (S1)：18-25.

Derudder B, Witlox F. 2005. An appraisal of the use of airline data in assessing the world city network：a research note on data ［J］. Urban Studies, 42 (13)：2371-2388.

Derudder B, Taylor P J. 2020. Three globalizations shaping the twenty-first century：understanding the new world geography through its cities ［J］. Annals of the American Association of Geographers, 110 (6)：1831-1854.

De'Ath G. 2007. Boosted trees for ecological modeling and prediction ［J］. Ecology, 88 (1)：243-251.

Ding C, Cao X J, Næss P. 2018. Applying gradient boosting decision trees to examine non-linear effects of the built environment on driving distance in Oslo ［J］. Transportation Research Part A：Policy and Practice, 110：107-117.

Doreian P, Woodard K L. 1992. Fixed list versus snowball selection of social networks ［J］. Social Science Research, 21 (2)：216-233.

Dougill A J, Fraser E D G, Holden J, et al. 2010. Learning from doing participatory rural research：lessons from the peak district national park ［J］. Journal of Agricultural Economics, 57 (2)：259-275.

Driscoll C, Starik M. 2004. 'The Primordial Stakeholder：Advancing the Conceptual Consideration of Stakeholder Status for the Natural Environment' ［J］. Journal of Business Ethics, 49：55-73.

Duque J C, Anselin L, Rey S J.2012. The maxp - regions problem ［J］. Journal of Regional Science, 52 (3)：397-419.

Egeland A J A. 1961. Spatial aspects of social area analysis ［J］. American Sociological Review, 26 (3)：392-398.

Ernston H, Sörlin S, Elmqvist T. 2008. Social movements and ecosystem services- the role of social network structure in protecting and managing urban green areas in Stockholm ［J］. Ecol. Soc., 13：39.

Ernstson H. 2011. Transformative collective action：a network approach to transformative change in ecosystem-based management ［J］. Social networks and Natural Resource Management：Uncovering the Social Fabric of Environmental Governance：255-287.

Fan C C. 1995. Developments from above, below and outside：Spatial impacts of China's economic reforms in Jiangsu and Guangdong provinces ［J］. Chinese Environment & Development, 6 (1)：85-116.

Fan C, Li W, Wolf L J, et al. 2015. A spatiotemporal compactness pattern analysis of congressional districts to assess partisan Gerrymandering：A case study with California and North Carolina ［J］. Annals of the Association of American Geographers, 105：4, 736-753.

Farmer C J Q, Fotheringham A S. 2011. Network-based functional region ［J］. Environment and Planning A：Economy and Space, 43 (11), 2723-2741.

Farr C M, Reed S E, Pejchar L. 2018. Social network analysis identifies key participants in conservation development ［J］. Environmental Management, 61 (5)：1-9.

Feng G Q. 2007. The state of unofficial city in the globalization context ［J］. Planners, (11)：85-88.

Fischer M. 1980. Regional taxonomy：A comparison of some hierarchic and non-hierarchic strategies ［J］. Regional Science and Urban Economics, 10：503-537.

Freeman L C. 1979. Centrality in social networks conceptual clarification ［J］. Social Networks, 1 (3)：215-239.

Friedman J H. 2001. Greedy function approximation：a gradient boosting machine ［J］. Annals of Statistics, 29：1189-1232.

Gao G, Shi L. 2011. The formation process of specialized village and its influence factors- A case study for three sample villages in the southwest of Henan province ［J］. Economic Geography, 7：1165-1170.

Gao Y, Ma Y. 2015. What is absent from the current monitoring: Idleness of rural industrial land in suburban Shanghai [J]. Habitat International, 49: 138-147.

Getis A, Ord J K. 1992. The analysis of spatial association by use of distance statistics [J]. Geographical Analysis, 24 (3): 189-206.

Girvan M, Newman M E. 2002. Community structure in social and biological networks [J]. Proceedings of the National Academy of Sciences, 99 (12): 7821-7826.

Giuliano G, Small K A. 1991. Subcenters in the Los Angeles region [J]. Regional Science and Urban Economics, 21: 162-182.

Goodman J F B. 1970. The definition and analysis of local labour markets: some empirical problems [J]. British Journal of Industrial Relations, 8 (2): 179-196.

Gordon A D. 1996. A survey of constrained classification [J]. Computational Statistics & Data Analysis, 21 (1): 17-29.

Gould R V, Fernandez R M. 1989. Structures of mediation: a formal approach to brokerage in transaction networks [J]. Sociological Methodology, 19: 89-126.

Graham S. 1998. The end of geography or the explosion of place? Conceptualizing space, place and information technology [J]. Progress in Human Geography, 22 (2): 165-185.

Granovetter M. 1973. The strength of weak ties [J]. Am. J. Sociol., 78: 1360-1380.

Grootaert C, van Bastelaer T. 2001. Understanding and Measuring Social Capital: a Synthesis of Findings and Recommendations from the Social Capital Initiative [C]. Social Capital Initiative Working Paper.

Gu C, Wang F, Liu G. 2005. The structure of social space in Beijing in 1998: A Socialist City in Transition [J]. Urban Geography, 26 (2): 167-192.

Guerrero A M, Mcallister R R, Corcoran J, et al. 2013. Scale mismatches, conservation planning, and the value of social-network analyses [J]. Conservation Biology, 27 (1): 35-44.

Guo D, Jin H, Gao P, et al. 2018. Detecting spatial community structure in movements [J]. International Journal of Geographical Information Science, 32: 1326-1347.

Guo Y Q, Jiang G H, Hong-Tao L I, et al. 2015. Rural collective construction land use in china: policy issues and options [J]. Ecological Economy, (1): 62-71.

Hall P. 1974. The containment of urban England [J]. Geographical Journal, 140 (3): 386-408.

Han S K, Moen P. 1999. Work and family over time: A life course approach [J]. The Annals of the American Academy of Political and Social Science, 562 (1): 98-110.

Halás M, Klapka P, Tonev P, et al. 2015. An alternative definition and use for the constraint function for rule-based methods of functional regionalisation [J]. Environment and Planning A, 47 (5): 1175-1191.

Hao S L, Li B C, Yu Q. 2005. Application of participatory rural appraisal and GIS method to the research of small scale land use change [J]. Journal of Natural Resources, 20 (2): 309-315.

Harris C D, Ullman E L. 1945. The nature of cities [J]. The Annals of the American Academy of Political and Social Science, 242 (1): 7-17.

Hartshorne R. 1939. The Nature of Geography [M]. Lancaster, PA: Association of American Geographers.

Hauck J, Schmidt J, Werner A. 2016. Using social network analysis to identify key stakeholders in agricultural biodiversity governance and related land-use decisions at regional and local level [J]. Ecol Soc, 21: 49.

Hayat T, Lesser O, Samuel-Azran T. 2017. Gendered discourse patterns on online social networks: a social network analysis perspective [J]. Computers in Human Behavior, 77.

Herbert D T. 1967. Social area analysis: a British study [J]. Urban Studies, 4 (2): 41-60.

Ho S P S, Lin G C S. 2004. Converting land to nonagricultural use in China's coastal provinces: evidence from Jiangsu [J]. Modern China, 30 (1): 81-112.

Hox J J, Moerbeek M, van de Schoot R. 2017. Multilevel Analysis: Techniques and Applications [M]. London: Routledge.

Hox J. 1998. Multilevel Modeling: When and Why [M] //Classification, Data Analysis, and Data Highways. Berlin, Heidelberg: Springer: 147-154.

Hoffmann C P, Lutz C, Meckel M. 2016. A relational altmetric? network centrality on researchgate as an indicator of scientific impact [J]. Journal of the Association for Information Science and Technology, 67 (4): 1-11.

Hogeweg P, Hesper B. 1984. The alignment of sets of sequences and the construction of phyletic trees: an integrated method [J]. Journal of Molecular Evolution, 20: 175-186.

Hoyt H. 1939. The Structure and Growth of Residential Neighborhoods in American Cities [M]. US Government Printing Office.

Huang Y, Xue D, Huang G. 2017. The local informal land practice and institutional innovation in the Pearl River Delta since 1978: A case study of Chang'an town in Dongguan city [J]. Scientia Geographica Sinica, 37 (12): 1831-1840.

Ileana Pătru- Stupariu, Tudor C A, Stupariu M S, et al. 2016. Landscape persistence and stakeholder perspectives: the case of romania's carpathians [J]. Applied Geography, 69: 87-98.

Iniestaarandia I, Garcíallorente M, Aguilera P A, et al. 2014. Socio-cultural valuation of ecosystem services: uncovering the links between values, drivers of change, and human well-being [J]. Ecological Economics, 108: 36-48.

Isaac M E, Matous P. 2017. Social network ties predict land use diversity and land use change: a case study in ghana [J]. Regional Environmental Change, 17 (1): 1-11.

Jacobs J. 1969. Strategies for helpingcities [J]. The American Economic Review, 59 (4), 652-656.

Jiang G, He X, Qu Y, et al. 2016. Functional evolution of rural housing land: A comparative analysis across four typical areas representing different stages of industrialization in China [J]. Land Use Policy, 57: 645-654.

Jinlong C H E N. 2015. Obstacles and Countermeasures For Building Unified Urban and Rural Construction Land Market [J]. Cross-Cultural Communication, 11 (6): 127-132.

Jukes T H, Cantor C R. 1969. Evolution of protein molecules [J]. Mammalian protein metabolism, 3: 21-132.

Kane G C, Alavi M, Labianca G, et al. 2014. What's different about social media networks? a framework and research agenda [J]. Mis Quarterly, 38 (1): 275-304.

Ke G, Meng Q, Finley T, et al. 2017. Lightgbm: A highly efficient gradient boosting decision tree [J]. Advances in Neural Information Processing Systems, 30.

Kerselaers E, Rogge E, Vanempten E, et al. 2013. Changing land use in the countryside: stakeholders' perception of the ongoing rural planning processes in flanders [J]. Land Use Policy, 32: 197-206.

Kiss E. 2000. Rural restructuring in Hungary in the period of socio- economic transition [J]. GeoJournal, 51 (3): 221-233.

Klapka P, Halás M. 2016. Conceptualising patterns of spatial flows: Five decades of advances in the definition and use of functional regions [J]. Moravian Geographical Reports, 24 (2): 2-11.

Klerkx L, Aarts N, & Leeuwis C. 2010. Adaptive management in agricultural innovation systems: The interactions between innovation networks and their environment [J]. Agricultural Systems, 103 (6): 390-400.

Knight A T, Cowling R M, Difford M, et al. 2010. Mapping human and social dimensions of conservation opportunity for the scheduling of conservation action on private land [J]. Conservation Biology, 24 (5):

1348-1358.

Kreakie B J, Hychka K C, Belaire J A, et al. 2016. Internet-based approaches to building stakeholder networks for conservation and natural resource management [J]. Environ. Manag., 57: 345-354.

Krugman P. 1991. Increasing Returns and Economic Geography [J]. Journal of Political Economy, 99 (3): 483-499.

Lambert V D L, Schalke R. 2001. Reality versus policy: the delineation and testing of local labour market and spatial policy areas [J]. European Planning Studies, 9 (2): 201-221.

Lange A, Siebert R, Barkmann T. 2015. Sustainability in land management: an analysis of stakeholder perceptions in rural northern germany [J]. Sustainability, 7 (1): 683-704.

Lewis W A. 1954. Economic development with unlimited supplies of labour [J]. https://www. depfe. unam. mx/doctorado/teorias-crecimiento-desarrollo/lewis_1954. pdf[2022-09-20].

Liu Y, Luo T, Liu Z, et al. 2015. A comparative analysis of urban and rural onstruction land use change and driving forces: Implications for urban-rural coordination development in Wuhan, Central China [J]. Habitat International, 47: 113-125.

Li T, Long H, Liu Y, et al. 2015. Multi-scale analysis of rural housing land transition under China's rapid urbanization: The case of Bohai Rim [J]. Habitat International, 48 (48): 227-238.

Li X J, Luo Q, Yang H M. 2013. The type formation of specialized villages [J]. Economic Geography, (6): 783-792.

Li X J, Luo Q, Fan X S. 2009. A study on the formation and evolution of specialized rural villages [J]. China Soft Science, 45 (2): 71-80.

Li Y, Liu Y, Long H, et al. 2014a. Community-based rural residential land consolidation and allocation can help to revitalize hollowed villages in traditional agricultural areas of China: Evidence from Dancheng County, Henan Province [J]. Land Use Policy, 39 (39): 188-198.

Li Y, Chen C, Wang Y, et al. 2014b. Urban-rural transformation and cultivated land conversion in China: The application of the environmental Kuznets Curve [J]. Journal of Rural Studies, 36: 311-317.

Li Y, Li Y, Karácsonyi D, et al. 2020. Spatio-temporal pattern and driving forces of construction land change in a poverty-stricken county of China and implications for poverty-alleviation-oriented land use policies [J]. Land Use Policy, 91: 104267.

Likert R. 1932. A technique for the measurement of attitudes [J]. Archives of Psychology, 22140: 1-55.

Lin X B, Ma X G, Li G C. 2014. Formation and governance of informality in urban village under the rapid urbanization process [J]. Economic Geography, (6): 162-168.

Liu A P L. 1992. The "Wenzhou Mode" of development and China's modernization [J]. Asian Survey, 32 (8): 696-711.

Liu C C, Chen Y C, Tai S J D. 2017. A social network analysis on elementary student engagement in the networked creation community [J]. Computers & Education, 115: 114-125.

Liu H. 2006. Changing regional rural inequality in China 1980-2002 [J]. Area, 38 (4): 377-389.

Liu J, Liu Y, Yan M. 2016. Spatial and temporal change in urban-rural land use transformation at village scale—A case study of Xuanhua district, North China [J]. Journal of Rural Studies, 47 (47): 425-434.

Liu J, Zhang Z, Xu X, et al. 2010. Spatial patterns and driving forces of land use change in China during the early 21st century [J]. Journal of Geographical Sciences, 20 (4): 483-494.

Liu L, Oza S, Hogan D, et al. 2015. Global, regional, and national causes of child mortality in 2000 – 13, with projections to inform post-2015 priorities: an updated systematic analysis [J]. The lancet, 385 (9966):

430-440.

Liu R, Wong T C. 2018. Urban village redevelopment in Beijing: The state-dominated formalization of informal housing [J]. Cities, 72: 160-172.

Liu Y H, Chen, Lin, Wu. 2015. The spatial evolution of informal economy and Its influence on land use in urban village: A case study of nanting village in Guangzhou college town [J]. Economic Geography, (5): 126-134.

Liu Y S, Liu Y, Zhai R X. 2009. Geographical research and optimizing practice of rural hollowing in China [J]. Acta Geographica Sinica, 64 (10): 1193-1202.

Liu Y, Lu S, Chen Y. 2013. Spatio-temporal change of urban-rural equalized development patterns in China and its driving factors [J]. Journal of Rural Studies, 32: 320-330.

Liu Y, Wang L, Long H. 2008. Spatio-temporal analysis of land-use conversion in the eastern coastal China during 1996-2005 [J]. Journal of Geographical Sciences, 18 (3): 274-282.

Liu Y, Yang R, Long H, et al. 2014. Implications of land-use change in rural China: A case study of Yucheng, Shandong province [J]. Land Use Policy, 40: 111-118.

Liu Y, Yang Y, Li Y, et al. 2017. Conversion from rural settlements and arable land under rapid urbanization in Beijing during 1985-2010 [J]. Journal of Rural Studies, 51: 141-150.

Long H, Li T. 2012. The coupling characteristics and mechanism of cultivated land and rural housing land transition in China [J]. Journal of Geographical Sciences, 22 (3): 548-562.

Long H, Heilig G K, Li X, et al. 2007a. Socio-economic development and land-use change: Analysis of rural housing land transition in the Transect of the Yangtse River, China [J]. Land Use Policy, 24 (1): 141-153.

Long H, Tang G, Li X, et al. 2007b. Socio-economic driving forces of land-use change in Kunshan, the Yangtze River Delta economic area of China [J]. Journal of Environmental Management, 83 (3): 351-364.

Long H, Liu Y, Wu X, et al. 2009b. Spatio-temporal dynamic patterns of cultivated land and rural settlements in Su-Xi-Chang region: Implications for building a new countryside in coastal China [J]. Land Use Policy, 26 (2): 322-333.

Long H, Jian Z, Liu Y. 2009a. Differentiation of rural development driven by industrialization and urbanization in eastern coastal China [J]. Habitat International, 33 (4): 454-462.

Lu X, Shi Y, Chen C, et al. 2017. Monitoring cropland transition and its impact on ecosystem services value in developed regions of China: A case study of Jiangsu Province [J]. Land Use Policy, 69: 25-40.

Luan W, Li X. 2021. Rapid urbanization and its driving mechanism in the Pan-Third Pole region [J]. Science of the Total Environment, 750: 141270.

Lubell M, Hillis V, Hoffman M. 2011. Innovation, cooperation, and the perceived benefits and costs of sustainable agriculture practices [J]. Ecol Soc, 16 (4): 23.

Luo J, Wei Y H D. 2009. Modeling spatial variations of urban growth patterns in Chinese cities: The case of Nanjing [J]. Landscape and Urban Planning, 91 (2): 51-64.

Lyles W. 2015. Using social network analysis to examine planner involvement in environmentally oriented planning processes led by non-planning professions [J]. Journal of Environmental Planning & Management, 58 (11): 1-27.

Massey D S. 1999. International migration at the dawn of the twenty-first century: The role of the state [J]. Population and Development Review, 25 (2), 303-322.

Maciejewski K, Baum J, Cumming G S. 2016. Integration of private land conservation areas in a network of statutory protected areas: implications for sustainability [J]. Biological Conservation, 200: 200-206.

Martinus K, Sigler T J. 2018. Global city clusters: theorizing spatial and non-spatial proximity in inter-urban firm networks [J]. Regional Studies, 52 (8): 1041-1052.

Matilainen A, Lähdesmäki M. 2014. Nature-based tourism in private forests: Stakeholder management balancing the interests of entrepreneurs and forest owners? [J]. Journal of rural studies, 35: 70-79.

Matthiessen C W, Schwarz A W, Find S. 2010. World cities of scientific knowledge: Systems, networks and potential dynamics. An analysis based on bibliometric indicators [J]. Urban Studies, 47 (9): 1879-1897.

McElrath D. 1962. The social areas of Rome: a comparative analysis [J]. American Sociological Review, 27 (6): 376-391.

McMillen D P. 2001. Nonparametric employment subcenter identification [J]. Journal of Urban economics, 50 (3): 448-473.

Mercado R, Páez A. 2009. Determinants of distance traveled with a focus on the elderly: a multilevel analysis in the Hamilton CMA, Canada [J]. Journal of Transport Geography, 17 (1): 65-76.

Meyer W B, Turner B L. 1992. Human population growth and global land-use/cover change [J]. Annual Review of Ecology and Systematics, 23 (1): 39-61.

Michener C D, Sokal R R. 1957. A quantitative approach to a problem in classification [J]. Evolution, 11 (2): 130-162.

Mills M, Álvarez-Romero J G, Vance-Borland K, et al. 2014. Linking regional planning and local action: towards using social network analysis in systematic conservation planning [J]. Biological Conservation, 169 (2): 6-13.

Mitchell. 1969. Social Networks in Urban Situations: Analyses of Personal Relationships in Central African Towns [M]. Manchester, UK: University of Manchester Press.

Mitchell R K, Agle B R, Wood D J. 1997. Toward a theory of stakeholder identification and salience: defining the principle of who and what really counts [J]. Academy of Management Review, 22 (4): 853-886.

Mitsuda Y, Ito S. 2011. A review of spatial-explicit factors determining spatial distribution of land use/land-use change [J]. Landscape & Ecological Engineering, 7 (1): 117-125.

Montgomery M R. 2008. The urban transformation of the developing world [J]. Science, 319 (5864): 761.

Morone P, Tartiu V E, Falcone P. 2015. Assessing the potential of biowaste for bioplastics production through social network analysis [J]. J. Clean. Prod., 90: 43-54.

Mumford L. 1961. The City in History: Its Origins, Its Transformations, and Its Prospects [M]. Houghton Mifflin Harcourt.

Munroe D K, Berkel D B V, Verburg P H, et al. 2013. Alternative trajectories of land abandonment: causes, consequences and research challenges [J]. Current Opinion in Environmental Sustainability, 5 (5): 471-476.

Myrdal G. 1957. Economic nationalism and internationalism: The Dyason lectures, 1957 [J]. Australian Outlook, 11 (4): 3-50.

Neal Z. 2014. The devil is in the details: Differences in air traffic networks by scale, species, and season [J]. Social Networks, 38: 63-73.

Needleman S B, Wunsch C D. 1970. A general method applicable to the search for similarities in the amino acid sequence of two proteins [J]. Journal of Molecular Biology, 48 (3): 443-453.

Newman L, Dale A. 2005. The role of agency in sustainable local community development [J]. Local Environ, 10: 477-486.

Newman M E J, Girvan M. 2004. Finding and evaluating community structure in networks [J]. Physical Review E, 69 (2): 026113.

Nguyen A T, Vu A D, Dang G T, et al. 2018. How do local communities adapt to climate changes along heavily damaged coasts? A Stakeholder Delphi study in Ky Anh (Central Vietnam)[J]. Environment, Development and Sustainability, 20 (2): 749-767.

Niederhafner S. 2013. Comparing functions of transnational city networks in Europe and Asia [J]. Asia Europe Journal, 11 (4): 377-396.

Ning J, Liu J, Kuang W, et al. 2018. Spatiotemporal patterns and characteristics of land-use change in China during 2010-2015 [J]. Journal of Geographical Sciences, 28 (5): 547-562.

Park R E, Burgess E W, McKenzie R D. 1925. The City Chicago [J]. Chicago: Univ. Press.

Pred A. 1978. The impact of technological and institutional innovations on life content: some time-geographic observations [J]. Geographic Analysis, 10 (4), 345-372.

Peng L, Liu S, Sun L. 2016. Spatial-temporal changes of rurality driven by urbanization and industrialization: A case study of the Three Gorges Reservoir Area in Chongqing, China [J]. Habitat International, 51: 124-132.

Phillipson J, Lowe P, Proctor A, et al. 2012. Stakeholder engagement and knowledge exchange in environmental research [J]. Journal of Environmental Management, 95 (1): 56-65.

Pons P, Latapy M. 2006. Computing communities in large networks using random walks [J]. Journal of Graph Algorithms and Applications, 10 (2): 191-218.

Posthumus H, Hewett C J M, Morris J, et al. 2008. Agricultural land use and flood risk management: engaging with stakeholders in north yorkshire [J]. Agricultural Water Management, 95 (7): 787-798.

Prell C, Hubacek K, Reed M. 2009. Stakeholder analysis and social network analysis in natural resource management [J]. Society & Natural Resources, 22 (6): 501-518.

Prell C, Reed M, Racin L, et al. 2010. Competing structure, competing views: the role of formal and informal social structures in shaping stakeholder perceptions [J]. Ecology & Society, 15 (4): 299-305.

Pérez-Soba M, Paterson J, Metzger M J, et al. 2018. Sketching sustainable land use in europe by 2040: a multi-stakeholder participatory approach to elicit cross-sectoral visions [J]. Regional Environmental Change, 18 (3): 1-13.

Qiao J J, Li Y T. 2014. Spatial distribution and change of specialized villages' agglomeration: The case of Henan province [J]. Economic Geography, (6): 142-148.

Qiao J J, Zhang Y J. 2014. Temporal-spatial evolution of agricultural specialized villages development: The case of Nanyang city, Henan province, China [J]. Economic Geography, (4): 131-138.

Qiao J, Lee J, Ye X. 2016. Spatiotemporal evolution of specialized villages and rural development: A case study of Henan province, China [J]. Annals of the Association of American Geographers, 106 (1): 1-19.

Reed M S, Graves A, Dandy N, et al. 2009. Who's in and why? a typology of stakeholder analysis methods for natural resource management [J]. Journal of Environmental Management, 90 (5): 1933-1949.

Ricart S, Clarimont S. 2016. Modelling the links between irrigation, ecosystem services and rural development in pursuit of social legitimacy: results from a territorial analysis of the neste system (hautes-pyrénées, france) [J]. Journal of Rural Studies, 43: 1-12.

Rogers E M. 2003. Diffusion of Innovations [M]. New York: Free Press.

Rohe W M. 2004. Using social capital to help integrate planning theory, research, and practice - building social capital through community development [J]. J. Am. Plan. Assoc., 70: 142-145.

Rombach M P, Porter M A, Fowler J H, et al. 2014. Core-periphery structure in networks [J]. SIAM Journal on Applied Mathematics, 74 (1): 167-90.

Rozenblat C, Zaidi F, Bellwald A. 2017. The multipolar regionalization of cities in multinational firms' networks [J]. Global Networks, 17 (2): 171-194.

Ryan L V, Schneider M. 2003. 'Institutional Investor Power and Heterogeneity: Implications for Agency and Stakeholder Theories' [J]. Business & Society, 42: 398-429.

Sabouri S, Park K, Smith A, et al. 2020. Exploring the influence of built environment on Uber demand [J]. Transportation Research Part D: Transport and Environment, 81: 102296.

Saha D, Alluri P, Gan A. 2015. Prioritizing Highway Safety Manual's crash prediction variables using boosted regression trees [J]. Accident Analysis and Prevention, 79: 133-144.

Schnell I, Benjamini Y. 2005. Globalisation and the structure of urban social space: The lesson from Tel Aviv [J]. Urban Studies, 42 (13): 2489-2510.

Scott J. 2013. Social Network Analysis: A Handbook [M]. London: Sage Publications.

Scott J, Griff C. 1984. Directors of Industry [M]. Cambridge: Polity Press.

Shen X, Ma L J C. 2005. Privatization of rural industry and de facto urbanization from below in southern Jiangsu, China [J]. Geoforum, 36 (6): 761-777.

Shevky E, Williams M. 1949. The social areas of Los Angeles [M]. Los Angeles: The University of California Press.

Shevky E. Bell W. 1955. Social Area Analysis [M]. California: Stanford University Press.

Shiode N. 2000. 3D urban models: Recent developments in the digital modelling of urban environments in three-dimensions [J]. GeoJournal, 52 (3): 263-269.

Shoval N, Isaacson M. 2007. Sequence alignment as a method for human activity analysis in space and time [J]. Annals of the Association of American geographers, 97 (2): 282-297.

Silva R F B D, Batistella M, Moran E F. 2016. Drivers of land change: Human-environment interactions and the Atlantic forest transition in the Paraíba Valley, Brazil [J]. Land Use Policy, 58 (1): 133-144.

Simmel G. 1902. The Number of Members as Determining the Sociological Form of the Group [J]. American Journal of Sociology, 8: 1-46.

Skowronek E, Krukowska R, Swieca A, et al. 2005. The evolution of rural landscapes in mid-eastern Poland as exemplified by selected villages [J]. Landscape & Urban Planning, 70 (1-2): 45-56.

Smart M W. 1974. Labour market areas: uses and definition [J]. Progress in Planning, (24): 239-353.

Sokal R R. 1958. A statistical method for evaluating systematic relationships [J]. Univ. Kansas, Sci. Bull., 38: 1409-1438.

Soliva R, Rønningen K, Bella I, et al. 2008. Envisioning upland futures: stakeholder responses to scenarios for europe's mountain landscapes [J]. Journal of Rural Studies, 24 (1): 56-71.

Song W, Deng X. 2017. Land-use/land-cover change and ecosystem service provision in China [J]. Science of the Total Environment, 576: 705.

Song X P, Hansen M C, Stehman S V, et al. 2018. Global land change from 1982 to 2016 [J]. Nature, 560 (7720): 639-643.

Spielman D J, Ekboir J, Davis K. 2009. The art and science of innovation systems inquiry: applications to sub-Saharan African agriculture [J]. Tech Soc, 31 (4): 399-405.

Stokman F, Ziegler R, Scott J, et al. 1985. Networks of Corporate Power [M]. Cambridge: Polity Press.

Sullivan T. 1961. The application of Shevky-Bell indices to parish analysis [J]. American Catholic Sociological Review, 12 (12): 168-171.

Taylor P J, Hoyler M, Walker D R F, et al. 2001. A new mapping of the world for the new millennium [J]. Geographical Journal, 167 (3): 213-222.

Taylor P, Derudder B, Hoyler M, et al. 2014. City-dyad analyses of China's integration into the World City

Network ［J］. Urban Studies, 51 (5): 868-882.

Taylor P, Derudder B. 2015. World City Network: A Global Urban Analysis ［M］. London: Routledge.

Tian G, Qiao Z, Gao X. 2014. Rural settlement land dynamic modes and policy implications in Beijing metropolitan region, China ［J］. Habitat International, 44 (44): 237-246.

Tian L, Zhu J. 2013. Clarification of collective land rights and its impact on non-agricultural land use in the Pearl River Delta of China: A case of Shunde ［J］. Cities, 35 (4): 190-199.

Tobler W R. 1970. A computer movie simulating urban growth in the Detroit region ［J］. Economic Geography, 46 (sup1): 234-240.

Traxler J. 1997. The Internetworked Enterprise in the Digital Economy: Commercial Use of the Internet and Potential Spatial Implications ［C］ //University of North Carolina, Paper prepared for the 37th European Congress, European Regional Science Association, Rome, Italy: 26-29.

Tress B, Tress G. 2003. Scenario visualisation for participatory landscape planning—a study from denmark ［J］. Landscape & Urban Planning, 64 (3): 161-178.

Trædal L T, Vedeld P. 2018. Cultivating forests: the role of forest land in household livelihood adaptive strategies in the bac kan province of northern vietnam ［J］. Land Use Policy, 73: 249-258.

Tu S, Long H, Zhang Y, et al. 2018. Rural restructuring at village level under rapid urbanization in metropolitan suburbs of China and its implications for innovations in land use policy ［J］. Habitat International, 77: 143-152.

Turner M D. 1999. Merging local and regional analyses of land - use change: the case of livestock in the Sahel ［J］. Annals of the Association of American Geographers, 89 (2): 192-219.

Unger J, Chan A. 1999. Inheritors of the boom: private enterprise and the role of local government in a rural South China township ［J］. China Journal, 42 (42): 45.

Vance-Borland K, Holley J. 2011. Conservation stakeholder network mapping, analysis, and weaving ［J］. Conservation Letters, 4 (4): 278-288.

Verburg P H, Steeg J V D, Veldkamp A, et al. 2009. From land cover change to land function dynamics: A major challenge to improve land characterization ［J］. Journal of Environmental Management, 90 (3): 1327-1335.

Vincent P, Larochelle H, Bengio Y, et al. 2008. Extracting and composing robustfeatures with denoising autoencoders ［C］ //Proceedings of the 25thinternational conference on Machine learning: 1096-1103.

Villiers A C D, Esler K J, Knight A T. 2014. Social processes promoting the adaptive capacity of rangeland managers to achieve resilience in the karoo, south africa ［J］. Journal of Environmental Management, 146: 276-283.

Wang J, Chen Y, Shao X, et al. 2012. Land-use changes and policy dimension driving forces in China: Present, trend and future ［J］. Land Use Policy, 29 (4): 737-749.

Wang J, He T, Lin Y. 2018a. Changes in ecological, agricultural, and urban land space in 1984-2012 in China: Land policies and regional social-economical drivers ［J］. Habitat International, 71: 1-13.

Wang J, Aenis T, Hofmann-Souki S. 2018b. Triangulation in participation: dynamic approaches for science-practice interaction in land-use decision making in rural China ［J］. Land Use Policy the International Journal Covering All Aspects of Land Use, 72: 364-371.

Wang X, Zheng D, Shen Y. 2008. Land use change and its driving forces on the Tibetan Plateau during 1990-2000 ［J］. Catena, 72 (1): 56-66.

Wasserman S, Faust K. 1994. Social Network Analysis: Methods and Applications ［M］. New York: Cambridge

University Press.

Watts D J, Strogatz S H. 1998. Collective dynamics of "small-world" networks [J]. Nature, 393: 440-442.

Wei Y D, Fan C C. 2020. Regional inequality in china: a case study of jiangsu province [J]. Professional Geographer, 52 (3): 455-469.

Weiss K, Hamann M, Kinney M, et al. 2012. Knowledge exchange and policy influence in a marine resource governance network [J]. Global Environ. Change, 22: 178-188.

Wellman B. 1979. The community question: the intimate networks of east yorkers [J]. Am J Sociol, 84: 1201-1231.

Wellman B, Berkowitz S. 1988. Social Structures [M]. New York: Cambridge University Press.

Wellman B, Berkowitz S D. 2003. Social structure a network approach [J]. American Political Science Association, 83 (4).

White H C. 1963. An anatomy of Kinship [M]. Prentice-Hall: Englewood Cliffs.

White H C. 1970. Chains of opportunity: system models of mobility in organizations [M]. Cambridge, MA: Harvard University Press.

White H C, Boorman S A, Breiger R L. 1976. Social structure from multiple networks. I. block models of roles and positions [J]. American Journal of Sociology, 81 (4): 730-780.

Woodard K L. 1982. An introduction to structural analysis: the network approach to social research, by s. d. berkowitz [J]. Contemporary Sociology, 12 (6): 729.

Wrzus C, Hänel M, Wagner J, et al. 2013. Social network changes and life events across the life span: a meta-analysis [J]. Psychological Bulletin, 139 (1): 53-80.

Wu K Y, Zhang H. 2012. Land use dynamics, built-up land expansion patterns, and driving forces analysis of the fast-growing Hangzhou metropolitan area, eastern China (1978-2008) [J]. Applied Geography, 34 (5): 137-145.

Wu W, Wang J, Dai T. 2016. The geography of cultural ties and human mobility: Big data in urban contexts [J]. Annals of the American Association of Geographers, 106 (3): 612-630.

Wu Z Q. 2015. Thoughts on rural construction from the perspective of construction subjects [J]. City Planning Review (11): 85-91.

Xi F, He H S, Clarke K C, et al. 2012. The potential impacts of sprawl on cultivated land in Northeast China—Evaluating a new strategy for rural development [J]. Landscape & Urban Planning, 104 (1): 34-46.

Xi J C, Zhao M F, Ge Q S, et al. 2014. Changes in land use of a village driven by over 25 years of tourism: the case of Gougezhuang village, China [J]. Land Use Policy, 40 (40): 119-130.

Xu H, Chang J, Wang H, et al. 2019. Enhancing direct interspecies electron transfer in syntrophic-methanogenic associations with (semi) conductive iron oxides: Effects and mechanisms [J]. Science of the Total Environment, 695: 133876.

Xu M, Zhang Z. 2021. Spatial differentiation characteristics and driving mechanism of rural-industrial Land transition: A case study of Beijing-Tianjin-Hebei region, China [J]. Land Use Policy, 102: 105239.

Xu W, Tan K C. 2002. Impact of reform and economic restructuring on rural systems in China: a case study of Yuhang, Zhejiang [J]. Journal of Rural Studies, 18 (1): 65-81.

Ye X, Wei Y D. 2005. Geospatial Analysis of Regional Development in China: The Case of Zhejiang Province and the Wenzhou Model [J]. Eurasian Geography & Economics, 46 (6): 445-464.

Yeh G O, Li X. 1999. Economic development, urban sprawl, and agricultural ladn loss in the pearl river delta, China [J]. Economic Geography, 19 (1): 67-72.

Yin J, Zhao X, Zhang W, et al. 2020. Rural Land Use Change Driven by Informal Industrialization: Evidence from Fengzhuang Village in China [J]. Land, 9 (6): 190.

Yiping C H E N. 2015. The Idea of Establishing an Integrated Construction Land Market of the Urban and the Rural [J]. International Business and Management, 11 (2): 55-59.

You H, Yang X. 2017. Urban expansion in 30 megacities of China: Categorizing the driving force profiles to inform the urbanization policy [J]. Land Use Policy, 68: 531-551.

Zhang L, Ye Y, Chen J. 2016. Urbanization, informality and housing inequality in indigenous villages: A case study of Guangzhou [J]. Land Use Policy, 58: 32-42.

Zhang W, Zhao Y, Cao X J, et al. 2020. Nonlinear effect of accessibility on car ownership in Beijing: Pedestrian-scale neighborhood planning [J]. Transportation research part D: transport and environment, 86: 102445.

Zhang W, Lu D, Chen Y, et al. 2021. Land use densification revisited: Nonlinear mediation relationships with car ownership and use [J]. Transportation Research Part D: Transport and Environment, 98: 102985.

Zhang W, Thill J. 2019. Mesoscale structures in world city networks [J]. Annals of the American Association of Geographers, 109: 3887-3908.

Zhao J, Zhao S D. 2003. Application of the participatory rural appraisal method in the research of land use change at local dimension—A case study of Yaoledianzi village in korqin sand [J]. Resources Science, 25 (5): 52-57.

Zhao R, Chen Y, Shi P, et al. 2013. Land use and land cover change and driving mechanism in the arid inland river basin: a case study of Tarim River, Xinjiang, China [J]. Environmental Earth Sciences, 68 (2): 591-604.

Zhou L. 1990. An analysis of china's national condition and the development of rural economy fromthe viewpoints of population, resources and environment [J]. Acta Geographica Sinica, (3): 257-263.

Zhou Y, Li X, Liu Y. 2020. Land use change and driving factors in rural China during the period 1995-2015 [J]. Land Use Policy, 99: 105048.

Zhu Q. 2017. Resettlement and adaptation in China's small town urbanization: Evidence from the villagers' perspective [J]. Habitat International, 67: 33-43.